应用数学方法

主　编　汪志鸣

副主编　刘　伟　戴浩晖

科学出版社

北　京

内 容 简 介

本书是一本了解应用数学方法的入门书,旨在系统介绍近代应用数学在实际问题中比较成功的数学方法,帮助读者掌握从实际问题抽象出数学模型,选择合适的数学工具进行分析,并最终获得可靠结果的方法.本书主要内容包括量纲分析与尺度确定、摄动方法、应用数学方程、连续系统中的波动现象、稳定性和分支等.内容系统全面,强调数学方法与实际应用相结合,注重方法的可操作性.

本书可作为理工科高年级本科生、研究生应用数学方法相关课程的教学参考书,尤其适合从事数学建模、物理、力学、控制理论、航空航天、生物数学等领域的读者,也可供科研工作者参考.

图书在版编目(CIP)数据

应用数学方法 / 汪志鸣主编. -- 北京:科学出版社,2025. 6. -- ISBN 978-7-03-080839-4

I. O29

中国国家版本馆 CIP 数据核字第 2024XN8909 号

责任编辑:胡海霞　贾晓瑞 / 责任校对:杨聪敏
责任印制:赵　博 / 封面设计:无极书装

科 学 出 版 社 出版
北京东黄城根北街 16 号
邮政编码:100717
http://www.sciencep.com

保定市中画美凯印刷有限公司印刷
科学出版社发行　各地新华书店经销
*
2025 年 6 月第 一 版　　开本:720×1000　1/16
2025 年 11 月第二次印刷　印张:17
字数:342 000
定价:79.00 元
(如有印装质量问题,我社负责调换)

前　言

本书的编写源于 20 世纪 90 年代后期的应用数学专业奇异摄动方向的研究生教学工作，我们发现有些学生在解决实际问题过程中，并不了解量纲分析和特征尺度确定等基本知识. 这让我们认识到有必要让学生了解一些传统应用数学的基本内容和方法. 因此，在林武忠教授的带领下，我们和张九超老师一起，编写了一本应用数学方法的讲义. 随着一些老教师的退休，这方面的教学工作暂停了很长一段时间. 近期应用数学和数学应用的蓬勃发展，让我们感觉有必要把这本讲义重新整理、完善并予以出版. 本书作为一本应用数学方法的入门书籍，不仅对数学系的学生能够起到拾遗补阙的作用，而且对其他非数学专业的读者来说，也是一本很好的了解基础应用数学方法的参考书.

如今，应用数学涉及的范围十分广泛，分布在各个不同的交叉学科中. 我们在书中，仅局限于讲述早期电磁学、热力学和流体力学研究所推动的相关偏微分方程问题，三体问题研究所涉及的动力系统稳定性和分支问题，还有战争驱动问题导致的微分方程建模问题以及流体力学和航空航天问题的研究推动的多尺度建模和渐近方法等问题，这些都是比较经典的应用数学方法内容. 在应用数学蓬勃发展的今天，这些仍然是十分重要和基础的内容，就像微积分和线性代数那样经典，作为大学生，不管文科生还是理科生，都需要了解应用数学方法的一些基本内容. 我们希望本书能够起到抛砖引玉的作用.

本书强调通过实际案例来讲解数学方法，讲述如何去分析、建立和阐明实际问题的数学模型，力求谨慎而细致的解释. 这些实际问题的本身也是十分重要的，从解决这些问题过程中可以看出对于数学工具的运用，以及一些重要的数学技巧的使用. 本书共五章，分别介绍了如下内容.

第 1 章是量纲分析与尺度确定. 通过量纲分析、特征尺度确定等方法来建立合理的数学模型.

第 2 章是摄动方法. 掌握有效的数学工具，如何求解含小参数的微扰问题，以此来处理多尺度、奇异性等问题.

第 3 章是应用数学方程. 介绍常见数学模型的建立与求解方法.

第 4 章是连续系统中的波动现象. 深入讨论经典的数学物理方程的求解与应用.

第 5 章是稳定性和分支. 研究实际模型中的稳定性问题以及参数变化导致的

分支现象.

章节更细节的分类可参考本书目录,由目录可以看出本书论题范围的大致轮廓.

应用数学方法作为连接数学理论与实际问题的一座桥梁,旨在通过数学工具与模型解决在自然科学和工程技术等领域中所产生的实际问题来推动数学实验与数学应用. 同时,通过实际问题的解决,又丰富了应用数学方法的内涵.

本书的编写得益于国内外众多优秀的应用数学著作和相关研究文献,特别是林家翘与西格尔合著的《自然科学中确定性问题的应用数学》一书,更深刻的内容与见解可以参考这本书. 同时,感谢同行专家的宝贵建议,使得本书内容更趋于完善. 也衷心感谢科学出版社胡海霞编辑对本书编写和出版的大力支持.

限于作者水平,书中难免存在不足之处,恳请读者批评指正.

作 者

2025 年 5 月于申城

目 录

前言
第1章 量纲分析与尺度确定 ································· 1
　1.1 量纲分析 ··· 1
　　1.1.1 应用数学的过程 ······························· 1
　　1.1.2 量纲方法 ····································· 2
　1.2 π定理 ·· 4
　　1.2.1 π定理的叙述 ·································· 4
　　1.2.2 π定理对扩散问题的应用 ······················· 7
　　1.2.3 π定理的证明 ·································· 8
　1.3 尺度的确定 ······································· 13
　　1.3.1 特征尺度 ···································· 13
　　1.3.2 热的传导 ···································· 14
　　1.3.3 抛射问题 ···································· 17
　　1.3.4 确定已知函数的尺度 ·························· 21
第2章 摄动方法 ··· 25
　2.1 正则摄动 ·· 25
　　2.1.1 摄动方法的基本概念 ·························· 25
　　2.1.2 在非线性阻尼介质中的运动 ···················· 27
　　2.1.3 非线性振动 ·································· 29
　　2.1.4 PLK方法 ····································· 31
　　2.1.5 渐近分析 ···································· 33
　2.2 奇异摄动 ·· 39
　　2.2.1 正则摄动的困难 ······························ 39
　　2.2.2 内部近似和外部近似 ·························· 40
　　2.2.3 代数方程和平衡建立 ·························· 43
　2.3 边界层分析 ······································ 44
　　2.3.1 内部近似 ···································· 44
　　2.3.2 匹配 ·· 47
　　2.3.3 一致近似 ···································· 48

2.3.4　应用举例 · 49
　　2.3.5　边界层现象 · 50
2.4　实际应用 · 53
　　2.4.1　阻尼谐振子 · 54
　　2.4.2　化学动力学问题 · 59

第 3 章　应用数学方程 · 65
3.1　偏微分方程 · 65
　　3.1.1　定义 · 65
　　3.1.2　线性和非线性 · 68
　　3.1.3　叠加原理 · 70
3.2　扩散方程 · 71
　　3.2.1　热传导方程 · 71
　　3.2.2　适定性问题 · 74
　　3.2.3　高维扩散方程 · 77
3.3　古典方法 · 82
　　3.3.1　分离变量法 · 82
　　3.3.2　Fourier 级数 · 86
　　3.3.3　Sturm-Liouville 问题 · 90
　　3.3.4　积分变换 · 95
3.4　积分方程 · 103
　　3.4.1　分类和来源 · 103
　　3.4.2　积分方程与微分方程的关系 · 107
　　3.4.3　Fredholm 方程 · 110
　　3.4.4　对称核 · 113
　　3.4.5　Volterra 方程 · 118

第 4 章　连续系统中的波动现象 · 127
4.1　波的传播 · 127
　　4.1.1　波 · 127
　　4.1.2　线性波 · 130
　　4.1.3　非线性波 · 132
　　4.1.4　Burgers 方程 · 136
　　4.1.5　KdV 方程 · 139
　　4.1.6　守恒律 · 142
　　4.1.7　拟线性方程 · 145
4.2　连续介质的数学模型 · 152

- 4.2.1 运动学 153
- 4.2.2 质量守恒 158
- 4.2.3 动量守恒 159
- 4.2.4 热力学和能量守恒 162
- 4.2.5 声学近似方程 167
- 4.2.6 固体中的应力波 169
- 4.3 波动方程 173
  - 4.3.1 D'Alembert 解 173
  - 4.3.2 散射及其逆问题 177
- 4.4 气体运动学方程 181
  - 4.4.1 守恒律 181
  - 4.4.2 Riemann 方法 183
  - 4.4.3 Rankine-Hugoniot 条件 188
- 4.5 $\mathbf{R}^3$ 中的流体运动 191
  - 4.5.1 运动学 191
  - 4.5.2 动力学 197
  - 4.5.3 能量 203

第 5 章 稳定性和分支 208
- 5.1 几个实例 209
  - 5.1.1 稳定性和种群动力学 209
  - 5.1.2 圈上珠子运动的分支 212
  - 5.1.3 稳定性和阿米巴变形虫的趋药性 216
- 5.2 一维分支 222
  - 5.2.1 稳定性 222
  - 5.2.2 分支点的分类 227
  - 5.2.3 稳定性的改变 231
  - 5.2.4 连续搅拌的桶形反应器 234
- 5.3 二维分支 238
  - 5.3.1 相平面现象 238
  - 5.3.2 线性系统 243
  - 5.3.3 非线性系统 248
  - 5.3.4 分支 250

参考文献 257
索引 259

第 1 章 量纲分析与尺度确定

量纲分析和尺度确定的方法是数学建模理论和实践的重要基础 (见文献 [1]—[3]). 对每个实际问题来说, 正确掌握它的一切有量纲参数之间的可能关系并对它们之间的大小进行比较, 这对研究问题的理解有很好的帮助. 甚至由此可以看出对问题的求解或近似求解的方向. 本章将简要地介绍这两方面的基本概念, 并通过一些例子的讨论来提出和证明有关量纲分析的基本结果, 即白金汉 (E. Buckingham, 1867—1940) 的 π 定理. 然后从问题化为无量纲形式的角度来考察尺度的确定. 确定尺度的思想也为正确使用摄动方法指明了方向, 特别是奇异摄动理论中的边界层现象的分析更是以此作为基础.

1.1 量纲分析

1.1.1 应用数学的过程

在实践中提出并要求从数学上进行仔细分析和解决的问题有着各种各样的情况, 着手解决这类实际问题的一种办法是: 当一个问题从实践中提出来时, 第一步是建立该问题的数学模型 (若可能的话). 这一步包括确定问题中含有哪些变量和参数以及利用它们建立一组详细描述实际过程的支配方程. 这时可以把由这些模型方程所提出的数学问题看成一个纯数学的问题. 第二步就是利用某种数学方法来求解这个问题. 一旦求出这个问题的解, 那么第三步就是回到原来的实际问题, 去验证这个分析结果是否与所观察的经验数据相符合. 如果第三步的确是相符合的, 而且这个解对于一些类似的问题还能给出预测, 那么可以说, 所推导出的数学方程就是表示该类实际问题的数学模型.

将应用数学只看成是研究解决所获得数学问题的技巧和计算方法并不准确. 实际上, 应用数学必须处理上述提出的所有步骤, 而不仅仅是第二步中对数学问题的求解. 当然, 讨论研究和找出解决这些数学问题的办法, 包括精确和近似的求解方法、数值计算以及其他各种求解微分和积分方程的方法都是应用数学的重要方面. 然而应用数学更多的是处理实际问题的每一个方面. 特别是正确理解原来的实际问题并对它建立其数学模型是决定性的步骤. 由于在各个步骤之间存在着紧密的相互联系, 因此科学家、工程师或者数学家们都必须对每一步骤有很好的了解. 例如对求解问题的第二步, 就是经常要求对所得到的数学问题进行简化.

而这种简化往往来自对实际问题的深刻理解,仔细检查可以发现哪些项可以略去、怎样的量算是小量,等等. 最后,倘若结论不准确,往往就要求对模型进行重新深入细致的研究,以便得到对实际问题的正确描述. 所有这些均应看成是应用数学的实践范围,其中经验的推理、熟练的技巧和客观的洞察力都是实质性的因素.

本章目标是在第一步,即为建模过程. 通过建立具体问题的模型并且强调数学与客观实际的相互依赖关系来实现这一步. 建模过程可以得到各种数学方程. 例如扩散方程,即不管其原来的问题如何,其形式为

$$u_t(x, t) - u_{xx}(x, t) = 0$$

的偏微分方程. 此时可以从数学上来对它进行讨论,提出关于这个方程解的存在性、求解方法等问题. 然而从应用数学的角度来看,这不是最重要的. 因为对原来实际问题的讨论和对所得到方程的分析同样重要. 事实上,由于对具体问题的研究促使我们考虑其需要解决的问题,这往往把我们引向有关问题变化规律的定理及其证明上去.

除了提出某些具体的建模例子外,本章还着重考虑在发展和研究模型方程时两个非常有用的方法,一个是量纲分析,另一个是尺度确定. 前者使我们能正确地理解在方程中表示长度、时间、质量等各个量纲关系并得出量纲同质性的含义. 尺度确定是把出现在模型方程中各项的量与实际系统中自然出现的内在参数进行比较,以此可以看出各项在数量上的真正大小.

1.1.2 量纲方法

在对问题进行建模的初始阶段中,一个很有用的基本方法是对问题中有关的数量以及它们在量纲上如何相互联系进行分析. 苹果不可能等于橘子,亦即不能把各个变量简单地放在一起. 各个变量所满足的方程应该有某种相容性,而不是它们之间任何随便可能的关系. 换句话说,方程在**量纲**上必须是同质的. 这种简单的观察就构成了所谓**量纲分析**的基础 ([1]). 量纲分析是在 19 世纪后期发展起来的,即使在支配方程还不知道的情况下,这种量纲分析方法在确定客观现象的本质上已经取得了重要的结果. 这在连续介质力学中特别有效,并由此发展出一般的量纲分析方法.

量纲分析中奠基性的结果是所谓的 π 定理. 大致地讲,π **定理**是说: 如果有一条物理定律,它在一些物理量之间给出一个关系,则必存在一条等价的定律,它是由某些无量纲量之间所表示的一个关系 (通常记这些无量纲量为 $\pi_1, \pi_2, \cdots, \pi_m$,故 π 定理因此而得名,而此处并非圆周率). π 定理是在 1892 年由法国工程师瓦什 (A. Vaschy, 1857—1899) 在一篇发表的论文中首先提出的,但他却英年早逝. 后来在 1914 年由 Buckingham 对它的一个特殊情形给出了证明,因此直到现在

都习惯用他的名字来称呼这条定理. 有关文献和其发展历史可参考伯克霍夫 (G. Birkhoff, 1884—1944) 的文献 ([4]).

本节用一个例子来说明这个经典结果的特点和作用. 这个例子是在 20 世纪 40 年代后期美国公布了原子弹爆炸的照片序列之后, 在 1950 年, 由英国力学家泰勒 (G. I. Taylor, 1886—1975) 出人意料地发表了一篇文章. 他根据所公布的爆炸照片序列, 将原子弹释放的能量计算出来, 令人惊讶的是其计算出来的值竟与之后美国官方公布的数值非常接近. 泰勒究竟如何做到的呢? 他在看了原子弹爆炸时火球传播的照片之后, 为了计算出它的爆炸场而提出的. 爆炸是在很短的时间内, 实际上是一瞬间释放出巨大的能量 e. 而且是从一个可看成一个点的非常小的区域中释放出来. 这时一个很强的激波从爆炸中心向外传播. 在它后面的压力是大气压的几百甚至几千倍, 远远大于周围的空气压力. 因此在爆炸时初始时刻的大气压可以忽略不计. 于是有理由相信在爆炸波的波前半径 r、时间 t、空气初始密度 ρ 以及所释放的能量 e 之间应当存在某种关系. 为此可假设在这些量之间存在一条物理定律

$$g(t, r, \rho, e) = 0. \tag{1.1.1}$$

另一方面, Buckingham 的 π 定理说: 在由 t, r, ρ 和 e 所表示的独立无量纲量之间存在着一条与 (1.1.1) 等价的物理定律. 众所周知, t 有时间量纲, r 有长度量纲, e 有质量×长度^2/时间^2 的量纲, 而 ρ 有质量/长度^3 的量纲. 因此不难直接验算知道 $\dfrac{r^5\rho}{t^2 e}$ 为无量纲量. 可以证明, 不再有从 t, r, ρ 和 e 作出的其他无量纲量. 于是 π 定理就保证: 物理定律 (1.1.1) 等价于仅包含无量纲量 $\pi = \dfrac{r^5\rho}{t^2 e}$ 的一条物理定律. 由于现在只有一个无量纲量, 因此有

$$f\left(\frac{r^5\rho}{t^2 e}\right) = 0, \tag{1.1.2}$$

即 $f(\pi) = 0$, 其中 f 为某一函数. 由 (1.1.2) 可知这条物理定律也可表示为

$$(r^5\rho)/(t^2 e) = \bar{C},$$

或者

$$r = C\left(\frac{t^2 e}{\rho}\right)^{1/5}, \tag{1.1.3}$$

其中 C 为某个常数. 于是从量纲分析推出, 波前半径依赖于时间的 2/5 次幂. 爆炸的实际数据和火球传播照片证实了这个关系. 常数 C 依赖于定压比热对定容比热的比值, 它由包括空气动力学方程在内的支配方程所确定. 在关系式 (1.1.3) 中

代入 r 随 t 变化的实际数据, 由于此时的 C 和 ρ 为已知数量, 因此即可计算出初始能量 e.

虽然上面的例子只是 Taylor 原来所讨论问题的简单概述, 但是已看出量纲分析可以找出一个物理过程中的各个变量之间的内在联系. 从而成为应用数学家、物理学家和工程师们十分有力的工具.

在工程上, 量纲分析还有另外的重要应用, 即小尺度模型 (例如飞机和船舶) 的设计, 这些模型几乎是真实原型的翻版. 有关这个重要问题的讨论不在此展开, 有兴趣的读者仍可参考 Birkhoff 编著的文献 [4].

练 习

1. 在本节所考虑的爆炸问题中, 代替 (1.1.1) 而考虑形如

$$g(t, r, \rho, e, p) = 0 \tag{1.1.4}$$

的物理定律, 其中 p 为周围的气体压力. 试证: 从 t, r, ρ, e 和 p 可以而且只能得出两个无量纲参数 π_1 和 π_2. 假设 (1.1.4) 是等价于

$$f(\pi_1, \pi_2) = 0.$$

试问: 由此是否还能推出 r 随 t 的 2/5 次幂而变化吗?

2. 当一个物体在具有不变重力加速度 g 且没有阻力的场中间运动时, 支配其运动距离 x 随时间 t 的变化规律为

$$x = \frac{1}{2} g t^2. \tag{1.1.5}$$

试问: 可从 t, x 和 g 得出几个无量纲呢? 请用这些无量纲量 $\pi_1, \pi_2, \cdots$ 写出物理定律 (1.1.5).

1.2 π 定理

1.2.1 π 定理的叙述

正如在 1.1 节所提到的, 如下结论一般是正确的, 即关于 m 个量 $q_1, q_2, \cdots, q_m$ 的一条物理定律

$$f(q_1, q_2, \cdots, q_m) = 0 \tag{1.2.1}$$

等价于一条关于由 $q_1, q_2, \cdots, q_m$ 所表示的无量纲量的物理定律. 这就是 π 定理的主要内容, 在叙述这条定理之前, 还需要某些必要的准备.

1.2 π 定理

首先，类似于上节爆炸波例子中的量 t, r, ρ 和 e，令 $q_1, q_2, \cdots, q_m$ 为问题中具有量纲的量. 于是选定一组适合于所讨论问题的**基本量纲** $L_1, L_2, \cdots, L_n (n < m)$ 来表示 $q_1, q_2, \cdots, q_m$ 的量纲. 在爆炸波问题中，可取时间 T、长度 L 和质量 M 作为基本量纲，因为 t, r, ρ, e 中的每一个量的量纲都可以用 T, L 和 M 来表示. 例如能量 e 的量纲就是 ML^2T^{-2}. 一般来说，q_i 的**量纲**记为 $[q_i]$，且可用基本量纲来表示

$$[q_i] = L_1^{a_{1i}} L_2^{a_{2i}} \cdots L_n^{a_{ni}}, \quad i = 1, 2, \cdots, m, \tag{1.2.2}$$

其中 $a_{1i}, \cdots, a_{ni}$ 称为某些确定的指数. 若 $[q_i] = 1$，则称 q_i 为**无量纲量**. 而 $n \times m$ 矩阵

$$\begin{pmatrix} a_{11} & \cdots & a_{1m} \\ a_{21} & \cdots & a_{2m} \\ \vdots & & \vdots \\ a_{n1} & \cdots & a_{nm} \end{pmatrix}$$

称为**量纲矩阵**，其中第 j 列的元素就给出了 $[q_j]$ 关于 $L_1, \cdots, L_n$ 的**幂指数**.

当谈到物理定律 (1.2.1) 的基本假设时，我们想起苹果不可能等于橘子的简单道理. 确切地说，对所讨论的定律 (1.2.1)，需要有与单位选择无关的假设. 我们把"单位"这个词与"量纲"这个词区别开来. 所谓**单位**就是指如秒、小时、天和年等衡量时间的特定物理单位，所有这些单位都是有时间的量纲. 类似地，克、千克等都是有质量量纲的单位. 对于任一个基本量纲 L_i，若仍以 L_i 记作它的一个单位，则总可以利用乘上适当的转换因子 $\lambda_i > 0$ 来得到它在新单位制下的单位 $\bar{L}_i$. 亦即

$$\bar{L}_i = \lambda_i L_i, \quad i = 1, \cdots, n.$$

对于一般的量 q，其单位也可用类似的方法加以改变. 如果

$$[q] = L_1^{b_1} L_2^{b_2} \cdots L_n^{b_n},$$

那么 q 在新单位制下的数量为

$$\bar{q} = \lambda_1^{b_1} \lambda_2^{b_2} \cdots \lambda_n^{b_n} q.$$

如果 $f(q_1, \cdots, q_m) = 0$ 和 $f(\bar{q}_1, \cdots, \bar{q}_m) = 0$ 是等价的两条物理定律，就称物理定律 (1.2.1) 与具有量纲量 $q_1, q_2, \cdots, q_m$ 所选择的单位无关，或者称 (1.2.1) 与单位选择无关. 定义叙述如下.

定义 1.2.1 如果对所选定的正实数 $\lambda_1, \cdots, \lambda_n$，$f(\bar{q}_1, \cdots, \bar{q}_m) = 0$ 成立当且仅当 $f(q_1, \cdots, q_m) = 0$ 成立，则称物理定律 (1.2.1) **与单位选择无关**.

例 1.2.1 当一个物体在不变重力加速度 g 的重力场中下落时其距离 x 随时间 t 变化的物理定律为

$$f(x,t,g) = x - \frac{1}{2}gt^2 = 0. \tag{1.2.3}$$

在厘米–克–秒单位制下，x 以厘米给出，t 的单位为秒，而 g 的单位为厘米/秒^2。如果把 x 和 t 的单位分别改变成米和分，则在新的单位制下有

$$\bar{x} = \lambda_1 x, \quad \bar{t} = \lambda_2 t,$$

其中 $\lambda_1 = \dfrac{1}{100}(\text{m/cm})$，而 $\lambda_2 = \dfrac{1}{60}(\text{min/s})$。由于 $[g] = $ 长度 $\times$ 时间 $^{-2}$，故有

$$\bar{g} = \lambda_1(\lambda_2)^{-2}g.$$

于是 $f(\bar{x},\bar{t},\bar{g}) = \bar{x} - \dfrac{1}{2}\bar{g}\bar{t}^2 = \lambda_1 x - \dfrac{1}{2}\lambda_1(\lambda_2)^{-2}g(\lambda_2 t)^2 = \lambda_1\left(x - \dfrac{1}{2}gt^2\right)$，由此可见 (1.2.3) 是与单位选择无关的。

现在叙述 π 定理。

定理 1.2.1(π 定理) 设

$$f(q_1, q_2, \cdots, q_m) = 0 \tag{1.2.4}$$

为具有量纲量 $q_1, q_2, \cdots, q_m$ 的与单位选择无关的物理定律。若令 $L_1, L_2, \cdots, L_n$ ($n < m$) 为基本量纲，且成立 (1.2.2)，即

$$[q_j] = L_1^{a_{1i}} L_2^{a_{2i}} \cdots L_n^{a_{ni}}, \quad i = 1, \cdots, m,$$

并令 (1.2.2) 的量纲矩阵 A 的秩为 r，则存在 $m-r$ 个独立的无量纲量 $\pi_1, \pi_2, \cdots, \pi_{m-r}$，它们均可由 $q_1, q_2, \cdots, q_m$ 表示，并且物理定律 (1.2.4) 等价于仅由 $\pi_1, \pi_2, \cdots, \pi_{m-r}$ 表示的方程

$$F(\pi_1, \pi_2, \cdots, \pi_{m-r}) = 0. \tag{1.2.5}$$

接下来先利用 π 定理来讨论一个例子，然后再给出它的证明。在研究例子之前，注意到定理中关于物理定律 (1.2.4) 的存在性是作为假设提出的。在实践中，人们首先必须设想哪些量是问题的有关变量，然后才能应用定理的结果。而在得到无量纲量的物理定律 (1.2.5) 之后，还必须用实际数据加以检验。并且无论采用何种方法，都必须验证定理假设的正确性。

1.2.2 π 定理对扩散问题的应用

例 1.2.2 考虑集中在空间一点处的热能 e 从某时刻开始朝外向一个温度为零的区域扩散的问题. 若以 r 记为热能源辐射的距离, t 记为时间, 则问题就是求出作为 r 和 t 的温度函数 u. 这个问题可以归结为偏微分方程 (即热扩散方程) 的边值问题, 在此我们不研究这个边值问题, 而是想看一下当对问题进行详细的量纲分析时, 可以得到些什么? 为此, 第一步是做出关于哪些量会影响温度 u 的假设. 显然, t, r 和 e 都是有关系的变量. 区域的热容量 c 也会产生影响, 它的量纲是能量/(温度 × 体积). 此外有关的量还有能量向外扩散时的扩散速度, 这可用热扩散系数 k 来描述, 它有量纲长度 ^{2}/时间. 于是假设存在一条有关六个量 t, r, u, e, k 和 c 的物理定律

$$f(t, r, u, e, k, c) = 0.$$

下一步就是确定可用来表示这六个具有量纲量的独立基本量纲 $L_1, L_2, \cdots, L_n$. 经过适当的选择, 它们为 T(时间)、L(长度)、Θ(温度) 和 E(能量) 四个. 于是有

$$[t] = T, \quad [r] = L, \quad [u] = \Theta, \quad [e] = E, \quad [k] = L^2 T^{-1}, \quad [c] = E\Theta^{-1}L^{-3}.$$

从而量纲矩阵 A 为

$$\begin{array}{c} \\ T \\ L \\ \Theta \\ E \end{array} \begin{pmatrix} t & r & u & e & k & c \\ 1 & 0 & 0 & 0 & -1 & 0 \\ 0 & 1 & 0 & 0 & 2 & -3 \\ 0 & 0 & 1 & 0 & 0 & -1 \\ 0 & 0 & 0 & 1 & 0 & 1 \end{pmatrix},$$

此时 $m = 6, n = 4$. 而量纲矩阵的秩 $r = 4$. 因此可从 t, r, u, e, k 和 c 得出 $m - r = 2$ 个无量纲量. 为了找出这两个量, 详细分析如下: 令 π 为无量纲量, 则可选取 $\alpha_1, \cdots, \alpha_6$ 使得

$$\begin{aligned} 1 = [\pi] &= [t^{\alpha_1} r^{\alpha_2} u^{\alpha_3} e^{\alpha_4} k^{\alpha_5} c^{\alpha_6}] \\ &= T^{\alpha_1} L^{\alpha_2} H^{\alpha_3} E^{\alpha_4} (L^2 T^{-1})^{\alpha_5} (EH^{-1}L^{-3})^{\alpha_6} \\ &= T^{\alpha_1 - \alpha_5} L^{\alpha_2 + 2\alpha_5 - 3\alpha_6} H^{\alpha_3 - \alpha_6} E^{\alpha_4 + \alpha_6}. \end{aligned}$$

由此可见右端的指数应全为零, 从而得到关于 $\alpha_1, \cdots, \alpha_6$ 的四个齐次线性方程, 即

$$\alpha_1 - \alpha_5 = 0, \quad \alpha_2 + 2\alpha_5 - 3\alpha_6 = 0,$$

$$\alpha_3 - \alpha_6 = 0, \quad \alpha_4 + \alpha_6 = 0.$$

上述齐次线性方程组的系数矩阵恰好就是量纲矩阵 A. 求解线性代数方程组即知, 这组方程线性无关解的个数正好就是未知量的个数与 A 的秩之差, 而每一个基本解将给出一个无量纲量, 由此也看出定理中有关秩条件的作用.

根据齐次线性方程组的求解方法, 不难找出上面问题的两个线性无关解为

$$\alpha_1 = -\frac{1}{2}, \quad \alpha_2 = 1, \quad \alpha_3 = 0, \quad \alpha_4 = 0, \quad \alpha_5 = -\frac{1}{2}, \quad \alpha_6 = 0;$$

$$\alpha_1 = \frac{3}{2}, \quad \alpha_2 = 0, \quad \alpha_3 = 1, \quad \alpha_4 = -1, \quad \alpha_5 = \frac{3}{2}, \quad \alpha_6 = 1.$$

这就给出如下两个无量纲量:

$$\pi_1 = \frac{r}{\sqrt{kt}}, \quad \pi_2 = \frac{uc(kt)^{\frac{3}{2}}}{e}.$$

于是, 由 π 定理即知存在一条与原来物理定律 $f(t, r, u, e, k, c) = 0$ 等价的物理定律 $F(\pi_1, \pi_2) = 0$. 由此解出 π_2 即可得 $\pi_2 = g(\pi_1)$, 其中 g 为某个函数, 于是从无量纲量 π_2 中解出 u 即可得

$$u = \frac{e}{c}(kt)^{-\frac{3}{2}} g\left(\frac{r}{\sqrt{kt}}\right). \tag{1.2.6}$$

由此再一次看出, 不求解偏微分方程而直接通过量纲分析, 即可得到温度随各变量的变化关系式 (1.2.6). 例如在点热源 $r = 0$ 附近, 温度是随 $t^{-\frac{3}{2}}$ 而衰减的.

1.2.3 π 定理的证明

为了证明 π 定理, 只需证明如下两个命题.

(i) 存在 $m - r$ 个由 $q_1, \cdots, q_m$ 得出的独立无量纲量, 这里 r 为量纲矩阵 A 的秩;

(ii) 若 $\pi_1, \cdots, \pi_{m-r}$ 为 $m - r$ 个无量纲量, 则 (1.2.4) 等价于如下形如

$$F(\pi_1, \cdots, \pi_{m-r}) = 0$$

的物理定律.

(i) 的证明是明显的, 一般的讨论可完全类似于例 1.2.2 中构造无量纲量那样讨论进行, 其中利用了线性代数中一个熟知的结果. 即含有 m 个未知数的 n 个方程的齐次线性方程组, 其线性无关解的个数为 $m - r$, 这里 r 为其系数矩阵的秩. 若令 π 为无量纲量, 则有

$$\pi = q_1^{\alpha_1} q_2^{\alpha_2} \cdots q_m^{\alpha_m}, \tag{1.2.7}$$

其中 $\alpha_1, \cdots, \alpha_m$ 为待定的数. 于是利用基本量纲 $L_1, \cdots, L_n$ 即得

$$\pi = (L_1^{a_{11}} L_2^{a_{21}} \cdots L_n^{a_{n1}})^{\alpha_1} (L_1^{a_{12}} L_2^{a_{22}} \cdots L_n^{a_{n2}})^{\alpha_2} \cdots (L_1^{a_{1m}} L_2^{a_{2m}} \cdots L_n^{a_{nm}})^{\alpha_n}$$

$$= L_1^{a_{11}\alpha_1 + a_{12}\alpha_2 + \cdots + a_{1m}\alpha_m} \cdots L_n^{a_{n1}\alpha_1 + a_{n2}\alpha_2 + \cdots + a_{nm}\alpha_m},$$

由于 $[\pi] = 1$, 上式右端的指数应均为零, 亦即

$$\begin{cases} a_{11}\alpha_1 + a_{12}\alpha_2 + \cdots + a_{1m}\alpha_m = 0, \\ \quad \cdots \cdots \\ a_{n1}\alpha_1 + a_{n2}\alpha_2 + \cdots + a_{nm}\alpha_m = 0. \end{cases} \tag{1.2.8}$$

根据上述线性代数的结果即知方程组 (1.2.8) 关于 $\alpha_1, \cdots, \alpha_m$ 正好有 $m - r$ 个线性无关解, 其中每一个解都给出一个形如 (1.2.7) 的无量纲量, 这就完成了 (i) 的证明. 这里的无量纲量在线性代数中的线性无关意义下是独立的.

(ii) 的证明主要是利用存在的物理定律与单位选择无关的假设. 证明过程有一定技巧性, 但只要仔细研究一个具体例子, 即可看出其证明几乎也是明显的.

例 1.2.3 考虑例 1.2.1 中的物理定律

$$f(x, t, g) = x - \frac{1}{2}gt^2 = 0, \tag{1.2.9}$$

它是与单位选择无关的. 若选取长度和时间作为基本量纲, 直接计算即知存在唯一的无量纲量 $\pi = \dfrac{gt^2}{x}$. 于是量 g 可以表示成 $g = \dfrac{\pi x}{t^2}$, 因此可以定义一个函数 G 为

$$G(x, t, \pi) \triangleq f\left(x, t, \frac{\pi x}{t^2}\right),$$

显然定律 $G(x, t, \pi) = 0$, 或者

$$x - \frac{1}{2}\left(\frac{\pi x}{t^2}\right)t^2 = 0 \tag{1.2.10}$$

与 (1.2.9) 等价, 而且也与单位选择无关. 这是因为 f 与单位选择无关. 于是可定义 F 为

$$F(\pi) \triangleq G(1, 1, \pi) = 1 - \frac{1}{2}\pi = 0.$$

显然这完全等价于 (1.2.10) 和 (1.2.9).

在此不对 (ii) 的一般情况进行证明, 而只就 $m = 4, n = 2$ 和 $r = 2$ 的特殊情形进行讨论. 记号与前面一样, 至于当 m, n 和 r 为任意正整数时的证明可用完全

一样的方法进行. 考虑一条与单位选择无关的物理定律
$$f(q_1,q_2,q_3,q_4)=0, \tag{1.2.11}$$
而且有
$$[q_j]=L_1^{\alpha_{1j}}L_2^{\alpha_{2j}},$$
其中 L_1 和 L_2 为基本量纲. 假设量纲矩阵
$$A=\begin{pmatrix}a_{11}&a_{12}&a_{13}&a_{14}\\a_{21}&a_{22}&a_{23}&a_{24}\end{pmatrix}$$
的秩 $r=2$. 若 π 为无量纲量, 则有
$$\pi=q_1^{\alpha_1}q_2^{\alpha_2}q_3^{\alpha_3}q_4^{\alpha_4}, \tag{1.2.12}$$
其中指数 $\alpha_1,\alpha_2,\alpha_3,\alpha_4$ 应满足齐次线性方程组 (1.2.8). 将 (1.2.8) 写成如下的向量形式:
$$\begin{pmatrix}a_{11}\\a_{21}\end{pmatrix}\alpha_1+\begin{pmatrix}a_{12}\\a_{22}\end{pmatrix}\alpha_2+\begin{pmatrix}a_{13}\\a_{23}\end{pmatrix}\alpha_3+\begin{pmatrix}a_{14}\\a_{24}\end{pmatrix}\alpha_4=\begin{pmatrix}0\\0\end{pmatrix}. \tag{1.2.13}$$

我们的目标是: 通过确定 $\alpha_1,\alpha_2,\alpha_3,\alpha_4$ 而求出两个无量纲量的公式. 不失一般性, 不妨假设 A 的前两个列向量线性无关, 否则由于 rank $A=2$, 则可通过对 q 的顺序的重新安排而使得前两个列向量线性无关. 于是第三, 四列向量就成为前两列的线性组合:
$$\begin{pmatrix}a_{13}\\a_{23}\end{pmatrix}=c_{31}\begin{pmatrix}a_{11}\\a_{21}\end{pmatrix}+c_{32}\begin{pmatrix}a_{12}\\a_{22}\end{pmatrix},\quad\begin{pmatrix}a_{14}\\a_{24}\end{pmatrix}=c_{41}\begin{pmatrix}a_{11}\\a_{21}\end{pmatrix}+c_{42}\begin{pmatrix}a_{12}\\a_{22}\end{pmatrix}, \tag{1.2.14}$$

其中 $c_{31},c_{32},c_{41},c_{42}$ 为某些已知的常数. 将 (1.2.14) 代入 (1.2.13), 可得
$$(\alpha_1+c_{31}\alpha_3+c_{41}\alpha_4)\begin{pmatrix}a_{11}\\a_{21}\end{pmatrix}+(\alpha_2+c_{32}\alpha_3+c_{42}\alpha_4)\begin{pmatrix}a_{12}\\a_{22}\end{pmatrix}=\begin{pmatrix}0\\0\end{pmatrix},$$

由 A 中前两列的线性无关性, 即得
$$\begin{cases}\alpha_1+c_{31}\alpha_3+c_{41}\alpha_4=0,\\ \alpha_2+c_{32}\alpha_3+c_{42}\alpha_4=0.\end{cases}$$

1.2 π 定理

由此即可将 α_1, α_2 作为 α_3, α_4 的函数解出：

$$\begin{pmatrix} \alpha_1 \\ \alpha_2 \\ \alpha_3 \\ \alpha_4 \end{pmatrix} = \alpha_3 \begin{pmatrix} -c_{31} \\ -c_{32} \\ 1 \\ 0 \end{pmatrix} + \alpha_4 \begin{pmatrix} -c_{41} \\ -c_{42} \\ 0 \\ 1 \end{pmatrix}.$$

显然右端的两个向量正好是方程组 (1.2.13) 的两个线性无关的基本解，因此两个无量纲量为

$$\pi_1 = q_1^{-c_{31}} q_2^{-c_{32}} q_3, \quad \pi_2 = q_1^{-c_{41}} q_2^{-c_{42}} q_4.$$

现定义函数 G 为

$$G(q_1, q_2, \pi_1, \pi_2) \triangleq f(q_1, q_2, \pi_1 q_1^{c_{31}} q_2^{c_{32}}, \pi_2 q_1^{c_{41}} q_2^{c_{42}}),$$

于是物理定律

$$G(q_1, q_2, \pi_1, \pi_2) = 0 \tag{1.2.15}$$

成立当且仅当 (1.2.11) 成立，因而 (1.2.15) 是一条与 (1.2.11) 等价的物理定律。由于 $f=0$ 与单位选择无关，因此容易推出 (1.2.15) 也与单位选择无关 (注意到在任何单位制的变换下都有 $\bar{\pi}_1 = \pi_1, \bar{\pi}_2 = \pi_2$，亦即无量纲量在任何单位制的变换下都有同样的值)。最后，我们来证明 (1.2.15) 等价于物理定律

$$G(1, 1, \pi_1, \pi_2) = 0. \tag{1.2.16}$$

由于 (1.2.16) 推出 $F(\pi_1, \pi_2) \triangleq G(1, 1, \pi_1, \pi_2) = 0$，这就给出所需要的结果。由于 (1.2.15) 与单位选择无关，因此有

$$G(\bar{q}_1, \bar{q}_2, \pi_1, \pi_2) = 0, \tag{1.2.17}$$

其中

$$\bar{q}_1 = \lambda_1^{a_{11}} \lambda_2^{a_{21}} q_1, \quad \bar{q}_2 = \lambda_1^{a_{12}} \lambda_2^{a_{22}} q_2.$$

对于任意选取的变换因子使得 $\lambda_1, \lambda_2 > 0$ 成立，再选取 λ_1 和 λ_2 使得 $\bar{q}_1 = \bar{q}_2 = 1$。这样的选择是可能的，因为由

$$\lambda_1^{a_{11}} \lambda_2^{a_{21}} q_1 = 1, \quad \lambda_1^{a_{12}} \lambda_2^{a_{22}} q_2 = 1, \tag{1.2.18}$$

即可推出

$$\begin{cases} a_{11} \ln \lambda_1 + a_{21} \ln \lambda_2 = -\ln q_1, \\ a_{12} \ln \lambda_1 + a_{22} \ln \lambda_2 = -\ln q_2. \end{cases} \tag{1.2.19}$$

而由于 A 的前两个列向量线性无关, 由 (1.2.19) 即可唯一地求出 $\ln\lambda_1, \ln\lambda_2$, 从而得到满足 (1.2.18) 的 λ_1 和 λ_2. 因此 (1.2.16) 是一条与 (1.2.11) 等价的物理定律, 于是就完成了 (ii) 的证明.

当 m, n 和 r 为任意正整数时的证明, 可参考前面指出的 Birkhoff 的文献 ([4]). 这本经典著作还给出了一些例子以及许多有关历史发展的评述.

当对一个具体的实际问题进行量纲分析时, 首先必须做出两个判断:

(1) 正确选择变量;

(2) 选取基本量纲.

第一件是有关实践经验的事, 它是以直觉或实验为基础的, 实际上并不存在任何保证得到有用公式的选择原则. 第二件关于基本量纲的选取可能隐含着某种对所讨论问题无效的假设. 例如在某个问题中选取质量、长度和时间但不包括力作为基本量纲时, 并假设存在某种起重要作用的关系 (牛顿 (Newton) 第二定律), 于是力就不是独立的量纲. 倘若考虑一个小球在重力作用下落入黏性流体运动的问题. 由于阻力的作用, 经过短时间后, 这个小球就以不变的速度下落, 从而运动不加速. 因此就不必利用力与加速度成正比的假设, 这时力就可以看成一个分开的有独立量纲的量. 总之, 在运用量纲分析来描述具体的实际问题时, 直觉和经验是重要的因素.

练 习

1. 深水波的波速 v 是由它的波长 λ 和重力加速度 g 所决定. 试问, 量纲分析可推出在 v, λ 和 g 之间存在怎样的关系呢?

2. 一个半径为 r, 密度为 ρ 的小球, 在重力加速度 g 的作用下, 落入密度为 ρ_l, 黏性为 μ 的流体中 (μ 的量纲为质量/(长度 $\times$ 时间)), 并以不变的速度运动. 从实验观察得出

$$v = \frac{2}{9} r^2 \rho g \mu^{-1} \left(1 - \frac{\rho_l}{\rho}\right).$$

试问, 这个公式是否与单位选择无关?

3. 假设有一个物理现象由分别表示压力、长度、质量、时间和密度的量 p, l, m, t 和 ρ 所描写. 如果在这些量中存在一条物理定律 $f(p, l, m, t, \rho) = 0$, 试用量纲分析求出与此等价的由无量纲变量表示的物理定律.

4. 假设一个实际系统是由定律 $f(E, P, A) = 0$ 所描述, 其中 E, P, A 分别为能量、压力、面积. 试用无量纲量给出等价的物理定律.

5. 质量为 m 的小球挂在长度为 l 的细线一端, 让其稍偏离平衡位置后在重力作用下作小摆动, 试用量纲分析法求出此单摆的运动周期 ω 的表达式.

1.3 尺度的确定

1.3.1 特征尺度

在建立和处理一个实际问题的数学模型时, 一个有用的技巧是确定尺度. 大致地说, **确定尺度**就是选取一些新的、通常是无量纲量, 并用这些变量来重新描述所讨论的问题. 这个过程不仅有用而且往往是必要的, 尤其是对所得到的方程各项大小进行比较时, 为了略去小的项就非得这样做不可. 在应用摄动方法求解问题时, 为了辨别参数的大小, 确定尺度就显得特别重要.

为了较为具体地进行讨论, 假设在所讨论问题中的时间变量 t 是以秒为单位进行测量的. 但当所讨论的问题包含了河水运动时, 显然以秒为时间单位实在太快了, 因为在秒的时间量阶上不可能观察到河水任何有意义的变化. 另一方面, 若问题中包含了原子核的反应, 则以秒为单位又显得太慢了, 因为当一秒钟尚未过去, 所有重要的反应均已完成了. 因此每一个问题都有对该问题适当的内在时间尺度, 或者称它为**特征时间** t_c, 这就是在观察问题的物理量时可辨别其变化的最短时间. 例如河水运动的特征时间应当是年的量阶, 而原子核反应的特征时间应当是微秒 (即百万分之一秒) 的量阶. 有些问题可能有几个时间尺度, 例如化学反应. 可能开始时很慢, 然后很快就完成反应. 图 1.1 就表示了这样的反应. 显然, 一个对时间区域 I_1 是适当的时间尺度, 却不适用于出现很快变化的区间 I_2. 这个基本事实就是奇异摄动或者边界层理论的核心.

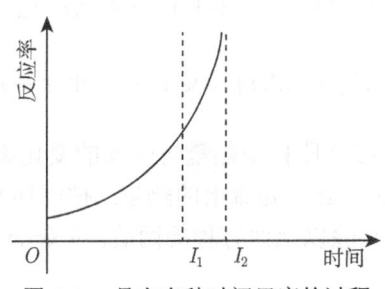

图 1.1　具有多种时间尺度的过程

当确定了特征时间 t_c 后, 一个新的无量纲量就可以定义为

$$\bar{t} = \frac{t}{t_c}.$$

若 t_c 选得正确, 则无量纲时间 $\bar{t}$ 既不会显得太大, 也不会显得太小, 而是较为接近于 1 的量阶. 但是对于所讨论的具体问题, 如何确定时间 t_c 的确是一个需要具体分析的问题. 在实际问题中的诸如长度、质量等其他变量, 也同样存在着如何确

定其特征量的问题. 选取**特征量**的一般原则是取问题中的各个有量纲常数的组合, 而且应当与该量本身大小的量阶大致相同. 我们用下面的一些例子来说明这个一般原则.

1.3.2 热的传导

考虑在一根长度有限且其物理参数均为已知的杆中热量流动的问题. 根据能量平衡定律, 得到一个偏微分方程. 它的解给出杆的任一位置 x 处, 在任一时刻 t 的温度 $u(x,t)$. 在得到支配方程之后, 对所讨论问题的自变量和函数重新选定尺度, 从而把方程化为一个其所有变量 (自变量和因变量) 都是无量纲的形式. 确定尺度和化为无量纲形式是一个在大多数实际问题的建模过程中必须进行的步骤.

例 1.3.1 考虑一根从 $x=0$ 延伸到 $x=l$ 且有不变截面 A(图 1.2) 的均质杆的热传导问题. 假设杆的侧面绝热, 因此热量只沿着 x 方向流动, 而且在任一截面上的温度是不变的. 开始时杆的温度为零, 并且对一切 $t>0$ 在杆的两端总保持在不变温度 T_0. 我们所要求的量 $u(x,t)$ 就是杆在时刻 t 于 x 处的温度. 首先找出 $u(x,t)$ 所应满足的方程. 为此令 c_v 为杆材料的比热, 亦即对给定材料, 每单位质量升高 1℃ 的温度所需热能的数量. 在 CGS(厘米-克-秒的英文缩写) 单位制下用 cal/(g·℃) 来测量. 于是从 x 到 $x+\Delta x$ 的一段杆中于时刻 t 的热量近似地表示为

$$c_v \rho u(\xi,t) A \Delta x,$$

其中 ρ 为材料的密度, 而 $x \leqslant \xi \leqslant x+\Delta x$. 若记 $\Phi(x,t)$ 为热通量, 即每单位时间流经 x 处截面的热量, 于是可以写出杆在 $[x, x+\Delta x]$ 这一段上的能量平衡方程为

$$\frac{\partial}{\partial t}(c_v \rho u(\xi,t) A \Delta x) = \Phi(x,t) - \Phi(x+\Delta x, t). \tag{1.3.1}$$

换句话说, 这个方程表示在这段杆中热量对时间的变化率必须等于每单位时间在 x 处流入的热量减去在 $x+\Delta x$ 处流出的热量. 按照通常习惯, 当热量流向右边时热通量 Φ 为正. 用 Δx 除以上面方程的两边, 并令 $\Delta x \to 0$, 取极限即得偏微分方程

$$c_v \rho u_t(x,t) = -\Phi_x(x,t). \tag{1.3.2}$$

这就是能量平衡方程 (1.3.1) 的微分形式, 其中用到了当 $\Delta x \to 0$ 时 $\xi \to x$ 的情形.

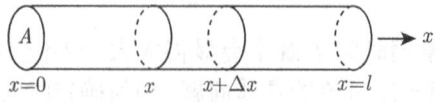

图 1.2 均质杆的热传导

1.3 尺度的确定

虽然在 (1.3.2) 中有两个未知函数 u 和 Φ, 但至今还没有对热量的流动率作出假设, 显然这个速率与材料有关. 例如金属导热要比陶瓷快, 因此需引进一个本构关系. 对热量流动来说, 这是一个有关材料传热性假设的最简单形式, 即热通量与横截面积 A 和温度梯度 u_x 成正比. 这里所谓温度梯度就是对杆在给定时刻 t 其温度 $u(x,t)$ 随位置 x 的变化率, 用公式可写成

$$\Phi(x,t) = -KAu_x(x,t), \tag{1.3.3}$$

其中比例常数 K 称为热传导系数. 它表示每单位时间流经单位长度使得温度升高 1°C 时所需要的热量. 在 CGS 单位制中, K 的单位为 cal/(cm·s·°C), 而且与所讨论的材料有关. 方程 (1.3.3) 就是所谓的傅里叶 (J. Fourier, 1768—1830) 热 (传导) 定律, 它是实验观察的结果. 因此它不同于 (1.3.2) 型的方程, 因为 (1.3.2) 是表示能量守恒定律的方程.

将 (1.3.3) 代入 (1.3.2), 可得到关于温度函数的偏微分方程

$$c_v \rho u_t(x,t) = K u_{xx}(x,t).$$

如果引进如下的热扩散系数 k:

$$k \triangleq \frac{K}{c_v \rho} \text{ (长度}^2/\text{时间)},$$

则上面的偏微分方程可写成

$$u_t(x,t) - k u_{xx}(x,t) = 0. \tag{1.3.4}$$

这就是所谓的热传导方程, 它对一切 $t > 0$ 和 $0 < x < l$ 成立.

从本例开始时所给出的条件中不难得到

$$u(x,0) = 0, \quad \text{当 } 0 < x < l \text{ 时}, \tag{1.3.5}$$

以及

$$u(0,t) = u(l,t) = T_0, \quad \text{当 } t > 0 \text{ 时}. \tag{1.3.6}$$

微分方程 (1.3.4) 与定解条件 (1.3.5) 和 (1.3.6) 一起称为未知的温度分布函数的初边值问题. 条件 (1.3.5) 称为初始条件, 因为它在 $t = 0$ 时成立. 条件 (1.3.6) 称为边界条件, 因为它对一切 $t > 0$ 都在杆的两端边界上成立. 这个初边值问题就是圆柱形杆中热量流动的数学模型. 它与其他数学模型一样, 还必须经受实践的检验.

现在把上面的数学模型无量纲化,为此选取模型中各变量的特征量.这些**特征量**包括特征时间 t_c,特征长度 l_c 以及特征温度 θ_c.而在建模过程中出现的常数是 T_0, l 和 k.显然有 $l_c = l$, $\theta_c = T_0$,即长度 x 以杆的长度为单位进行测量,而温度 $u(x,t)$ 以杆端点的温度 T_0 为单位来测量.但是时间呢?由于利用常数 T_0, l 和 k 进行具有时间单位的唯一组合是 $\dfrac{l^2}{k}$,因此有理由选取 $t_c = \dfrac{l^2}{k}$.因此定义无量纲的自变量函数为

$$\bar{x} = \frac{x}{l}, \quad \bar{t} = \frac{tk}{l^2}, \quad \bar{u} = \frac{u}{T_0}. \tag{1.3.7}$$

利用这些新的变量重新描述初边值问题 (1.3.4),(1.3.5) 和 (1.3.6),即可得到如下的无量纲问题

$$\bar{u}_{\bar{t}}(\bar{x},\bar{t}) - \bar{u}_{\bar{x}\bar{x}}(\bar{x},\bar{t}) = 0, \quad \bar{t} > 0, \quad 0 < \bar{x} < 1,$$

$$\bar{u}(\bar{x},0) = 0, \quad 0 < \bar{x} < 1,$$

$$\bar{u}(0,\bar{t}) = \bar{u}(1,\bar{t}) = 1, \quad \bar{t} > 0.$$

这个过程称为把问题化成无量纲形式.这包括:首先选择各变量的特征量,然后利用类似于 (1.3.7) 的变量替换改变方程中的变量,其中还包含了应用复合函数求导法则.利用无量纲模型进行研究的一个好处是只要这个问题的解 $\bar{u}(\bar{x},\bar{t})$ 求出来,则利用变换 (1.3.7) 就可以得到原来问题的解.

最后来看一下出现在热传导方程中的热扩散系数的物理性质.在热传导问题中使用的是依赖于材料比热 c_v 的热扩散系数,而不用热传导系数.这是因为热传导过程是研究热量在各种物体中的流动,因此应该内在地依赖于材料的比热 c_v.表 1.1 给出了某些与材料性质有关的参数.大致地说,按热扩散系数减小的顺序,可将材料安排如下:好材料、差材料、晶体材料、非晶体材料以及塑性材料.

表 1.1 各种材料的热参数

材料名称	$\rho/$ (g/cm^3)	$c_v/$ (cal/(g·°C))	$K/$ (cal/(cm·s·°C))	$k/$ (cm^2/s)
铜	8.9	0.093	1.09	1.32
生铁	7.4	0.136	0.12	0.119
花岗岩	2.6	0.210	0.006	0.011
玻璃	2.5	0.198	0.002	0.004
木材	0.41	0.30	0.0006	0.004
树脂	1.18	0.35	0.0006	0.001
软木	0.15	0.48	0.0001	0.001

对于具体的热传导问题来说,可用公式 $t_c = \dfrac{l^2}{k}$ 算出特征时间 t_c.这就是该问

题衡量时间的单位, 它给出可观察到实际过程变化的某种时间信息. 例如当研究长度为 2.54cm 铜棒中的热流时, 其特征时间 $t_c = 2.54^2/1.32 = 4.88$s, 因此每过一小时进行一次观察, 或者以一分钟的步长进行数值计算, 就没有意义了.

1.3.3 抛射问题

在文献 [4] 和 [5] 中给出的下面例子很好地说明了在具体问题中正确选择尺度的重要性, 特别是当希望利用略去一些小量来简化问题模型时更是如此. 在初始的方程中以小量出现的项并不一定像看到的那样真的是小量, 只有把方程无量纲化之后才能判断这些项的真正大小.

例 1.3.2(抛射问题) 在这个例子中, 我们仔细地分析了从地球表面把一个物体垂直向上抛射的运动问题. 研究步骤完全类似于前面考虑的例子, 亦即首先建立一个数学模型, 然后确定适当的尺度把问题化为无量纲形式.

在 $t = 0$ 时刻从半径为 R, 质量为 M 的地球表面把一个质量为 m 的物体以初始速度 V 垂直向上抛射, 要求确定这个物体在时刻 t 离开地面的高度 h (图 1.3). 这时作用在物体上的力是重力和空气阻力. 首先考虑一种特殊情况, 即在描述支配方程时, 阻力是可忽略的. 一般来说, 作为一次近似通常是忽略掉那些认为影响很小的因素. 因为这样可使得导出的方程在分析上更容易处理. 如果这样做的分析结果与实际比较起来不太一致的话, 那就需要更仔细地描述实际过程, 并把附加影响考虑进去. 对于目前的问题, 支配方程或者数学模型是来自一条物理定律, 即 Newton 万有引力定律. 这条定律告诉我们: 两个物体之间的引力是与它们的质量乘积成正比, 而与它们之间距离的平方成反比, 其中每个物体的质量可以看成是集中在它们的中心点上. 因此由 Newton 第二定律, 作用在质量为 m 的物体上的力就等于质量乘上它的加速度

$$m\frac{\mathrm{d}^2 h}{\mathrm{d}t^2} = -G\frac{Mm}{(h+R)^2},$$

其中 G 为万有引力中的比例常数. 当 $h = 0$ 时, 即物体在地球表面时, 万有引力应等于重力 $-mg$. 因此有

$$\frac{GM}{R^2} = g,$$

其中 g 为重力加速度. 于是有

$$\frac{\mathrm{d}^2 h}{\mathrm{d}t^2} = -\frac{R^2 g}{(h+R)^2}, \tag{1.3.8}$$

以及初始条件

$$h(0) = 0, \quad \frac{\mathrm{d}h}{\mathrm{d}t}(0) = V. \tag{1.3.9}$$

初值问题 (1.3.8)—(1.3.9) 就是所讨论问题的数学模型.

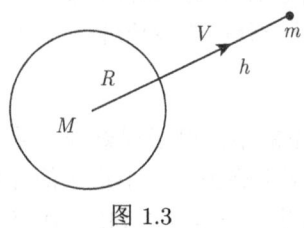

图 1.3

现在可以对上述问题进行量纲分析, 从而在不求出解的情况下就可得到相当重要的信息. 从上面的建模过程中可以看出其中有量纲量是 t, h, R, V 和 g, 它们的量纲分别为

$$[t] = 时间(T), \quad [h] = 长度(L), \quad [R] = 长度(L),$$

$$[V] = 速度(LT^{-1}), \quad [g] = 加速度(LT^{-2}).$$

显然基本量纲就是 T(时间) 和 L(长度). 根据前面介绍的量纲分析法, 若 π 是由 t, h, R, V 和 g 组成的无量纲量, 则有

$$[\pi] = [t^{\alpha_1} h^{\alpha_2} R^{\alpha_3} V^{\alpha_4} g^{\alpha_5}] = T^{\alpha_1 - \alpha_4 - 2\alpha_5} L^{\alpha_2 + \alpha_3 + \alpha_4 + \alpha_5} = 1.$$

由此即得

$$\begin{cases} \alpha_1 - \alpha_4 - 2\alpha_5 = 0, \\ \alpha_2 + \alpha_3 + \alpha_4 + \alpha_5 = 0. \end{cases} \tag{1.3.10}$$

这个方程组的系数矩阵秩显然为 2, 因此存在三个独立的无量纲量. 由 (1.3.10) 容易求出

$$\pi_1 = \frac{h}{R}, \quad \pi_2 = \frac{Vt}{R}, \quad \pi_3 = \frac{V}{\sqrt{gR}}. \tag{1.3.11}$$

由 π 定理, 若在 t, h, R, V, g 中存在一条物理定律 (在理论上, 可以求解初值问题 (1.3.8)—(1.3.9) 可以得到这一定律, 因此我们假设必定存在这一定律), 则可得由上述无量纲量表示的等价定律

$$\frac{h}{R} = f\left(\frac{Vt}{R}, \frac{V}{\sqrt{Rg}}\right), \tag{1.3.12}$$

其中 $f(\pi_1, \pi_2)$ 为某函数.

1.3 尺度的确定

从 (1.3.12) 中可得到相当多的信息, 例如当对物体在给定初速 V 之下达到最高点时所需要的时间 $t_{\max}$ 感兴趣, 就可将 (1.3.12) 对 t 求导, 并令 $h'(0) = 0$ 即得

$$\frac{\partial f}{\partial \pi_2}\left(\frac{Vt_{\max}}{R}, \frac{V}{\sqrt{gR}}\right) = 0,$$

或者

$$\frac{Vt_{\max}}{R} = F\left(\frac{V}{\sqrt{gR}}\right), \qquad (1.3.13)$$

其中 F 为某一函数. 由 (1.3.13) 容易看出 $t_{\max}$ 只依赖于 $\dfrac{V}{\sqrt{gR}}$.

下面我们来选择特征时间和特征长度, 并将问题 (1.3.8)—(1.3.9) 化成无量纲的形式. 这就要求我们采用新的无量纲未知函数 $\bar{h}$ 和自变量 $\bar{t}$:

$$\bar{t} = \frac{t}{t_c}, \quad \bar{h} = \frac{h}{h_c}, \qquad (1.3.14)$$

其中 t_c 为内在时间尺度, 而 h_c 为内在长度尺度. t_c 和 h_c 的值应由出现在问题中的常数 R, V 和 g 的组合来决定. 不像在例 1.3.1 中的热传导问题那样明显. 现在的问题有许多选择, 对长度的尺度 h_c 可以选择 R 或者 $\dfrac{V^2}{g}$, 而时间尺度可以是 $\dfrac{R}{V}, \sqrt{\dfrac{R}{g}}$ 和 $\dfrac{V}{g}$. 应该选哪一个才是最合适呢? 实际上, 式 (1.3.14) 对任意选定的 t_c 和 h_c 都是合理的变量替换, 都可以得到一个等价的问题. 然而从确定尺度的观点来看, 每一种特定的选择都有其特点. 下列三种选择:

$$\bar{t} = \frac{Vt}{R}, \quad \bar{h} = \frac{h}{R}; \qquad (1.3.15)$$

$$\bar{t} = t\sqrt{\frac{g}{R}}, \quad \bar{h} = \frac{h}{R}; \qquad (1.3.16)$$

$$\bar{t} = \frac{tg}{V}, \quad \bar{h} = \frac{hg}{V^2} \qquad (1.3.17)$$

分别导出均与 (1.3.8)—(1.3.9) 等价的无量纲问题

$$\varepsilon \frac{d^2\bar{h}}{d\bar{t}^2} = -\frac{1}{(1+\bar{h})^2}, \quad \bar{h}(0) = 0, \quad \frac{d\bar{h}}{d\bar{t}}(0) = 1; \qquad (1.3.18)$$

$$\frac{d^2\bar{h}}{d\bar{t}^2} = -\frac{1}{(1+\bar{h})^2}, \quad \bar{h}(0) = 0, \quad \frac{d\bar{h}}{d\bar{t}}(0) = \sqrt{\varepsilon}; \qquad (1.3.19)$$

$$\frac{\mathrm{d}^2\bar{h}}{\mathrm{d}\bar{t}^2} = -\frac{1}{(1+\varepsilon\bar{h})^2}, \quad \bar{h}(0)=0, \quad \frac{\mathrm{d}\bar{h}}{\mathrm{d}\bar{t}}(0)=1, \qquad (1.3.20)$$

其中 $\varepsilon = \dfrac{V^2}{gR} > 0$ 为无量纲参数.

为了说明正确选择尺度不仅困难, 而且重要. 假设 $\varepsilon > 0$ 是一个小参数, 亦即 V^2 比 gR 小得多. 于是为了进行近似求解, 可以略去无量纲化问题中含有 ε 的项. 从而问题 (1.3.18) 就成为

$$(1+\bar{h})^{-2} = 0, \quad \bar{h}(0)=0, \quad \frac{\mathrm{d}\bar{h}}{\mathrm{d}\bar{t}}(0)=1.$$

显然这个问题无解. 其次问题 (1.3.19) 成为

$$\frac{\mathrm{d}^2\bar{h}}{\mathrm{d}\bar{t}^2} = -\frac{1}{(1+\bar{h})^2}, \quad \bar{h}(0)=0, \quad \frac{\mathrm{d}\bar{h}}{\mathrm{d}\bar{t}}(0)=0.$$

这也没有任何有实际价值的解, 因为此时的解经过原点且在原点有极大值. 即在原点的邻域中, 当 $\bar{t} \neq 0$ 时, $\bar{h}(\bar{t})$ 均取负值. 由此看出包含小参数 ε 的项不能简单地略去. 而在研究实际问题时利用略去小参数来得到近似模型是一般采用的办法. 这里的问题就出在 (1.3.15), (1.3.16) 是错误的尺度确定. 此时得到的无量纲化方程中, 看起来似乎是很小的量, 而事实上并不小. 例如对于 $\varepsilon\dfrac{\mathrm{d}^2\bar{h}}{\mathrm{d}\bar{t}^2}$ 项, ε 可以是很小的, 但 $\dfrac{\mathrm{d}^2\bar{h}}{\mathrm{d}\bar{t}^2}$ 却可能很大. 因此与方程中的其他项比较起来, 这一项是不可以略去的.

最后, 若在 (1.3.20) 中略去项 $\varepsilon\bar{h}$, 则得 $\dfrac{\mathrm{d}^2\bar{h}}{\mathrm{d}\bar{t}^2} = -1$, 于是经过积分并利用初始条件可得 $\bar{h} = \bar{t} - \dfrac{\bar{t}^2}{2}$. 回到原来的变量有

$$h = -\frac{1}{2}gt^2 + Vt,$$

这就得到一个与自由落体实验相一致的近似解. 这时由于所确定的尺度是正确的, 因此可以略去小的项并得到一个有效的近似解. 我们还可以从实际情况来看一下为什么 (1.3.17) 是给出了正确的长度和时间尺度. 因为当 V 很小时, 物体将受到不变的重力作用. 因此当以速度 V 把物体向上抛出后, 它一直是在减速, 并在 V/g 个单位时间达到最大高度, 这就是特征时间. 而它上升的高度约为 V/g 乘以平均速度 $(V+0)/2$, 亦即 $V^2/(2g)$, 因此取特征长度为 V^2/g 是一个很好的选择.

一般来说, 若确定的特征尺度是正确的, 则无量纲化方程中出现的小项的确是很小的, 就可以放心地将它略掉. 事实上, 确定尺度的一个目的就是选择内在的特征量, 使得在有量纲方程中的每一项都变成无量纲方程的某一项, 该项的系数就表示原来那项的大小量阶或近似大小. 可图示如下:

[有量纲的项] → [表示该项量阶大小的系数]·[1 阶的无量纲因子],

这里的 1 阶量是表示既非很大也非很小的量. 这个概念在后面会确切阐述清楚.

1.3.4 确定已知函数的尺度

在例 1.3.1 中, 考虑了圆柱形杆的热传导, 并当 $t > 0$ 时选定作用在杆两端的不变温度 T_0 为特征温度, 这是由于这时杆的初始温度为 $u = 0$. 因此那时对温度尺度的选择余地较小. 现在我们来改变初始和边界条件. 假设在 $x = 0$ 和 $x = l$ 的两端保持在 0°C, 而当 $t = 0$ 时在杆上有一个初始的温度分布, 它由函数 $f(x)$, $0 < x < l$ 所决定. 这些新的定解条件就导出如下的定解问题:

$$\begin{cases} u_t(x,t) - ku_{xx}(x,t) = 0, & 0 < x < l, \quad t > 0, \\ u(x,0) = f(x), & 0 < x < l, \\ u(0,t) = u(l,t) = 0, & t > 0. \end{cases}$$

这也是由热传导方程、初始条件和边界条件所组成的初边值问题. 与例 1.3.1 的讨论一样, 我们同样可得长度和时间的特征尺度分别为 l 和 $\dfrac{l^2}{k}$; 但对于温度 u 的尺度就有几种可能选择, 例如一种是选它为初始温度 $f(x)$ 在区间 $0 < x < l$ 上的平均值. 另一种比较简单的, 但更普遍的是选它为 $f(x)$ 在区间 $0 < x < l$ 上的最大值. 此处采用后一种办法.

为此令 $F(x)$ 为在区间 I 上的有界函数, 所谓 F 的量就用如下的数 M 表示, 即

$$M = \sup_{x \in I} |F(x)|.$$

若 F 连续且 I 为闭区间, 则上确界可由极大值代替. 这是确定一个函数的尺度的一般原则, 就是取它的量 M 作为特征量. 下面经常用到函数量阶的概念. 例如若函数的最大值为 937, 则它的量阶即为 10^3. 一般来说, 如果对一个有界函数有 $n - \dfrac{1}{2} < \log_{10} M < n + \dfrac{1}{2}$, 则它的量阶为 10^n. 为了进一步看清楚确定尺度和特征量的概念, 我们来考虑如下的特征情况. 假设 $f(x)$ 表示某个量在时间区间 $0 \leqslant t \leqslant t_1$ 上随时间变化. 为了确定起见, 设 f 有速度的量纲. 根据上面的讨论, 可以用 $|f|$ 在区间 $[0, t_1]$ 上的最大值 M 作为 f 的特征尺度. 现在的问题是在这个实际过程中, 如何找出时间的特征尺度? 为了回答这个问题, 假设这个实际过程

是如下的一阶常微分方程:

$$G(f, f') = 0, \quad 0 \leqslant t \leqslant t_1.$$

为了确定这个问题各个量的尺度, 先引进特征时间 t_c 和特征速度 M, 然后确定无量纲的变量如下:

$$\bar{t} = \frac{t}{t_c}, \quad \bar{f} = \frac{f}{M}.$$

于是出现在方程中的导数 $\dfrac{\mathrm{d}f}{\mathrm{d}t}$ 就成为

$$\frac{\mathrm{d}f}{\mathrm{d}t} = \frac{M}{t_c} \frac{\mathrm{d}\bar{f}}{\mathrm{d}\bar{t}}.$$

由于导数 $\dfrac{\mathrm{d}f}{\mathrm{d}t}$ 应当用 $\max \left|\dfrac{\mathrm{d}f}{\mathrm{d}t}\right|$ 来进行无量纲化, 因此根据前段最后的讨论, 正确的时间尺度应满足

$$\frac{M}{t_c} = \max_{[0, t_1]} \left|\frac{\mathrm{d}f}{\mathrm{d}t}\right|,$$

这是由于 $\dfrac{M}{t_c}$ 就表示项 $\dfrac{\mathrm{d}f}{\mathrm{d}t}$ 的量. 由此得出时间尺度为

$$t_c = \frac{\max|f|}{\max\left|\dfrac{\mathrm{d}f}{\mathrm{d}t}\right|}, \tag{1.3.21}$$

其中两个极大值都是在区间 $[0, t_1]$ 上取到的.

由于 $\left|\dfrac{\mathrm{d}f}{\mathrm{d}t}\right|$ 是 $f(t)$ 在 $[0, t_1]$ 上的最大斜率, 而 M 是 $|f|$ 在 $[0, t_1]$ 上的最大值, 因此在几何上 t_c 可以看成高为 M, 斜边的斜率为 $\max\left|\dfrac{\mathrm{d}f}{\mathrm{d}t}\right|$ 的直角三角形的底边 (图 1.4). 这样的解释与前面关于问题的时间尺度应当是可观察到的函数 f 变化的最短时间的说法是一致的.

在某些情况下, 上面的讨论是不适用的, 特别是在 $[0, t_1]$ 的不同子区间上函数有非常不同性质的情况下. 下面的例子可说明这种情况.

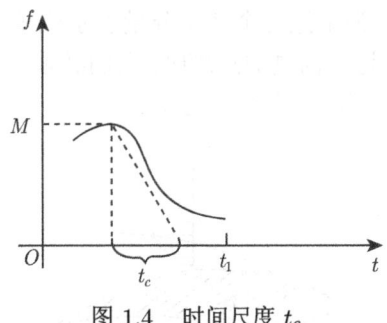

图 1.4 时间尺度 t_c

例 1.3.3 令 $f(t) = t + e^{-10000t}$, $0 \leqslant t \leqslant 1$, 其导数为

$$f'(t) = 1 - 10000 e^{-10000t}, \quad 0 \leqslant t \leqslant 1.$$

$f(t)$ 的图像如图 1.5 所示. 它的极小值在 $t = 0.0004x \approx 0.00092$ 处取得, 导数的绝对值在 $t = 0$ 处取得约为 10^4 的最大值. 由前面的讨论及 (1.3.21), 即知时间的尺度大约为 10^{-4}. 这个值显然不是在整个时间区间上都合适的特征时间, 而只是表示在 $t = 0$ 附近区域中的时间尺度, 这时 $f(t)$ 随 t 的变化很快. 在区间的其他地方, 时间尺度要大得多, 因为在 10^{-4} 个时间单位的量阶下, 观察不到 f 有意义的可分辨的变化. 对于 $t \geqslant 10^{-4}$ 的区间部分, 特征时间应接近于 1.

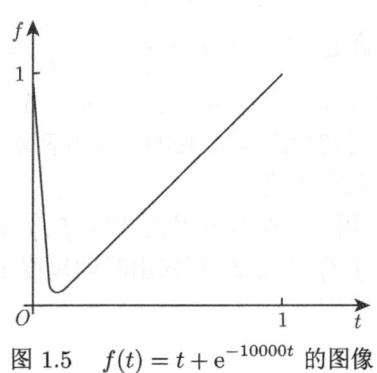

图 1.5 $f(t) = t + e^{-10000t}$ 的图像

上面的例子说明在某些情况下, 需要 1 个以上的时间尺度. 在时间中的这类现象并不特殊, 它们就可以归结为奇异摄动数学模型的各种问题 ([5],[6]).

历史上, 这类问题是在 20 世纪初研究空气流经过机翼时而引起人们的兴趣. 在这种含有上升和拖动现象的正确模型中存在了一个与机翼邻接的很薄的边界层. 在边界层中流体速度发生了很快的变化. 机翼上流体的水平速度分量为零, 而当垂直距离 y 稍微增加时, 水平速度分量就有很大的增加. 而在远离这个很窄边界层的外部区域中, 其速度差不多就是均匀的势流速度 v, 在图 1.6 中的箭头表示流体速度的水平分量. 为了把这个速度分量表示成垂直距离的函数, 显然需要有两个特征长度. 当确定这个问题的尺度时, 人们必须考虑到上述性质, 并分别确定适合于边界层和外部区域的两个特征尺度.

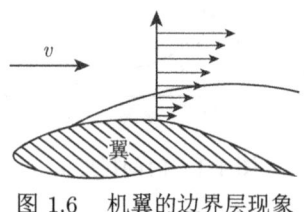

图 1.6　机翼的边界层现象

练　习

1. 假设下列的 $f(t)$ 均为一阶微分方程的解, 试求出 f 的尺度和对应时间尺度.

(a) $f(t) = A\cos\lambda t,\ 0 \leqslant t < +\infty,\ A, \lambda > 0$;

(b) $f(t) = \mathrm{e}^{-at},\ 0 \leqslant t < +\infty,\ a > 0$;

(c) $f(t) = 100\mathrm{e}^{\frac{1-t}{10000}},\ 0 \leqslant t \leqslant 1$;

(d) $f(t) = \mathrm{e}^{\frac{t-1}{\varepsilon}} + \mathrm{e}^{-\frac{t}{\sqrt{\varepsilon}}},\ 0 \leqslant t \leqslant 1,\ 0 < \varepsilon \ll 1$.

2. 令 $u = u(x,t)$ 为给定函数, 而 $\bar{x} = \dfrac{x}{x_c},\ \bar{t} = \dfrac{t}{t_c},\ \bar{u} = \dfrac{u}{u_c}$ 为变量替换, 其中 x_c, t_c 和 u_c 为常数. 试求出 u_x 与 $\bar{u}_{\bar{x}}$, u_{tt} 与 $\bar{u}_{\bar{t}\bar{t}}$, u_{xt} 与 $\bar{u}_{\bar{x}\bar{t}}$ 之间的关系式.

3. 一米长的生铁杆, 其初始温度为 100°C, 将其两端放在 0°C 的水槽中, 试求其特征时间、特征长度和特征温度.

4. 当一个实际问题是用二阶微分方程式 $F(f, f', f'') = 0,\ t \in I$ 描写时, 若仍以 $M = \max\limits_{x \in I} |F(x)|$ 表示 $f(t)$ 的尺度, 试求出时间尺度 t_c.

第 2 章 摄动方法

当把一个实际问题归结成数学模型时,往往遇到一些难于用分析方法求出精确解的方程来表示,因此人们不得不依靠近似方法和数值方法.近似方法中最主要的方法就是摄动方法.大致地说,当模型方程中出现小项时,即可用摄动方法求得所讨论问题的近似解.这些小项的出现是由于实际系统中存在影响很小的因素.例如在流体的流动问题中,黏性往往就是一个很小的影响因素.而在抛射体运动中,空气阻尼也常常是小的影响因素.这些小的影响因素是由一些与其他项相比较而言很小的项在模型方程中表现出来.当正确地确定尺度时,此类型就由很小的系统参数 ε 来表示.所谓摄动解是一类近似解,它就是问题精确解对 $\varepsilon > 0$ 进行幂级数展开时的前几项.

2.1 正则摄动

2.1.1 摄动方法的基本概念

为了确定起见,考虑如下的二阶常微分方程式:

$$F(t, y, y', y''; \varepsilon) = 0, \quad t \in I, \tag{2.1.1}$$

其中 t 为自变量,I 为区间,而 y 为未知函数. y' 和 y'' 分别表示对时间的一阶和二阶导数,而参数 $\varepsilon > 0$ 明显地出现在方程中.一般来说,初始条件和边界条件是与微分方程一起给出的,但现在我们暂时不管这些辅助条件.为了表示 ε 是小参数,通常记作 $0 < \varepsilon \ll 1$. 这是表示 ε 比 1 小得多,但到底小到什么程度,一般没有明确规定.当然 $0.001 \ll 1$ 是对的,但 0.75 与 1 相比较就不是很小了.以上讨论也可以用于含有大参数 $\lambda > 0$ 的方程,因为这时只要取 $\varepsilon = \dfrac{1}{\lambda}$ 就是小参数了.

所谓摄动级数是指如下形式的关于 $\varepsilon > 0$ 的幂级数:

$$y_0(t) + \varepsilon y_1(t) + \varepsilon^2 y_2(t) + \cdots. \tag{2.1.2}$$

正则摄动方法的基础就是假设 (2.1.1) 有形式 (2.1.2) 的解,其中函数 $y_0, y_1, y_2, \cdots$ 是将 (2.1.2) 代入到 (2.1.1) 之后进行确定.这种级数的前几项,就是 (2.1.1) 的近似解,即所谓问题的摄动解,通常是取前两项或前三项.一般来说,若这种近似解是一直有效的, 则该方法是成功的. 而所谓一致有效是指近似解与精确解之间的差当 ε 趋于零时按某种确定的方式在整个区间 I 上一致地收敛于零. 后面将给出这些思想以明确的定义. 在此要强调的是对 ε 不是事先取为某个固定的值, 而总把它看成任意的正小参数, 因此所有的讨论对任意选定的 $\varepsilon > 0$ 都是有效的. 在许多问题中, 人们对 $\varepsilon \to 0^+$ 时解的性质特别感兴趣. 在某些问题中, 解对 ε 的摄动展开, 即使当 ε 接近于 1 时都可能是一个很好的近似. 一般总是说, 对某个待定的 $\varepsilon^* > 0$, 摄动级数对一切 $0 < \varepsilon \leqslant \varepsilon^*$ 是一致有效的.

在摄动级数中, $y_0(t)$ 称为第一项, 或者首项, 而 $\varepsilon y_1(t), \varepsilon^2 y_2(t), \cdots$ 等各项都看成是很小的高阶校正项. 若方法正确, 当 $y_0(t)$ 是未摄动问题

$$F(t, y, y', y''; \varepsilon = 0) = 0, \quad t \in I$$

的解时. 我们就称 (2.1.1) 为 **摄动问题**, 这个术语的来源可以利用行星的运动给以简要的解释. 考虑地球围绕太阳的运动, 这个两体问题可以精确求解并得出地球的轨道 $y_0(t)$, 有关方程就是由 Newton 第二定律得到的

$$my'' = F_s, \quad y = (y_1, y_2)^{\mathrm{T}}, \tag{2.1.3}$$

其中 y_1 和 y_2 为地球位置的直角坐标, m 为地球的质量, 而 F_s 是太阳作用在地球上的引力. 现在假设有一颗小彗星从地球的旁边通过 (图 2.1). 由于这个小扰动的出现, 对地球的轨道会有什么影响呢? 这时地球运动的微分方程为

$$my'' = F_s + \varepsilon F_c, \tag{2.1.4}$$

其中 εF_c 为彗星对地球的引力, 而 $0 < \varepsilon \ll 1$.

当在摄动问题 (2.1.4) 中令 $\varepsilon = 0$ 时, 即可得到没有彗星影响的未摄动问题 (2.1.3). 有理由认为摄动问题的解应该是未摄动问题的解加上小校正, 亦即

$$y(t, \varepsilon) = y_0(t) + \varepsilon y_1(t) + \varepsilon^2 y_2(t) + \cdots,$$

其中校正项 $\varepsilon y_1(t), \varepsilon^2 y_2(t), \cdots$ 是由于彗星的出现才出现的.

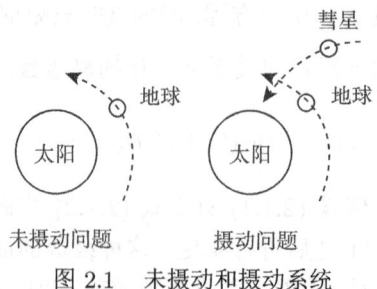

图 2.1 未摄动和摄动系统

因此当遇到含有小参数的方程时,就把它看成是一个摄动方程,其中含有小参数的项就是表示对某个基本未摄动问题的小摄动或小扰动 ([7] 或 [8]). 这里总隐含着未摄动方程是可解的假设, 亦即摄动方程解的首项性质总认为是知道的. 我们经常会遇到可以简化求解的问题, 这是由于这类问题的支配方程、边界条件或者在高维问题中区域的形状与较简单的问题相比差别不大.

2.1.2 在非线性阻尼介质中的运动

例 2.1.1 假设质量为 m 的物体, 以初速 V_0 在某介质中做直线运动, 这时介质的阻力为 $av - bv^2$, 其中 $v = v(\tau)$ 为物体的速度, 而 τ 为时间, a 和 b 都是正的常数, 且 $b \ll a$. 因此阻尼中的非线性部分与线性部分比较起来是很小的. 常数 a 和 b 的单位分别为每单位速度的力和每单位速度平方的力. 由 Newton 第二定律, 即知运动方程为

$$m\frac{dv}{d\tau} = -av + bv^2, \quad v(0) = V_0.$$

这个问题的速度特征尺度是速度的最大值, 即 V_0, 因为物体在阻尼介质中运动时速度必定减慢. 若小非线性项 bv^2 不出现, 则速度就像 $e^{-\frac{a}{m}\tau}$ 那样指数式衰减. 由此可见特征时间应为 $\frac{m}{a}$. 引进无量纲变量

$$y = \frac{v}{V_0}, \quad t = \frac{a}{m}\tau,$$

于是问题成为

$$\begin{cases} \dfrac{dy}{dt} = -y + \varepsilon y^2, \quad t > 0, \\ y(0) = 1, \end{cases} \tag{2.1.5}$$

其中

$$0 < \varepsilon = \frac{bV_0}{a} \ll 1.$$

方程 (2.1.5) 是一个**伯努利** (J. Bernoulli, 1654—1705) **方程** ([9]), 因此可以精确求解. 为此只要利用变量替换 $w = y^{-1}$, 然后积分可得精确解

$$y_\varepsilon = \frac{e^{-t}}{1 + \varepsilon(e^{-t} - 1)}. \tag{2.1.6}$$

方程 (2.1.5) 是下列线性方程:

$$\frac{dy}{dt} = -y, \quad y(0) = 1 \tag{2.1.7}$$

的小扰动或摄动方程. (2.1.7) 的解显然是 $y = e^{-t}$. 由于非线性项 εy^2 很小, 因此只要是正确地确定尺度, 则函数 e^{-t} 就是所讨论问题的一个很好的近似解. 精确解 (2.1.6) 可以展成 ε 的幂级数

$$y_\varepsilon(t) = e^{-t} + \varepsilon(e^{-t} - e^{-2t}) + \varepsilon^2(e^{-t} - 2e^{-2t} + e^{-3t}) + \cdots. \tag{2.1.8}$$

由此即见, 若 $\varepsilon > 0$ 很小, 则 e^{-t} 是一个很好的近似. 而且零次近似 e^{-t} 并不受到原来方程中非线性项的任何影响.

为了利用摄动方法求得解, 假设 (2.1.5) 有如下形式的摄动级数解:

$$y = y_0(t) + \varepsilon y_1(t) + \varepsilon^2 y_2(t) + \cdots, \tag{2.1.9}$$

这是一个关于 ε 的幂级数. 将 (2.1.9) 代入微分方程 (2.1.5) 及其初始条件中, 并令等式两边关于 ε 同次幂的系数相等, 即可依次确定函数 $y_0, y_1, y_2, \cdots$. 将 (2.1.9) 代入 (2.1.5) 中可得

$$y_0' + \varepsilon y_1' + \varepsilon^2 y_2' + \cdots = -(y_0 + \varepsilon y_1 + \varepsilon^2 y_2 + \cdots) + (y_0 + \varepsilon y_1 + \varepsilon^2 y_2 + \cdots)^2,$$

于是按照上述办法进行, 即得如下线性微分方程的序列:

$$y_0' = -y_0, \quad y_1' = -y_1 + y_0^2, \quad y_2' = -y_2 + y_0 y_1, \quad \cdots,$$

由初始条件可得

$$y_0(0) + \varepsilon y_1(0) + \varepsilon^2 y_2(0) + \cdots = 1,$$

由此获得初始条件的序列为

$$y_0(0) = 1, \quad y_1(0) = y_2(0) = \cdots = 0.$$

因此, 我们可得到关于 $y_0, y_1, y_2, \cdots$ 的线性初值问题的序列, 在按顺序依次进行求解之后即得

$$y_0(t) = e^{-t}, \quad y_1(t) = e^{-t} - e^{-2t}, \quad y_2(t) = e^{-t} - 2e^{-2t} - e^{-3t}, \quad \cdots.$$

注意到 $y_1(t)$ 和 $y_2(t)$ 正好是零次近似 $y_0(t) = e^{-t}$ 的一阶和二阶的校正项, 它们与 (2.1.8) 完全一样. 因而得到含有前三项的摄动解或称二次近似解为

$$y_a(t) = e^{-t} + \varepsilon(e^{-t} - e^{-2t}) + \varepsilon^2(e^{-t} - 2e^{-2t} + e^{-3t}), \tag{2.1.10}$$

它是精确解 $y_\varepsilon(t)$ 的一个近似, 而且包含了原来微分方程中非线性项 εy^2 的影响. 注意到这个近似解就是精确解关于 ε 幂级数的前三项, 近似解 (2.1.10) 与精确解的误差

$$y_\varepsilon(t) - y_a(t) = m_1(t)\varepsilon^3 + m_2(t)\varepsilon^4 + \cdots, \quad t \geq 0,$$

2.1 正则摄动

其中 $m_1(t), m_2(t), \cdots$ 是一些可以计算的有界函数. 对于任意固定的 $t > 0$ 来说, 当 $\varepsilon \to 0$ 时, 上面的误差按 ε^3 的速度趋于零. 事实上可以证明, 这个收敛性当 $\varepsilon > 0$ 时在区间 $0 \leqslant t < \infty$ 上是一致的. 在讨论下一个例子之后, 我们将对收敛性问题作进一步研究.

2.1.3 非线性振动

在上面的例子中, 应用摄动方法在两方面得到了满意的结果. 一是符合直观推理, 二是与精确解比较相当一致. 在下面的例子中, 求解过程还是一样的. 但是结果却不能完全令人满意, 这时摄动近似仅在对解有定义的时间区间上加上某种限制条件才能有效.

例 2.1.2 考虑如图 2.2 所示的**弹簧–质量系统**. 这个系统是一个出现在许多实际问题中最典型的非线性振动模型 (例如电子回路或原子位势). 质量 m 与具有恢复力 $ky + ay^3$ 的弹簧相连接, 这里 y 为质量 m 的位移, 它是从平衡位置起算的. 而 k 和 a 是描述弹簧刚性的正常数. 假设恢复力的非线性部分在数量上与线性相比较是很小的, 亦即 $0 < a \ll k$. 如果开始时质量从正位移 A 处放开, 则质量的运动就由时间 τ 的函数 $y(\tau)$ 给出的, 它满足由 Newton 第二定律导出的方程

$$m\frac{\mathrm{d}^2 y}{\mathrm{d}\tau^2} = -ky - ay^3, \quad \tau > 0, \tag{2.1.11}$$

以及初始条件

$$y(0) = A, \quad \frac{\mathrm{d}y}{\mathrm{d}\tau}(0) = 0. \tag{2.1.12}$$

由于出现非线性项 ay^3, 因此这个问题求不出精确解. 但是因为 $0 < a \ll k$, 这就表示可以应用摄动方法.

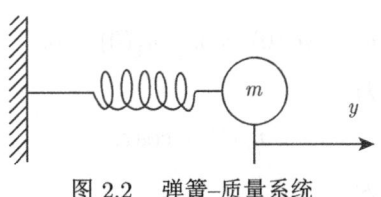

图 2.2 弹簧–质量系统

从第 1 章中已经知道, 不能未经过无量纲化就略去非线性项 ay^3 来研究方程 (2.1.11). 因此为了利用摄动方法来正确分析问题, 我们应找出合适的时间和长度尺度来将它化成无量纲的形式. 问题中的常数是 k, a, m 和 A, 它们有如下的量纲:

$[k] = $ 质量/时间^2, $\quad [a] = $ 质量/(长度$^2 \cdot$ 时间^2), $\quad [m] = $ 质量, $\quad [A] = $ 长度.

关于 y 的尺度, 显然可以选择其初始位移 A. 至于时间 τ 的尺度讨论如下: 若略去小项 ay^3, 则微分方程就成为 $my'' = -ky$, 它有形为 $\cos\sqrt{\dfrac{k}{m\tau}}$ 的周期解, 其周期与 $\sqrt{\dfrac{m}{k}}$ 成比例, 因此就选取 $\sqrt{\dfrac{m}{k}}$ 为特征时间, 并引进无量纲变量 t 和 u 如下:

$$t = \frac{\tau}{\sqrt{m/k}}, \quad u = \frac{y}{A}.$$

在此变量替换之下, 方程 (2.1.11) 和初始条件 (2.1.12) 成为

$$\begin{cases} u'' + u + \varepsilon u^3 = 0, & t > 0, \\ u(0) = 1, u'(0) = 0, \end{cases} \tag{2.1.13}$$

其中

$$0 < \varepsilon \ll \frac{aA^2}{k} \ll 1$$

是一个无量纲参数. 于是关于非线性恢复力很小的假设, 其意义现在就很清楚了. 恰当的假设是 $0 < aA^2 \ll k$. 微分方程 (2.1.13) 就成为**达芬** (G. Duffing, 1861—1944) **方程**.

倘若还是用例 2.1.1 的方法来求 (2.1.13) 如下的形式解:

$$u(t) = u_0(t) + \varepsilon u_1(t) + \varepsilon^2 u_2(t) + \cdots,$$

其中 $u_0(t), u_1(t), u_2(t), \cdots$ 为待定函数. 将此表达式代入微分方程 (2.1.13) 及其初始条件中, 并令两边关于 ε 的同次幂系数相等, 即可得线性初值问题的序列:

$$u_0'' + u_0 = 0, \quad u_0(0) = 1, \quad u_0'(0) = 0; \tag{2.1.14a}$$

$$u_1'' + u_1 = -u_0^3, \quad u_1(0) = 0, \quad u_1'(0) = 0; \quad \cdots. \tag{2.1.14b}$$

容易求出 (2.1.14a) 的解为

$$u_0(t) = \cos t.$$

于是问题 (2.1.14b) 就成为

$$u_1'' + u_1 = -\cos^3 t, \quad u_1(0) = 0, \quad u_1'(0) = 0.$$

求初值问题的解, 利用三角恒等式 $\cos 3t = 4\cos^3 t - 3\cos t$, 于是关于 u_1 的方程成为

$$u_1'' + u_1 = -\frac{1}{4}(3\cos t + \cos 3t). \tag{2.1.15}$$

齐次方程 $u_1'' + u_1 = 0$ 的通解为 $c_1 \cos t + c_2 \sin t$. 利用待定系数法来求非齐次方程 (2.1.15) 的特解,即取它为如下形式的特解:

$$u_p = C\cos 3t + Dt\cos t + Et\sin t.$$

将 u_p 代入 (2.1.15),并令其两边同类项的系数相等即得 $C = \dfrac{1}{32}, D = 0$ 以及 $E = -\dfrac{3}{8}$. 于是 (2.1.15) 的通解为

$$u_1 = c_1 \cos t + c_2 \sin t + \frac{1}{32}\cos 32t - \frac{3}{8}t\sin t.$$

利用 u_1 的初始条件即得

$$u_1 = \frac{1}{32}(\cos 32t - \cos t) - \frac{3}{8}t\sin t.$$

因此问题 (2.1.13) 的两项近似解为

$$u_a = \cos t + \varepsilon\left[\frac{1}{32}(\cos 32t - \cos t) - \frac{3}{8}t\sin t\right]. \tag{2.1.16}$$

这个近似解的第一项为 $\cos t$,而第二项,即校正项就不一定很小. 对于 t 的一个固定值. 当 $\varepsilon \to 0$ 时,这一项是趋于零. 但若 t 本身是 ε^{-1} 阶的量或更大,则当 $\varepsilon \to 0$ 时,项 $-\dfrac{3}{8}t\sin t$ 就很大. 这一项称为**长期项**. 因此近似解 (2.1.16) 的振幅将随着时间的增加而增大,这与实际情况或者问题 (2.1.13) 的精确解不一致. 实际上容易证明 (2.1.13) 的精确解对 $t > 0$ 是有界的. 这个例子与不出现长期项的例 2.1.1 完全不同. 在例 2.1.1 中只要 $\varepsilon > 0$ 选得充分小,则校正项对 $t \in (0, \infty)$ 都可以任意小. 此外,希望算出更高阶的项来改进近似解 (2.1.16) 也不可能,因为更高阶的项中也含有长期项,而且也无法消去低阶项中长期项的影响. 那么近似解 (2.1.16) 是否一点用处也没有了呢? 显然不是. 如果限制自变量 t 在有限区间 $[0, T]$ 上变化,则只要选 $\varepsilon > 0$ 充分小,对任何 $t \in [0, T]$,校正项 $\varepsilon\left[\dfrac{1}{32}(\cos 32t - \cos t) - \dfrac{3}{8}t\sin t\right]$ 就可以任意小. 所以只要 t 有限且取 $\varepsilon > 0$ 充分小,系数 $\dfrac{3}{8}\varepsilon t$ 就可保持很小,从而第一项 $\cos t$ 就是很好的近似解.

2.1.4 PLK 方法

PLK(庞加莱, 莱特希尔, 郭永怀) **方法** (Poincaré-Lighthill-Kuo Method) 最初是由钱学森于 1956 年在一篇论文 ([10]) 中提出的. 它用渐近展开法求解非线

性数理问题中出现高阶奇性增强的困难时, 把自变量加以适当变形并作展开的一种求解方法.

直接应用正则摄动方法到 Duffing 方程 (2.1.13) 的初值问题中, 将导致在第一个校正项中会出现**长期项**. 除非限制 t 的取值范围, 否则就破坏了 (2.1.16) 的近似性. 本节将介绍一种办法来补救这种出现在所有周期运动性情况下的奇异性. 研究这个问题的关键在于应当认识到不仅校正项的振幅随时间的增长而增大, 而且实际振动的精确周期也不是近似解中第一项 $\cos t$ 的周期 2π. 经过几次振动后, 由于周期误差的增加, 最后近似解和实际振动的相位就完全错开了. PLK 方法的思想是在摄动级数中引进一个依赖于 $\varepsilon > 0$ 的时间尺度 $\dfrac{1}{\omega(\varepsilon)}$. 为此令

$$u(\tau) = u_0(\tau) + \varepsilon u_1(\tau) + \varepsilon^2 u_2(\tau) + \cdots, \tag{2.1.17}$$

其中

$$\tau = \omega(\varepsilon)t, \tag{2.1.18}$$

并设 $\omega(\varepsilon)$ 有如下的幂级数展开

$$\omega(\varepsilon) = 1 + \varepsilon\omega_1 + \varepsilon^2\omega_2 + \cdots. \tag{2.1.19}$$

这里 ω_0 已选为 1, 即未摄动问题解的频率. 在尺度变换 (2.1.18) 之下, 初值问题 (2.1.13) 成为

$$\omega^2 u'' + u + \varepsilon u^3 = 0, \quad \tau > 0; \tag{2.1.20}$$

$$u(0) = 1, \quad u'(0) = 0, \tag{2.1.21}$$

其中 $u = u(\tau)$. 将 (2.1.17) 和 (2.1.19) 代入 (2.1.20) 和 (2.1.21) 即得

$$(1 + 2\varepsilon\omega_0\omega_1 + \cdots)(u_0'' + \varepsilon u_1'' + \cdots) + (u_0 + \varepsilon u_1 + \cdots) + \varepsilon(u_0^3 + 3\varepsilon u_0^2 u_1 + \cdots) = 0,$$

以及

$$u_0(0) + \varepsilon u_1(0) + \cdots = 1, \quad u_0'(0) + \varepsilon u_1'(0) + \cdots = 0.$$

合并 ε 的同类项, 比较等式两边 ε 同次幂的系数, 令其相等即得

$$u_0'' + u_0 = 0, \quad u_0(0) = 1, \quad u_0'(0) = 0; \tag{2.1.22}$$

$$u_1'' + u_1 = -2\omega_1 u_0'' - u_0^3, \quad u_1(0) = u_1'(0) = 0; \quad \cdots. \tag{2.1.23}$$

问题 (2.1.22) 的解为

$$u_0(\tau) = \cos\tau.$$

于是 (2.1.23) 中的方程成为

$$u_1'' + u_1 = -2\omega_1 \cos\tau - \cos^3\tau = \left(2\omega_1 - \frac{3}{4}\right)\cos\tau - \frac{1}{4}\cos 3\tau. \quad (2.1.24)$$

由此即见, 只要取 $\omega_1 = \dfrac{3}{8}$, 就可以避免出现长期项. 于是 (2.1.24) 成为

$$u_1'' + u_1 = -\frac{1}{4}\cos 3\tau,$$

这个方程的通解为

$$u_1(\tau) = c_1 \cos\tau + c_2 \sin\tau + \frac{1}{32}\cos 3\tau.$$

因此利用 u_1 的初始条件即得

$$u_1(\tau) = \frac{1}{32}(\cos 3\tau - \cos\tau).$$

从而问题 (2.1.13) 的一阶摄动解为

$$u(\tau) = \cos\tau + \frac{1}{32}\varepsilon(\cos 3\tau - \cos\tau),$$

其中

$$\tau = t + \frac{3}{8}\varepsilon t + \cdots.$$

这个方法在许多类似问题上是成功的, 而且是一般多重尺度方法中的一种.

2.1.5 渐近分析

根据前面两个例子的讨论, 现在来定义有关收敛性和一致性的某些概念. 已经注意到将摄动级数代入微分方程时并不总能得到近似解. 对于给定的 $\varepsilon > 0$, 总希望截下摄动级数的前几项能给出一个对自变量 t 一致的近似解. 可是像已经看到的那样, 不一定能够做到. 正则摄动方法的这种失败不是偶然的, 而是具有某种规律性 ([7]).

为了有助于近似解的分析, 通过引进某些基本的术语和记号, 使得我们能够对两个具有共同变量的函数进行比较.

定义 2.1.1 令 $f(\varepsilon)$ 和 $g(\varepsilon)$ 都在 $\varepsilon = 0$ 的某个邻域 (或无心邻域) 中有定义. 如果

$$\lim_{\varepsilon \to \infty} \left|\frac{f(\varepsilon)}{g(\varepsilon)}\right| = 0,$$

就记
$$f(\varepsilon) = o(g(\varepsilon)), \quad \text{当 } \varepsilon \to 0 \text{ 时}. \tag{2.1.25}$$

如果存在正常数 M, 使得在 $\varepsilon = 0$ 的某个邻域 (或无心邻域) 中的对所有 $\varepsilon > 0$ 都有
$$|f(\varepsilon)| \leqslant M |g(\varepsilon)|,$$

就记
$$f(\varepsilon) = O(g(\varepsilon)), \quad \text{当 } \varepsilon \to 0 \text{ 时}. \tag{2.1.26}$$

在这个定义中, $\varepsilon \to 0$ 可以用单边极限或者 $\varepsilon \to \varepsilon_0$ 来代替, 这里 $\varepsilon_0 \geqslant 0$ 可以是任一个有限数或无限数, 且为 f 和 g 定义域的极限点. 如果 (2.1.25) 成立, 就说当 $\varepsilon \to 0$ 时 f 是 $o(g)$. 而如果 (2.1.26) 成立, 就说当 $\varepsilon \to 0$ 时, f 是 $O(g)$. 常用的比较函数是对于某个指数 n, 成立 $g(\varepsilon) = \varepsilon^n$. 而另一个是对于某个指数 m 和 n, 成立 $g(\varepsilon) = \varepsilon^n \ln^m \varepsilon$.

记号 $f(\varepsilon) = O(1)$ 是表示 f 在 $\varepsilon = 0$ 的邻域中是有界的, 而 $f(\varepsilon) = o(1)$ 是表示当 $\varepsilon \to 0$ 时有 $f(\varepsilon) \to 0$. 如果 $\varepsilon \to 0$ 时, 有 $f = o(g)$, 则当 $\varepsilon \to 0$ 时, f 趋于零比 g 趋于零更快.

例 2.1.3 验证当 $\varepsilon \to 0$ 时, $\varepsilon^2 \ln \varepsilon = o(\varepsilon)$. 由洛必达法则有
$$\lim_{\varepsilon \to 0^+} \frac{\varepsilon^2 \ln \varepsilon}{\varepsilon} = \lim_{\varepsilon \to 0^+} \frac{\ln \varepsilon}{(1/\varepsilon)} = \lim_{\varepsilon \to 0^+} \frac{(1/\varepsilon)}{(-1/\varepsilon^2)} = 0.$$

例 2.1.4 验证当 $\varepsilon \to 0$ 时, $\sin \varepsilon = O(\varepsilon)$. 由微分中值定理即知存在数 $\xi \in (0, \varepsilon]$ 使得
$$\frac{\sin \varepsilon - \sin 0}{\varepsilon - 0} = \cos \xi.$$

因此由 $|\cos \xi| \leqslant 1$, 即得 $|\sin \varepsilon| = |\varepsilon \cos \xi| \leqslant |\varepsilon|$. 另一个办法是注意到当 $\varepsilon \to 0$ 时成立 $\dfrac{\sin \varepsilon}{\varepsilon} \to 1$. 由于极限存在, 因此对充分小的 $\varepsilon_0 > 0$, 当 $\varepsilon \in (0, \varepsilon_0)$ 时, 函数 $\dfrac{\sin \varepsilon}{\varepsilon}$ 有界. 即对某个常数 M 有 $\left|\dfrac{\sin \varepsilon}{\varepsilon}\right| \leqslant M$, 从而有 $\sin \varepsilon = O(\varepsilon)$.

可以把定义 2.1.1 推广到 ε 和另一个变量 t 的函数上去, 这里 t 在区间 I 上变动. 首先回顾一下一致收敛性的概念. 令 $h(t, \varepsilon)$ 为 ε 在 $\varepsilon = 0$ 的邻域中和 t 在某区间上有定义的函数, 其中 $\varepsilon = 0$ 的邻域可能不包括值 $\varepsilon = 0$ 本身. 而区间 I 可以是有限的, 也可以是无限的. 我们说 $\lim\limits_{\varepsilon \to 0} h(t, \varepsilon) = 0$ 在 I 上一致成立, 如果对每一个 $t \in I$, 这个趋于零的收敛速度都是一样的. 亦即对任给的 $\eta > 0$, 总存在与 t 无关的 $\varepsilon_0 > 0$, 使得只要 $|\varepsilon| \leqslant \varepsilon_0$, 就有 $|h(t, \varepsilon)| < \eta$ 对一切 $t \in I$ 成立. 换句话

说, 只要把 $\varepsilon > 0$ 选得充分小, 就可以使得 $h(t,\varepsilon)$ 在整个区间上任意小. 那么收敛就是一致的. 如果只有对每一个固定的 $t_0 \in I$, 极限 $\lim\limits_{\varepsilon \to 0} h(t_0,\varepsilon) = 0$ 成立, 则称在 I 上逐点收敛.

证明 $\lim\limits_{\varepsilon \to 0} h(t,\varepsilon) = 0$ 在 I 上一致成立的一个办法是找到一个函数 $H(\varepsilon)$ 使得不等式 $|h(t,\varepsilon)| \leqslant H(\varepsilon)$ 对一切 $t \in I$ 成立, 并且当 $\varepsilon \to 0$ 时有 $H(\varepsilon) \to 0$. 为了证明收敛性在 I 上不是一致的, 只需证明: 存在某个 $\eta > 0$, 不管 $\varepsilon > 0$ 取得多么小, 总存在一个 $\bar{t} \in I$ 使得 $|h(\bar{t},\varepsilon)| \geqslant \eta$.

定义 2.1.2 设 $f(t,\varepsilon)$ 和 $g(t,\varepsilon)$ 对一切 $t \in I$ 和一切 ε 在 $\varepsilon = 0$ 的 (无心) 邻域中有定义. 如果

$$\lim_{\varepsilon \to 0} \left| \frac{f(t,\varepsilon)}{g(t,\varepsilon)} \right| = 0 \tag{2.1.27}$$

在 I 上逐点成立, 就记 $f(t,\varepsilon) = o(g(t,\varepsilon))$, 当 $\varepsilon \to 0$ 时. 如果极限 (2.1.27) 当 $\varepsilon \to 0$ 时在 I 上一致成立, 就记 $f(t,\varepsilon) = o(g(t,\varepsilon))$ 当 $\varepsilon \to 0$ 时在 I 上一致成立. 如果在 I 上存在正函数 $M(\varepsilon)$ 使得

$$|f(t,\varepsilon)| \leqslant M(t) |g(t,\varepsilon)|$$

对一切 $t \in I$ 和 ε 在 $\varepsilon = 0$ 的某个邻域成立. 那么就记

$$f(t,\varepsilon) = O(g(t,\varepsilon)), \quad \text{当 } \varepsilon \to 0 \text{ 时}, t \in I.$$

如果 $M(\varepsilon)$ 为 I 上的有界函数, 那么就记为

$$f(t,\varepsilon) = O(g(t,\varepsilon)), \quad \text{当 } \varepsilon \to 0 \text{ 时在 } I \text{ 上一致成立}.$$

大 O 和小 o 的记号使得能够对一个近似解的误差作出定量的描述. 一般来说, 下面的定义成立.

定义 2.1.3 称函数 $y_a(t,\varepsilon)$ 为函数 $y(t,\varepsilon)$ 当 $\varepsilon \to 0$ 时在区间 I 上的一致有效渐近近似, 如果下面的误差函数 $E(t,\varepsilon)$:

$$E(t,\varepsilon) \triangleq y(t,\varepsilon) - y_a(t,\varepsilon)$$

当 $\varepsilon \to 0$ 时对 $t \in I$ 一致收敛于零.

为了作出有关误差趋于零速度的明确描述, 而不管收敛性是否一致. 我们往往把 $E(t,\varepsilon)$ 表示成当 $\varepsilon \to 0$ 时 ε^n (对某个 n) 的小 o 或大 O.

例 2.1.5 令

$$y(t,\varepsilon) = \mathrm{e}^{-t\varepsilon}, \quad t > 0, \quad 0 < \varepsilon \ll 1.$$

这个函数的 ε 幂级数展开的前三项给出了二次近似

$$y_a(t,\varepsilon) = 1 - t\varepsilon + \frac{1}{2}t^2\varepsilon^2.$$

它与 $\mathrm{e}^{-t\varepsilon}$ 的误差为

$$E(t,\varepsilon) = \mathrm{e}^{-t\varepsilon} + t\varepsilon - \frac{1}{2}t^2\varepsilon^2 + \frac{1}{3!}t^3\varepsilon^3 + \cdots.$$

对于固定的 t,只要取 $\varepsilon > 0$ 充分小,误差可以任意小. 因而当 $\varepsilon \to 0$ 时有 $E(t,\varepsilon) = o(\varepsilon^2)$. 但是如果 $\varepsilon > 0$ 固定,不管它如何小,总可将 t 取得充分大,使得近似完全失效. 这种现象就如图 2.3 所示. 因此近似在 $I = [0,\infty)$ 不是一致的. 显然若取 $t = \dfrac{1}{\varepsilon}$,则 $E\left(\dfrac{1}{\varepsilon},\varepsilon\right) = \mathrm{e}^{-1} - \dfrac{1}{2}$ 并不是很小,所以我们不能说 $E(t,\varepsilon) = o(\varepsilon^2)$ 当 $\varepsilon \to 0$ 在 $[0,\infty)$ 上一致成立.

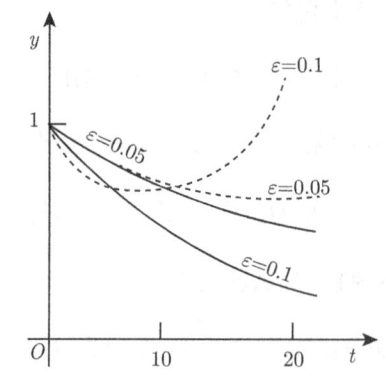

图 2.3 $y(t,\varepsilon)$(实线) 与 $y_a(t,\varepsilon)$(虚线) 的比较

对于微分方程来说,这些定义的困难在于方程的精确解一般很难得到,因此不可能进行直接误差估计. 所以需要一个衡量近似解在多大程度上满足方程和定解条件的概念. 为了确定起见,考虑方程 (2.1.1). 我们称近似解 $y_a(t,\varepsilon)$ 当 $\varepsilon \to 0$ 时对 $t \in I$ 一致地满足方程 (2.1.1),如果当 $\varepsilon \to 0$ 时对 $t \in I$ 上一致地有

$$r(t,\varepsilon) \triangleq F(t, y_a(t,\varepsilon), y'_a(t,\varepsilon), y''_a(t,\varepsilon), \varepsilon) \to 0,$$

$r(t,\varepsilon)$ 称为剩余误差,它是衡量近似解 $y_a(t,\varepsilon)$ 满足方程程度的一种刻画.

例 2.1.6 考虑初值问题

$$y'' + y^2 + \varepsilon y = 0, \quad t > 0; \quad 0 < \varepsilon \ll 1;$$

2.1 正则摄动

$$y(0) = 0, \quad y'(0) = 1.$$

将摄动级数 $y = y_0 + \varepsilon y_1 + \cdots$ 代入上述问题即可得到零阶项 y_0 的初值问题

$$y_0'' + y_0'^2 = 0, \quad t > 0; \quad y_0(0) = 0, \quad y_0'(0) = 1.$$

不难求得 $y_0(t) = \ln(t+1)$, 因此有

$$r(t,\varepsilon) \triangleq y_0'' + y_0'^2 + \varepsilon y_0 = \varepsilon \ln(t+1).$$

于是当 $\varepsilon \to 0$ 时有 $r(t,\varepsilon) = O(\varepsilon)$, 但在 $[0,\infty)$ 上不是一致的. 然而在任一个有限区间 $[0,T]$ 上, 都有 $|\varepsilon \ln(t+1)| \leqslant \varepsilon \ln(T+1)$, 因此当 $\varepsilon \to 0$ 时 $r(t,\varepsilon) = O(\varepsilon)$ 在 $[0,T]$ 上一致成立.

特别, 由前面提出的正则摄动方法可得如下展开:

$$y_0(t) + \varepsilon y_1(t) + \varepsilon^2 y_2(t) + \cdots.$$

截取这个展开式的前几项即可得到近似解. 这种关于 ε 的整数幂, 即 $1, \varepsilon, \varepsilon^2, \cdots$, 所谓的展开式就称为渐近幂级数. 在有些问题中, 人们利用序列 $1, \varepsilon^{\frac{1}{2}}, \varepsilon^{\frac{3}{2}}, \cdots$, 把展开式取成

$$y_0(t) + \sqrt{\varepsilon} y_1(t) + \varepsilon y_2(t) + \varepsilon^{\frac{3}{2}} y_3(t) + \cdots.$$

还有一些问题, 由于其特殊性, 可假设展开式为

$$y_0(t)\ln\varepsilon + y_1(t)\varepsilon\ln\varepsilon + y_2(t)\varepsilon + y_3(t)\varepsilon^2\ln^2\varepsilon + y_4(t)\varepsilon^2\ln\varepsilon + y_5(t)\varepsilon^2 + \cdots.$$

选择何种展开式, 应根据问题的性质来决定. 一般称序列 $\{g_n(t,\varepsilon)\}$ 是一个当 $\varepsilon \to 0$ 时对 $t \in I$ 的渐近序列, 如果对 $n = 0,1,2,\cdots$ 有

$$g_{n+1}(t,\varepsilon) = o(g_n(t,\varepsilon)), \quad 当 \varepsilon \to 0 时.$$

亦即当 $\varepsilon \to 0$ 时, 序列中的每一项都比它前一项更快地趋于零. 对于给定函数 $y(t,\varepsilon)$ 和当 $\varepsilon \to 0$ 时的渐近序列 $\{g_n(t,\varepsilon)\}$, 我们称形式级数

$$\sum_{n=0}^{\infty} a_n g_n(t,\varepsilon), \quad 其中 a_n 为常数 \tag{2.1.28}$$

为 $y(t,\varepsilon)$ 当 $\varepsilon \to 0$ 时的渐近展开, 如果对每一个 N 有

$$y(t,\varepsilon) - \sum_{n=0}^{N} a_n g_n(t,\varepsilon) = o(g_N(t,\varepsilon)), \quad 当 \varepsilon \to 0 时.$$

换句话说，对于渐近级数的任一部分和，其余项的大小都是该部分和最后一项的小 o.

如果上面的极限式都是对 $t \in I$ 一致成立，那么就称它们为一致渐近序列和一致渐近展开. 实际上在大多数情况下，序列 $\{g_n(t,\varepsilon)\}$ 中的任一项，可以写成变量分离的乘积的形式

$$g_n(t,\varepsilon) = y_n(t)\varphi_n(\varepsilon).$$

形式级数 (2.1.28) 不必收敛. 这种发散展开式的价值在于往往只要很少的几项就可得到精确解的近似. 而对于收敛的 Taylor 级数来说，要得到同样精度的近似，则应该要计算很多项.

这就提出一个重要而有趣的问题: 若近似解 $y_a(t,\varepsilon)$ 对 $t \in I$ 一致地满足微分方程，那么它是否就是精确解 $y(t,\varepsilon)$ 的一致有效近似呢？这个问题的深入讨论已经超出本书的范围，但是在此可以对这个问题的实质性东西作一点说明. 为此，我们转到大家熟悉的线性代数，并考虑线性方程组 $Ax = b$. 令 x_a 为它的近似解，于是剩余向量 $r \triangleq Ax_a - b$ 的大小 $|r|$ 就成为 x_a 满足这个方程组好坏程度的一种刻画. 若 $r = 0$，则 x_a 就是精确解 $\bar{x}$，但是即使 $|r|$ 很小，也还不一定能推出余项 $e = \bar{x} - x_a$ 的模 $|e|$ 也很小. 在病态方程组中，$\det A$ 很接近于零，这时小剩余量一般推不出小余项. 对于微分方程也存在同样的问题，一般在求出形式摄动级数 (2.1.9) 之后，都要进行仔细而又严谨的余项估计. 这是一个烦冗和困难的工作. 因此人们往往把分析的数值结果与实际测量数据进行比较，以此来判断形式展开的一致有效性.

练 习

1. 验证当 $\varepsilon \to 0$ 时的下列量阶关系.

(1) $\varepsilon^2 \tanh \varepsilon = O(\varepsilon^2)$; (2) $\mathrm{e}^{-\varepsilon} = o(1)$; (3) $\sqrt{\varepsilon(1-\varepsilon)} = O(\sqrt{\varepsilon})$;

(4) $\dfrac{\sqrt{\varepsilon}}{(1-\cos\varepsilon)} = O\left(\varepsilon^{-\frac{3}{2}}\right)$; (5) $\varepsilon = O(\varepsilon^2)$; (6) $\mathrm{e}^{-\varepsilon} - 1 = O(\varepsilon)$;

(7) $\displaystyle\int_0^\varepsilon \mathrm{e}^{-x^2}\mathrm{d}x = O(\varepsilon)$; (8) $\mathrm{e}^{tg\varepsilon} = O(1)$;

(9) $\ln \varepsilon = o(\varepsilon^{-p})$ 对一切 $p > 0$.

2. 证明 $\ln\varepsilon, \varepsilon\ln\varepsilon, \varepsilon, \varepsilon^2\ln^2\varepsilon, \varepsilon^2\ln\varepsilon, \varepsilon^2, \cdots$，当 $\varepsilon \to 0^+$ 时是一个渐近序列.

3. 利用正则摄动方法求出抛射体运动的初值问题

$$\frac{\mathrm{d}^2 h}{\mathrm{d}t^2} = -(1+\varepsilon h)^{-2}, \quad h(0) = 0, \quad h'(0) = 1, \quad 0 < \varepsilon \ll 1$$

的三项摄动近似解 $h_a(t)$ 和使得 $h_{am} \triangleq \max\limits_{t} h_a(t) = h_a(t_m)$ 的 h_{am} 和 t_m 的三项近似解.

4. 利用正则摄动法和 PLK 方法求出初值问题

$$y'' + (1+\varepsilon)y = 0, \quad y(0) = 1, \quad y(0) = 0, \quad 0 < \varepsilon \ll 1$$

的两项摄动近似解, 并与精确解进行比较.

5. 利用正则摄动方法求出初值问题 $y'' = \varepsilon t y, 0 < \varepsilon \ll 1, y(0) = 0, y(0) = 1$ 的三项近似解, 这个近似解当 $\varepsilon \to 0^+$ 时是不是在 $t \geqslant 0$ 上一致地满足方程呢?

2.2 奇异摄动

2.2.1 正则摄动的困难

在实践中, 当人们直接应用正则摄动方法到许多问题时都失败了. 这里的困难并不是像在例 2.1.2 中那样, 由于摄动级数中出现长期项, 以致当 t 充分大时近似解不一致有效. 而是另一种性质不同的困难, 这时当应用摄动级数到某个问题时, 甚至连摄动级数的第一项都无法求出. 因为摄动系统和非摄动系统是两个性质完全不同的问题, 下面将研究这种奇异性质是如何出现的.

本节的讨论实际上是有意安排并带有指导性的, 某些论点难以想象. 但的确是经过仔细检验的. 这里的内容并不是按照定义-定理-证明来编排的, 而是采用启发式和直观推理的讨论. 根据这样的想法, 首先用一个例子来说明在有限区间上正则摄动分析的关键和不足.

例 2.2.1 考虑边值问题

$$\begin{cases} \varepsilon y'' + (1+\varepsilon)y' + y = 0, & 0 < t < 1, \quad 0 < \varepsilon \ll 1, \\ y(0) = 0, \quad y(1) = 1. \end{cases} \quad (2.2.1)$$

假设摄动级数为

$$y_0(t) + \varepsilon y_1(t) + \varepsilon^2 y_2(t) + \cdots.$$

将此代入 (2.2.1) 中的微分方程即得

$$\varepsilon(y_0''(t) + \varepsilon y_1''(t) + \varepsilon^2 y_2''(t) + \cdots) + (1+\varepsilon)(y_0'(t) + \varepsilon y_1'(t) + \varepsilon^2 y_2'(t) + \cdots)$$
$$+ (y_0(t) + \varepsilon y_1(t) + \varepsilon^2 y_2(t) + \cdots) = 0.$$

合并 ε 的同次幂, 然后令其系数等于零可得

$$y_0' + y_0 = 0; \quad y_1' + y_1 = -y_0'' - y_0'; \quad \cdots.$$

同理可得边界条件为
$$y_0(0) = 0, \quad y_0(1) = 1; \quad y_1(0) = y_1(1) = 0, \quad \cdots.$$
像前面那样, 我们得出 $y_0, y_1, \cdots$ 的一个边值问题序列, 其中零阶问题为
$$y_0' + y_0 = 0, \quad y_0(0) = 0, \quad y_0(1) = 1. \tag{2.2.2}$$
显然这个问题无解, 因为方程是一阶的, 却有两个定解条件. 方程的通解为
$$y_0(t) = ce^{-t}. \tag{2.2.3}$$
利用边界条件 $y_0(0) = 0$ 即得 $c = 0$. 因此 $y_0(t) \equiv 0$, 于是这个函数不能满足 $t = 1$ 处的边界条件. 反之, 如果应用边界条件 $y_0(1) = 1$, 则得 (2.2.3) 中的 $c = e$. 因此有
$$y_0(t) = e^{1-t}. \tag{2.2.4}$$
显然这个函数不能满足在 $t = 0$ 处的条件. 因此走进死胡同, 正则摄动在第一步就失败了.

2.2.2 内部近似和外部近似

只要对问题进行稍微仔细地检查, 即可发现为什么会产生那样的问题, 以及找到求得近似解的正确方法. 首先, 一开始就产生疑问, 因为由令 $\varepsilon = 0$ 得到的未摄动问题是
$$y' + y = 0, \quad y(0) = 0, \quad y(1) = 1. \tag{2.2.5}$$
这个问题的方程是一阶的, 而不是二阶. 因此它与问题 (2.2.1) 比较, 必定具有不同的动力学特性. 由于小参数乘以边值问题 (2.2.1) 中的最高阶导数, 因此当令 $\varepsilon = 0$ 时, 二阶导数项也消失了. 这种类型的现象在一般情况下都预示着不能运用正则摄动法.

其次, 仔细地观察一下问题 (2.2.1) 解的图像, 就会发现所遇到困难的主要原因. 由于 (2.2.1) 中的方程是常系数线性方程, 因此可精确求解. 它的解为
$$y(t) = \frac{1}{e^{-1} - e^{-\frac{1}{\varepsilon}}} \left(e^{-t} - e^{-\frac{t}{\varepsilon}} \right). \tag{2.2.6}$$
$y(t)$ 的图像如图 2.4 所示. 注意到 $y(t)$ 在靠近原点的一个称为**边界层**的很窄区间中变动很快, 而在远离原点的所谓**外部区域**的大区间中变化很慢. 这说明需要有两个不同的时间尺度, 即每个区间都有自己的尺度. 这一点对计算 y 的导数和估计方程中各项的大小具有指导意义. 容易算出
$$y' = \frac{1}{e^{-1} - e^{-\frac{1}{\varepsilon}}} \left(-e^{-t} + \frac{1}{\varepsilon} e^{-\frac{t}{\varepsilon}} \right), \quad y'' = \frac{1}{e^{-1} - e^{-\frac{1}{\varepsilon}}} \left(e^{-t} - \frac{1}{\varepsilon^2} e^{-\frac{t}{\varepsilon}} \right).$$

2.2 奇异摄动

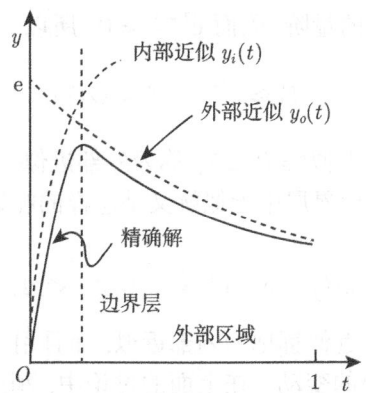

图 2.4 内部近似和外部近似与精确解的比较

首先我们来看一下二阶导数. 假设 $\varepsilon > 0$ 很小, 而 t 位于靠近 $t = 0$ 的很窄边界层中. 为确定起见假设 $t = \varepsilon$, 于是有

$$y''(\varepsilon) = \frac{1}{\mathrm{e}^{-1} - \mathrm{e}^{-\frac{1}{\varepsilon}}} \left(\mathrm{e}^{-\varepsilon} - \frac{1}{\varepsilon^2} \mathrm{e}^{-1} \right) = O(\varepsilon^{-2}),$$

因此 y'' 在这很窄的带形域中很大, 所以 $\varepsilon y''$ 项并不像在正则摄动分析中所期待的那样是很小的量, 事实上 $\varepsilon y'' = O(\varepsilon^{-1})$. 我们再一次看到, 在微分方程中看起来似乎很小的项, 实际上不一定很小. 因此对这个困难问题的回答是: 微分方程 (2.2.1) 原来就没有正确地对很小的 t 确定尺度, 因此若要得到正确的结论就必须在边界层中重新确定 t 的尺度. 而对于远离边界层的 t 值, $\varepsilon y''$ 项的确很小. 例如当 $t = \frac{1}{2}$ 时有

$$y''\left(\frac{1}{2}\right) = \frac{1}{\mathrm{e}^{-1} - \mathrm{e}^{-\frac{1}{\varepsilon}}} \left(\mathrm{e}^{-\frac{1}{2}} - \frac{1}{\varepsilon^2} \mathrm{e}^{-\frac{1}{2\varepsilon}} \right) = O(1),$$

因此在外部区域中 $\varepsilon y''$ 是很小, 完全可以略去. 读者可以同样推出关于一阶导数项类似的结论.

这个分析说明在外部区域中, 即在远离边界层的区域中, 只要取右端 ($t = 1$) 的边界条件, 那么从原来问题中令 $\varepsilon = 0$ 得到的零阶问题 (2.2.2) 或 (2.2.5) 的解就是一个有效的近似. 这个近似解就是 (2.2.4), 记为

$$y_o(t) = \mathrm{e}^{1-t}. \tag{2.2.7}$$

这与精确解 (2.2.6) 是一致的. 因为当 $\varepsilon > 0$ 很小时, 就有 $\mathrm{e}^{-1} - \mathrm{e}^{-\frac{1}{\varepsilon}} \approx \mathrm{e}^{-1}$. 因此 $y(t)$ 可由

$$y(t) \approx \mathrm{e}^{1-t} - \mathrm{e}^{1-\frac{t}{\varepsilon}} \tag{2.2.8}$$

近似表示. 又由于 t 为 1 的量阶, 因而 $e^{1-\frac{t}{\varepsilon}} \approx 0$. 所以

$$y(t) \approx e^{1-t}, \quad t \approx O(1).$$

这个在外部区域中有效的近似解 (2.2.7) 称为**外部近似**, 其图像可参见图 2.4.

在靠近 $t = 0$ 的狭窄边界层中近似解又是怎样的呢? 由 (2.2.8) 可知, 当 t 很小时有

$$y(t) \approx e - e^{1-\frac{t}{\varepsilon}}, \quad 0 < t \ll 1.$$

这个只在边界层中有效的近似解称为**内部近似**, 而且用 $y_i(t)$ 来表示. 它如图 2.4 所示在边界层中发生很快的变动. 在上面的讨论中, 利用了已知精确解这个方便条件. 要是精确解不知道的话, 至今还没有关于如何确定内部解的线索. 解决这个问题的关键是在边界层中重新确定尺度. 这时方程中的 $\varepsilon y''$ 项不是像正常确定尺度时, 它是一个表示该项大小的系数与一个 1 阶量的乘积, 而是一个小量与一个大量的乘积, 因此不能将它略去. 于是必须在边界层中重新确定自变量 t 的尺度, 即选择一个反映解函数在边界层中很快和急速变化的时间尺度. 并迫使方程中的每一项在重新确定尺度的变量下变成它真正的形式, 即由表示该项大小的系数与 1 阶量相乘的形式.

在着手对边界层进行分析之前, 总结一下至今已经得到的结果, 并做出某些一般的评注. 注意到在 2.1 节介绍的正则摄动方法不总是会产生近似解. 事实上, 在以下几种情况下, 往往预示着失败.

(1) 像在例 2.2.1 的问题中那样, 当小参数乘以最高阶导数的时候.

(2) 当令参数等于零时, 完全改变了问题的特性. 例如在偏微分方程情况下改变了方程的类型 (例如, 椭圆型变成抛物型或者在代数方程中改变了方程的阶数. 总之, $\varepsilon = 0$ 时的解在性质上根本不同于 $\varepsilon > 0$, 但接近于零时的解).

(3) 当问题发生在无限区域的时候.

(4) 当奇点出现在所讨论区间内的时候.

(5) 当建立实际过程的模型方程时, 利用了多个时间尺度.

这些摄动问题都是属于奇异摄动问题的一般范畴. 对于常微分方程来说, 奇异摄动问题通常含有**边界层**. 于是问题就成为确定是否存在边界层, 以及边界层位于何处. 如果存在边界层, 则由方程中令 $\varepsilon = 0$ 得到的零阶摄动项往往只给出在外部区域的一个有效近似. 而在边界层中的内部近似将重新确定尺度而求出. 最后, 为了得到一个在整个区间上一致有效的近似解而把内部和外部近似匹配起来, 因此在这一方面所用的奇异摄动方法有时称为**匹配渐近展开方法**, 也称为**边界层方法**.

2.2.3 代数方程和平衡建立

在回到微分方程之前, 我们考虑一个代数方程的简单例子, 它使我们了解到在重新确定微分方程问题的尺度时需要建立的各项平衡.

例 2.2.2 利用奇异摄动方法来求解如下二次代数方程:

$$\varepsilon x^2 + 2x + 1 = 0, \quad 0 < \varepsilon \ll 1.$$

这个方程的未摄动方程为

$$2x + 1 = 0,$$

它有解 $x = -\dfrac{1}{2}$. 由于未摄动问题 (线性的) 根本上不同于原来的问题 (二次的), 这就说明必须利用奇异摄动方法. 如果我们采用正则摄动方法, 即将级数

$$x = x_0 + x_1\varepsilon + x_2\varepsilon^2 + \cdots$$

代入原方程, 则在令 ε 同次幂系数等于零之后, 可得方程序列

$$2x_0 + 1 = 0, \quad x_0^2 + 2x_1 = 0, \quad 2x_1 x_0 + 2x_2 = 0, \quad \cdots.$$

因此有 $x_0 = -\dfrac{1}{2}$, $x_1 = -\dfrac{1}{8}$, $x_2 = -\dfrac{1}{16}$, $\cdots$, 从而得到解

$$x = -\frac{1}{2} - \frac{1}{8}\varepsilon - \frac{1}{16}\varepsilon^2 - \cdots.$$

由此即见, 正则摄动方法只给出一个根. 为了找出第二根, 我们更仔细地考察方程的三项 $\varepsilon x^2, 2x$ 和 1. 丢掉 εx^2 项, 即得接近 $x = -\dfrac{1}{2}$ 的根. 这时 εx^2 与 $2x$ 和 1 比较时很小. 我们猜想, 为了找到第二个根应当假设 εx^2 不是很小. 于是为了进行简化, 如果略去方程中的一项, 那么只有两种可能:

(i) εx^2 和 1 是同阶量, 而 $2x \ll 1$;

(ii) εx^2 和 $2x$ 是同阶量, 而且两者都比 1 要大.

对于情形 (i), 则有 $x = O\left(\dfrac{1}{\sqrt{\varepsilon}}\right)$. 此时由于 $2x$ 将很大, 因此 $2x \ll 1$ 不成立. 而情形 (ii), 也有 $x = O\left(\dfrac{1}{\sqrt{\varepsilon}}\right)$, 因此 εx^2 和 $2x$ 都是 $\dfrac{1}{\varepsilon}$ 阶量, 从而都是比 1 高阶的量. 所以 (ii) 没有矛盾, 以及第二个根是 $\dfrac{1}{\varepsilon}$ 阶的量. 这就为确定尺度提供了一个线索. 为了找出这个根, 利用选取新变量 $\bar{x} = \varepsilon x$ 来重新确定方程的尺度. 注意到 $\bar{x}$ 是 1 阶量. 在这个变量替换下, 原来的方程成立

$$\bar{x}^2 + 2\bar{x} + \varepsilon = 0.$$

于是正确确定尺度的原则成立, 即现在每一项的量都由该项的系数确定. 而且未摄动问题还是二次方程, 即问题不再是奇异的. 取摄动级数为

$$\bar{x} = \bar{x}_0 + \bar{x}_1\varepsilon + \bar{x}_2\varepsilon^2 + \cdots,$$

并将此代入 $\bar{x}$ 得方程即得

$$\bar{x}_0^2 + 2\bar{x}_0 = 0, \quad 2\bar{x}_1\bar{x}_0 + 2\bar{x}_1 + 1 = 0, \quad \cdots.$$

因此有 $\bar{x}_0 = -2, \bar{x}_1 = \dfrac{1}{2}, \cdots$, 这就得到

$$\bar{x} = -2 + \frac{1}{2}\varepsilon + \cdots,$$

或者

$$x = -\frac{2}{\varepsilon} + \frac{1}{2} + \cdots,$$

这就是第二个根.

练　　习

1. 利用例 2.2.2 建立平衡方法, 求出下面代数方程根的零阶摄动项, 其中 $0 < \varepsilon \ll 1$.

(a) $\varepsilon x^4 + \varepsilon x^3 - x^2 + 2x - 1 = 0$; 　　(b) $\varepsilon x^3 + x - 2 = 0$;

(c) $\varepsilon^2 x^6 - \varepsilon x^4 - x^3 + 8 = 0$; 　　(d) $\varepsilon x^5 + x^3 - 1 = 0$.

2. 求出边值问题

$$\begin{cases} \varepsilon y'' + y' + y = 0, & 0 < t < 1, 0 < \varepsilon \ll 1, \\ y(0) = 0, \quad y(1) = 1 \end{cases}$$

的精确解以及内部和外部近似.

2.3　边界层分析

2.3.1　内部近似

回到例 2.2.1 的边值问题

$$\begin{cases} \varepsilon y'' + (1+\varepsilon)y' + y = 0, & 0 < t < 1, \quad 0 < \varepsilon \ll 1, \\ y(0) = 0, \quad y(1) = 1. \end{cases} \tag{2.3.1}$$

2.3 边界层分析

对这个问题的精确解进行仔细地考察. 当时间 t 在 $t=0$ 附近变化时, y, y', y'' 都产生很快并且急速的变化. 这就表示在此区域中特征时间很短, 而且 y'' 不像它在方程里所显示的那样是很小的量. 而当 t 在远离边界层的外部区域变化, 即 $t = O(1)$ 时, 我们发现 $\varepsilon y''$ 和 $\varepsilon y'$ 与 y' 和 y 比较起来很小. 因此可用在 (2.3.1) 中令 $\varepsilon = 0$ 得到方程 $y' + y = 0$ 和边界条件 $y(1) = 1$ 一起求得的外部解

$$y_o(t) = \mathrm{e}^{1-t} \tag{2.3.2}$$

来作为精确解的近似.

为了研究解在边界层中的性质, 注意到这时在很短的时间产生重大的变化, 这就预示着时间尺度可能是 ε 的某个函数 $\delta(\varepsilon)$ 的量阶. 如果利用变量替换

$$\tau = \frac{t}{\delta(\varepsilon)}, \quad Y = y, \tag{2.3.3}$$

则 (2.3.1) 中的微分方程就变成

$$\frac{\varepsilon}{\delta(\varepsilon)^2} Y''(\tau) + \frac{(1+\varepsilon)}{\delta(\varepsilon)} Y'(\tau) + Y(\tau) = 0, \tag{2.3.4}$$

其中 $Y(\tau) = y(\tau\delta(\varepsilon))$, 而此处的导数是对 τ 的导数. 对重新确定尺度的另一种看法是把 (2.3.3) 看作是一种尺度变换, 它使得我们能够像在显微镜下更仔细地考察边界层区域.

在 (2.3.4) 中共有四项, 它们的系数分别为

$$\frac{\varepsilon}{\delta(\varepsilon)^2}, \quad \frac{1}{\delta(\varepsilon)}, \quad \frac{\varepsilon}{\delta(\varepsilon)}, \quad 1. \tag{2.3.5}$$

如果确定的尺度是正确的, 则每个系数都表示它所在项的量阶. 为了决定尺度因子 $\delta(\varepsilon)$, 我们来估计由 (2.3.5) 中任意两项所组成的所有可能的**主平衡对**时的量阶. 在这种项对中都应包含 (2.3.5) 中的第一项, 因为在考虑外部区域近似解时已经把它略去, 而它在边界层中是起重要作用的. 又由于目的是对问题进行简化, 因此在这里不考虑由三项所组成的主平衡. 如果四项都同样重要, 则问题一点也没有得到简化. 因此只考虑如下三种情况:

(i) $\dfrac{\varepsilon}{\delta(\varepsilon)^2}$ 和 $\dfrac{1}{\delta(\varepsilon)}$ 这两项是同一量阶, 而 $\dfrac{\varepsilon}{\delta(\varepsilon)}$ 和 1 与它们比较是小量阶;

(ii) $\dfrac{\varepsilon}{\delta(\varepsilon)^2}$ 和 1 这两项是同一量阶, 而 $\dfrac{1}{\delta(\varepsilon)}$ 和 $\dfrac{\varepsilon}{\delta(\varepsilon)}$ 与它们比较是小量阶;

(iii) $\dfrac{\varepsilon}{\delta(\varepsilon)^2}$ 和 $\dfrac{\varepsilon}{\delta(\varepsilon)}$ 这两项是同一量阶, 而 $\dfrac{1}{\delta(\varepsilon)}$ 和 1 它们比较是小量阶.

可以看出只有情形 (i) 是可能的. 因为在情形 (ii) 中, 由 $\frac{\varepsilon}{\delta(\varepsilon)^2}$ 和 1 同量阶即知 $\delta(\varepsilon) = O(\sqrt{\varepsilon})$, 但此时 $\frac{1}{\delta(\varepsilon)}$ 的量阶就不会比 1 小. 在情形 (iii) 中, 由 $\frac{\varepsilon}{\delta(\varepsilon)^2}$ 和 $\frac{\varepsilon}{\delta(\varepsilon)}$ 同量阶即知 $\delta(\varepsilon) = O(1)$, 由此得到的是外部近似. 而在情形 (i) 中, 由 $\frac{\varepsilon}{\delta(\varepsilon)^2}$ 和 $\frac{1}{\delta(\varepsilon)}$ 同量阶就可推出 $\delta(\varepsilon) = O(\varepsilon)$, 亦即 $\frac{\varepsilon}{\delta(\varepsilon)^2}$ 和 $\frac{1}{\delta(\varepsilon)}$ 两者都是 $\frac{1}{\delta(\varepsilon)}$ 量阶, 这比 $\frac{\varepsilon}{\delta(\varepsilon)}$ 和 1 的量阶都大. 所以只要选取 $\delta(\varepsilon) = O(\varepsilon)$, 由 (2.3.3) 确定的尺度就是正确的. 因此取

$$\delta(\varepsilon) = \varepsilon, \tag{2.3.6}$$

于是微分方程就成为

$$Y''(\tau) + (1+\varepsilon)Y'(\tau) + \varepsilon Y(\tau) = 0. \tag{2.3.7}$$

现在可用正则摄动方法来求 (2.3.7) 的近似解. 于是, 只对首项感兴趣, 因此在 (2.3.7) 中令 $\varepsilon = 0$ 即得

$$Y''(\tau) + Y'(\tau) = 0. \tag{2.3.8}$$

于是 (2.3.8) 的通解为

$$Y(\tau) = c_1 + c_2 \mathrm{e}^{-\tau}.$$

由于边界层位于 $t = 0$ 附近, 因此应满足边界条件 $y(0) = 0$, 或者 $Y(0) = 0$. 这就推出 $c_2 = -c_1$, 因而

$$Y(\tau) = c_1(1 - \mathrm{e}^{-\tau}), \tag{2.3.9}$$

或者回到变量 y 和 t 有

$$y_i(t) = c_1(1 - \mathrm{e}^{-\frac{t}{\varepsilon}}). \tag{2.3.10}$$

这就是对 $t = O(\varepsilon)$ 时的内解, 与式 (2.3.9) 完全一致. 用符号 $y_i(t)$ 来记这个内解.

总之, 我们得到如下的近似解:

$$\begin{cases} y_o(t) = \mathrm{e}^{1-t}, & t = O(1), \\ y_i(t) = c_1(1 - \mathrm{e}^{-\frac{t}{\varepsilon}}), & t = O(\varepsilon), \end{cases} \tag{2.3.11}$$

其中 $y_o(t)$ 表示外解, 内外解都是对 t 的适当变化区域内有效. 剩下的是要确定常数 c_1, 这将由下面给出的匹配过程来完成.

2.3.2 匹配

首先，所谓匹配并不意味着要求选出 ε 的某个特定值 ε_0 使得 $y_o(\varepsilon_0) = y_i(\varepsilon_0)$ 来求出常数 c_1. 这个过程与把两个近似解补接在一起使得在某个固定的 $t = \varepsilon_0$ 处连续是完全两回事. 匹配的目的是构造出单独一个 $\varepsilon > 0$ 的复合展开，使得当 $\varepsilon \to 0^+$ 时它在整个区间 $[0,1]$ 上是一致有效的. 由于当 $\varepsilon \to 0^+$ 时, 边界层变得很窄, 因此很难精确测定它的边缘. 我们把讨论问题的边界层形象地描述成具有宽度 ε. 一般来说, 边界层的宽度是由确定尺度的因子 $\delta(\varepsilon)$ 来决定.

然而我们可以如下进行: 设想内部和外部的展开在边界层与外部区域中间的一个重叠区域中在某种程度上是一致的, 这似乎相当合理 (图 2.5). 倘若 $t = O(\varepsilon)$, 则 t 在边界层中. 倘若 $t = O(1)$, 则 t 在外部区域中. 这重叠区域可以用诸如 $t = O\left(\sqrt{\varepsilon}\right)$ 等一类 t 的值来描写, 因为 $\sqrt{\varepsilon}$ 的量阶介于 ε 和 1 之间. 这个中间尺度使得可以在重叠区域中引进一个新的尺度自变量 $\eta > 0$, 它定义为

$$\eta = \frac{t}{\sqrt{\varepsilon}}, \tag{2.3.12}$$

于是匹配条件为: 当 $\varepsilon \to 0^+$ 时, 用中间变量 η 表示的内部近似与中间变量 η 表示的外部近似的这两个极限应当相同. 利用记号, 匹配条件为: 对固定的 η 有

$$\lim_{\varepsilon \to 0^+} y_o\left(\sqrt{\varepsilon}\eta\right) = \lim_{\varepsilon \to 0^+} y_i\left(\sqrt{\varepsilon}\eta\right). \tag{2.3.13}$$

对于上面的具体问题有

$$\lim_{\varepsilon \to 0^+} y_o\left(\sqrt{\varepsilon}\eta\right) = \lim_{\varepsilon \to 0^+} \exp\left(1 - \sqrt{\varepsilon}\eta\right) = e,$$

以及

$$\lim_{\varepsilon \to 0^+} y_i\left(\sqrt{\varepsilon}\eta\right) = \lim_{\varepsilon \to 0^+} c_1\left(1 - \exp\left(-\eta\sqrt{\varepsilon}\right)\right) = c_1.$$

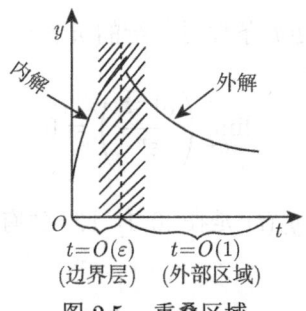

图 2.5　重叠区域

因此匹配要求 $c_1 = e$, 从而内部近似成为

$$y_i(t) = e\bigl(1 - e^{-\frac{t}{\varepsilon}}\bigr). \tag{2.3.14}$$

2.3.3 一致近似

为了得到一个在整个区间 $[0,1]$ 上一致有效的复合展开, 注意到内部和外部近似的和为

$$y_o(t) + y_i(t) = e^{1-t} + e - e^{1-\frac{t}{\varepsilon}} \approx \begin{cases} e^{1-t} + e, & t = O(1), \\ \bigl(2e - e^{1-\frac{t}{\varepsilon}}\bigr), & t = O(\varepsilon). \end{cases}$$

因此, 将这个求和减去其值为 e 的共同极限值 e, 即可得

$$y_u(t) \triangleq y_o(t) + y_i(t) - e = e^{1-t} - e^{1-\frac{t}{\varepsilon}}. \tag{2.3.15}$$

当 t 位于外部区域时, 上式右端第二项很小. 因此 $y_u(t)$ 近似于 e^{1-t}, 此即为外部近似. 当 t 位于边界层时, 式 (2.3.15) 右端第一项接近于 e. 因此 $y_u(t)$ 近似于 $y_i(t) = e\bigl(1 - e^{-\frac{t}{\varepsilon}}\bigr)$, 此即为内部近似. 在中间区域或者重叠区域中, 外部和内部近似二者都近似地等于 e. 因此在此重叠区域中, $y_o(t)$ 与 $y_i(t)$ 之和趋于 2e, 即为每一个近似的二倍, 这就是为什么必须从它们的求和中减去共同的极限值. 总之, 由 (2.3.15) 所确定的 $y_u(t)$ 提供了一个在整个区间 $[0,1]$ 上的一致近似解. 将 $y_u(t)$ 代入 (2.3.1) 中的微分方程即得

$$\varepsilon y_u'' + (1+\varepsilon) y_u' + y_u = 0.$$

因此 $y_u(t)$ 在 $(0,1)$ 内完全满足微分方程. 至于边界条件有

$$y_u(0) = 0, \quad y_u(1) = 1 - e^{1-\frac{1}{\varepsilon}}.$$

即左边界条件正好满足, 右边界条件对任给的 $n > 0$, 精确到 $O(\varepsilon^n)$. 因为

$$\lim_{\varepsilon \to 0^+} \left(\frac{e^{1-\frac{1}{\varepsilon}}}{\varepsilon^n} \right) = 0$$

对任给的 $n > 0$ 成立, 所以 $y_u(t)$ 是在 $[0,1]$ 上一致有效的近似解.

2.3 边界层分析

2.3.4 应用举例

再讨论一个简单的例子, 但不像前面那样仔细地分析. 利用奇异摄动方法求出边值问题

$$\begin{cases} \varepsilon y'' + y' = 2t, & 0 < t < 1, \quad 0 < \varepsilon \ll 1, \\ y(0) = 1, \quad y(1) = 1 \end{cases}$$

的近似解. 由于未摄动方程是 $y' = 2t$, 故它的通解为 $y(t) = t^2 + c$. 这个函数显然不可能同时满足两个定解条件, 因此不能用正则摄动方法来讨论这个问题. 于是假设边界层在 $t = 0$ 附近, 而 $t = 1$ 是位于外部域, 从而利用边界条件 $y(1) = 1$ 求得外部近似

$$y_o(t) = t^2, \quad t = O(1).$$

为了找出边界层的宽度 $\delta(\varepsilon)$, 在 $t = 0$ 的附近利用变换

$$\tau = \frac{t}{\delta(\varepsilon)}, \quad Y = y$$

来重新确定尺度. 在新尺度的变量 τ 下, 原来的微分方程式成为

$$\frac{\varepsilon}{\delta(\varepsilon)^2} Y''(\tau) + \frac{1}{\delta(\varepsilon)} Y'(\tau) = 2\delta(\varepsilon)\tau.$$

如果 $\dfrac{\varepsilon}{\delta(\varepsilon)^2}$ 与 $2\delta(\varepsilon)$ 组成主平衡对, 则 $\delta(\varepsilon) = (\varepsilon^{\frac{1}{3}})$. 于是上面方程的第二项 $\dfrac{1}{\delta(\varepsilon)} = O(\varepsilon^{-\frac{1}{3}})$, 这已不是主平衡对中项的高阶小量. 所以只能由 $\dfrac{1}{\delta(\varepsilon)}$ 与 $\dfrac{\varepsilon}{\delta(\varepsilon)^2}$ 组成主平衡对, 这时可推出 $\delta(\varepsilon) = O(\varepsilon)$. 因此 $2\delta(\varepsilon)$ 项也是 $O(\varepsilon)$ 阶的量, 它与均为 $O(\varepsilon^{-1})$ 的主平衡对中的项 $\dfrac{\varepsilon}{\delta(\varepsilon)^2}$ 和 $\dfrac{1}{\delta(\varepsilon)}$ 相比是高阶小量. 所以 $\delta(\varepsilon) = \varepsilon$ 是正确的, 这时在新尺度变量 τ 之下的微分方程为

$$Y''(\tau) + Y'(\tau) = 2\varepsilon^2 \tau.$$

由此可见零阶项的内部近似满足方程

$$Y''(\tau) + Y'(\tau) = 0,$$

其通解为

$$Y(\tau) = c_1 + c_2 \mathrm{e}^{-t}.$$

回到变量 y 和 t 得

$$y(t) = c_1 + c_2 \mathrm{e}^{-\frac{t}{\varepsilon}}.$$

在边界层中利用边界条件 $y(0) = 1$ 即知 $c_1 = 1 - c_2$,因此内部近似为

$$y_i(t) = (1 - c_2) + c_2 \mathrm{e}^{-\frac{t}{\varepsilon}}.$$

为了求出常数 c_2,我们引进一个 $\sqrt{\varepsilon}$ 量阶的重叠区域以及适当的中间尺度变量 $\eta = \dfrac{t}{\sqrt{\varepsilon}}$. 于是 $t = \sqrt{\varepsilon}\eta$,而匹配条件成为

$$\lim_{\varepsilon \to 0^+} y_o\left(\sqrt{\varepsilon}\eta\right) = \lim_{\varepsilon \to 0^+} y_i\left(\sqrt{\varepsilon}\eta\right),$$

其中 $\eta > 0$ 固定. 亦即对于 $\eta > 0$ 固定, 成立

$$\lim_{\varepsilon \to 0^+} \varepsilon\eta^2 = \lim_{\varepsilon \to 0^+} \left((1-c_2) + c_2 \exp\left(-\sqrt{\varepsilon}\eta\right)\right),$$

这就推出

$$1 - c_2 = 0, \quad \text{或者} \quad c_2 = 1.$$

因此内部近似为

$$y_i(t) = \mathrm{e}^{-\frac{t}{\varepsilon}}.$$

将内部近似和外部近似相加,并减去它们在重叠区域中的共同极限值零,即得到一致有效的复合近似 $y_u(t)$:

$$y_u(t) = t^2 + \mathrm{e}^{-\frac{t}{\varepsilon}}.$$

这就是所要求的在 $[0,1]$ 上一致有效近似,其图像如图 2.6 所示.

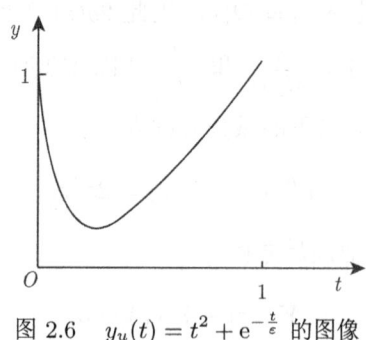

图 2.6　$y_u(t) = t^2 + \mathrm{e}^{-\frac{t}{\varepsilon}}$ 的图像

2.3.5　边界层现象

在前两个例子中,边界层出现在 $t = 0$,即区间的左端点处. 一般情况下,边界层可以出现在区间的任一点处,既可以在右端点,也可以在区间的内点. 事实

2.3 边界层分析

上, 在同一个问题中, 可能出现几个边界层. 初值问题也可能出现边界层. 当研究一个问题时, 可先假设边界层是在 $t=0$ (即左端点处), 然后进行求解. 如果假设不对, 则当匹配内部和外部近似时, 匹配过程会无法进行. 这时可以重新假设边界层出现在右端点, 分析过程完全与前面相同, 只是在边界层中尺度变换换成 $\bar{t} = \dfrac{t_0 - t}{\delta(\varepsilon)}$ 而已, 其中 t_0 为区间的右端点. 另外, 在前两个例子中的边界层宽度都是 $\delta(\varepsilon) = \varepsilon$. 但绝不能说, 任何边界层的宽度都是如此.

前面只讨论了内部近似和外部近似的零价项的匹配问题. 实际上可以改进匹配过程, 使它适合于高阶项的匹配, 关于这个问题可参考文献 [7](有中译本, 亦可参考 [11]). 最后需指出, 这个方法不是万能的. 它对某类问题可以解决得很好, 而对另外一些问题, 必须进行重大的修改. 目前, 奇异摄动理论是应用数学中的一个十分活跃的研究领域, 其充分发展的严格理论只适用于有限制的某些微分方程.

用关于线性变系数方程的一般奇异摄动定理来结束这一节. 对于这一类问题, 只要在方程的系数上加上适当的限制, 其边界层性质可以得到完全地描述.

定理 2.3.1 考虑边值问题

$$\begin{cases} \varepsilon y'' + p(t)y' + q(t)y = 0, & 0 < t < 1, 0 < \varepsilon \ll 1, \\ y(0) = a, \quad y(1) = b, \end{cases} \tag{2.3.16}$$

其中 $p(t)$ 和 $q(t)$ 为 $t \in [0,1]$ 的连续函数, 而且对于 $0 \leqslant t \leqslant 1$ 有 $p(t) > 0$. 于是边界层存在于 $t = 0$, 且内部和外部近似为

$$y_i(t) = c_1 + (a - c_1)e^{-\frac{p(0)t}{\varepsilon}}, \tag{2.3.17}$$

$$y_o(t) = be^{\left(\int_t^1 \frac{q(s)}{p(s)} ds\right)}, \tag{2.3.18}$$

其中

$$c_1 = be^{\int_0^1 \frac{q(s)}{p(s)} ds}. \tag{2.3.19}$$

证明 首先证明边界层出现在 $t = 0$ 处的假设是正确的, 并推导出 (2.3.17), (2.3.18) 和 (2.3.19). 若边界层是在 $t = 0$ 处, 则外解应满足方程

$$p(t)y_o' + q(t)y_o = 0, \tag{2.3.20}$$

以及条件 $y_o(1) = b$. 对 (2.3.20) 进行分离变量, 积分并应用在 $t = 1$ 处的边界条件即得式 (2.3.18). 在边界层中引进由 $\tau = \dfrac{t}{\delta(\varepsilon)}$ 定义的尺度变量 τ, 其中 $\delta(\varepsilon)$ 待定. 若令 $Y(\tau) = y(\tau\delta(\varepsilon))$, 则微分方程成为

$$\frac{\varepsilon}{\delta(\varepsilon)^2}Y''(\tau) + \frac{p(\delta(\varepsilon)\tau)}{\delta(\varepsilon)}Y'(\tau) + q(\delta(\varepsilon)\tau)Y(\tau) = 0. \tag{2.3.21}$$

当 $\varepsilon \to 0^+$ 时, 这个方程系数的性质类似于

$$\frac{\varepsilon}{\delta(\varepsilon)^2}, \quad \frac{p(0)}{\delta(\varepsilon)}, \quad q(0).$$

容易看出主平衡对的项为 $\frac{\varepsilon}{\delta(\varepsilon)^2}$ 和 $\frac{p(0)}{\delta(\varepsilon)}$, 因此边界层的厚度为 $\delta(\varepsilon) = O(\varepsilon)$. 为了确定起见, 取 $\delta(\varepsilon) = \varepsilon$, 于是方程 (2.3.21) 成为

$$Y''(\tau) + p(\varepsilon\tau)Y'(\tau) + \varepsilon q(\varepsilon\tau)Y(\tau) = 0.$$

其零阶项应满足方程

$$Y''(\tau) + p(0)Y'(\tau) = 0. \tag{2.3.22}$$

利用边界条件 $Y(0) = a$ 即得 $c_2 = a - c_1$, 因此内部近似为

$$y_i(t) = c_1 + (a - c_1)e^{-\frac{p(0)t}{\varepsilon}}. \tag{2.3.23}$$

为了进行匹配, 引进中间变量 $\eta = \dfrac{t}{\sqrt{\varepsilon}}$, 并要求对固定的 $\eta > 0$ 有

$$\lim_{\varepsilon \to 0^+} y_o\left(\sqrt{\varepsilon}\eta\right) = \lim_{\varepsilon \to 0^+} y_i\left(\sqrt{\varepsilon}\eta\right).$$

在现在的情况下, 匹配条件为

$$\lim_{\varepsilon \to 0^+}\left(c_1 + (a-c_1)e^{-\frac{p(0)\eta}{\sqrt{\varepsilon}}}\right) = \lim_{\varepsilon \to 0^+}\left(be^{\int_{\sqrt{\varepsilon}\eta}^1 \frac{q(s)}{p(s)}\mathrm{d}s}\right).$$

由此推出

$$c_1 = be^{\int_0^1 \frac{q(s)}{p(s)}\mathrm{d}s}.$$

所以内部近似就由 (2.3.17) 和 (2.3.19) 给出, 这就完成了定理的证明.

一致有效的复合近似 $y_u(t)$ 为

$$y_u(t) = y_o(t) + y_i(t) - c_1.$$

可以证明当 $\varepsilon \to 0^+$ 时 $y_u(t) - y(t) = O(\varepsilon)$ 在 $[0,1]$ 一致成立, 其中 $y(t)$ 为 (2.3.16) 的精确解. 如果在 $0 \leqslant t \leqslant 1$ 有 $p(t) < 0$, 则不可能进行匹配. 因为这时除非 $c_1 = a$, 否则 $y_i(t)$ 将随 t 的增加而指数式增长. 另一方面, 如果假设边界层是在 $t = 1$ 处, 则匹配就可以进行. 总之, 可以证明, 当 $p(t) > 0$ 时, 边界层就在 $t = 0$. 而当 $p(t) < 0$ 时, 边界层就在 $t = 1$. 最后注意到, 对于这两种情形都不可能在 $(0,1)$ 的内点处出现边界层. 我们把这些事实的证明留给读者作为练习.

练 习

1. 利用奇异摄动方式，求出下列问题的一致有效近似解，其中 $0 < t < 1$, $0 < \varepsilon \ll 1$.

(a) $\varepsilon y'' + 2y' + y = 0, y(0) = 0, y(1) = 1.$
(b) $\varepsilon y'' + y' + y^2 = 0, y(0) = \dfrac{1}{4}, y(1) = \dfrac{1}{2}.$
(c) $\varepsilon y'' - y = 0, y(0) = 1, y(1) = 2.$
(d) $\varepsilon y'' + (t+1)y' + y = 0, y(0) = 0, y(1) = 1.$
(e) $\varepsilon y'' + t^{\frac{1}{3}}y' + y = 0, y(0) = 0, y(1) = e^{-\frac{3}{2}}.$
(f) $\varepsilon y'' + ty' - ty = 0, y(0) = 0, y(1) = e.$
(g) $\varepsilon y'' + 2y' + e^y = 0, y(0) = 0, y(1) = 0.$
(h) $\varepsilon y'' - (2 - t^2)y' = -1, y(0) = 0, y(1) = 1.$

2. 利用精确解说明无法用奇异摄动方法求出如下边值问题为一致有效近似解.

$$\varepsilon y'' + y = 0, \quad y(0) = 1, \quad y(1) = 2, \quad 0 < t < 1, \quad 0 < \varepsilon \ll 1.$$

3. 求出下列边值问题

$$\begin{cases} \varepsilon y'' - y = 0, & 0 < t < 1, 0 < \varepsilon \ll 1, \\ y(0) = y(1) = 1 \end{cases}$$

的一致有效近似解.

4. 假设 $0 \leqslant t \leqslant 1$ 上有 $p(t) < 0$，证明边值问题 (2.3.16) 的边界层出现在 $t = 1$ 处，并求出其内部和外部近似.

5. 求出下列边值问题 $[0,1]$ 上的一致有效近似解，$0 < \varepsilon \ll 1$.

(a) $\varepsilon y'' + (t^2 + 1)y' - t^3 y = 0, y(0) = y(1) = 1.$
(b) $\varepsilon y'' + 2\varepsilon t^{-1} y' - y = 0, y(0) = 0, y'(1) = 1.$
(c) $\varepsilon y'' + \varepsilon y' - y = 0, y(0) = y(1) = 0.$
(d) $\varepsilon y'' + (t+1)^{-1} y' + \varepsilon y = 0, y(0) = 0, y(1) = 1.$

2.4 实际应用

在这一节，把奇异摄动方法应用于两个具有实际背景的问题. 我们总把实际需要看作求解问题的指南，与前面讨论的边值问题不同，这两个问题都是初值问题.

2.4.1 阻尼谐振子

在 2.1 节中, 我们得到了一个弹簧-质量系统的模型方程, 其中弹簧具有非线性的恢复力. 本节研究一个比较简单的问题, 其中弹簧满足**胡克** (R. Hooke, 1653—1703) **定律**, 而且存在线性阻尼项. 令 y 为质量 m 从平衡位置向右的正位移, 并假设在弹簧上的这两个力为 $F_s = -ky, F_d = -ay'$, $k, a > 0$, 其中 k 和 a 分别为弹簧常数和阻尼系数. 由 Newton 第二定律即得支配方程为

$$my'' + ay' + ky = 0, \quad t > 0. \tag{2.4.1}$$

我们假设开始时位移为零, 而给质量一个正的冲击 (例如用槌子敲一下) 使它运动, 由此初始条件为

$$y(0) = 0, \quad my'(0) = I. \tag{2.4.2}$$

目标是求出这个系统当质量很小时的零阶近似.

由于 (2.4.1) 是一个线性二阶常系数方程式, 因此, 这个问题一般可以精确求解. 这也是为什么这个问题是教科书上的好例子. 因为最后总可以与精确解进行比较, 从而可以看清近似过程有效性的程度. 不过作为要求, 我们采用奇异摄动方法来仔细分析处理该问题, 此处就像对一个不可能精确求解的实际问题进行讨论的那样.

第一步是对问题进行量纲分析, 以便获得有关无量纲量、可能的长度和时间尺度等信息. 这里的自变量是 t, 而未知函数是 y, 它们分别有时间 T 和长度 L 的量纲. 其他常量 m, a, k 和 I, 它们的量纲为

$$[m] = M, \quad [a] = MT^{-1}, \quad [k] = MT^{-2}, \quad [I] = MLT^{-1},$$

其中 M 为质量的量纲. 于是基本量纲为时间 T, 长度 L 和质量 M, 而量纲矩阵为

$$\begin{array}{c} \\ T \\ L \\ M \end{array} \begin{pmatrix} t & y & m & a & k & I \\ 1 & 0 & 0 & -1 & -2 & -1 \\ 0 & 1 & 0 & 0 & 0 & 1 \\ 0 & 0 & 1 & 1 & 1 & 1 \end{pmatrix},$$

显然它的秩为 3, 因此可从 t, y, m, a, k 和 I 得出三个无量纲变量. 若 π 为无量纲变量, 则有

$$\pi = t^{\alpha_1} y^{\alpha_2} m^{\alpha_3} a^{\alpha_4} k^{\alpha_5} I^{\alpha_6},$$

其中 $\alpha_1, \alpha_2, \cdots, \alpha_6$ 待定. 因而

$$T^{\alpha_1} L^{\alpha_2} M^{\alpha_3} (MT^{-1})^{\alpha_4} (MT^{-2})^{\alpha_5} (MLT^{-1})^{\alpha_6} = 1,$$

2.4 实际应用

整理即得

$$T^{\alpha_1-\alpha_4-2\alpha_5-\alpha_6}L^{\alpha_2+\alpha_6}M^{\alpha_3+\alpha_4+\alpha_5+\alpha_6}=1.$$

令 T, L 和 M 的幂等于零, 即得

$$\begin{cases} \alpha_1 - \alpha_4 - 2\alpha_5 - \alpha_6 = 0, \\ \alpha_2 + \alpha_6 = 0, \\ \alpha_3 + \alpha_4 + \alpha_5 + \alpha_6 = 0, \end{cases}$$

显然 α_4, α_5 和 α_6 可任选, 于是有

$$\begin{pmatrix} \alpha_1 \\ \alpha_2 \\ \alpha_3 \\ \alpha_4 \\ \alpha_5 \\ \alpha_6 \end{pmatrix} = \alpha_4 \begin{pmatrix} 1 \\ 0 \\ -1 \\ 1 \\ 0 \\ 0 \end{pmatrix} + \alpha_5 \begin{pmatrix} 2 \\ 0 \\ -1 \\ 0 \\ 1 \\ 0 \end{pmatrix} + \alpha_6 \begin{pmatrix} 1 \\ -1 \\ -1 \\ 0 \\ 0 \\ 1 \end{pmatrix}.$$

由此可见有且只有三个线性无关解, 因此三个无量纲变量为

$$\pi_1 = \frac{ta}{m}, \quad \pi_2 = \frac{t^2 k}{m}, \quad \pi_3 = \frac{tI}{ym}. \tag{2.4.3}$$

由 (2.4.3) 不难看出可能的时间尺度为

$$\frac{m}{a}, \quad \sqrt{\frac{m}{k}}, \quad \frac{a}{k}. \tag{2.4.4}$$

其中前两个时间尺度分别由 π_1 和 π_2 得到, 而第三个时间尺度由 $\frac{\pi_2}{\pi_1}$ 得出. 将 (2.4.4) 代入 π_3 即得到可能的长度尺度

$$I/a, \quad I/\sqrt{km}, \quad (aI)/(km). \tag{2.4.5}$$

根据假设有 $m \ll 1$, 所以 $\frac{m}{a} \ll 1$, $\sqrt{\frac{m}{k}} \ll 1$, $\frac{I}{\sqrt{km}} \gg 1$ 以及 $\frac{a}{k} = \frac{am}{km} \gg 1$. 当确定适合的长度和时间尺度时, 这些关系是很重要的. 因为应当选取尺度使得无量纲函数和无量纲自变量都是 1 阶的量.

在进一步讨论之前, 让我们对质量的运动再做一些直观的分析. 作用在质量上的正冲击将使得它的位移很快地增长到某极大值, 这时弹簧力将尽力把它拉回

到平衡位置. 由于质量很小, 因此惯性力也很小, 从而质量不可能围绕平衡位置进行振动, 因为系统是在超强阻尼的作用之下. 于是期待具有上述特点的 $y = y(t)$ 的图像, 如图 2.7 所示. 起先很快地上升, 然后逐渐下降. 这种函数就预示着要用多时间尺度来描写. 在 $t = 0$ 附近的区域中, 函数急速变化, 应采用小时间尺度. 而在远离边界层, 利用 1 阶量的时间尺度更为恰当. 总之, 这个问题具有奇异摄动问题的特性, 即多时间尺度和显然的小量 $m > 0$ 乘以最高阶导数.

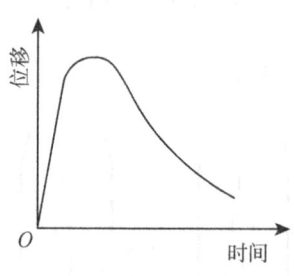

图 2.7　质量对时间的位移

至于在 (2.4.5) 中给出的可能长度尺度, 只有 $\dfrac{I}{a}$ 是合适的. 因为其余两个都很大, 这就破坏了有关极大位移的直观推理. 在 (2.4.4) 中的时间尺度只有 $\dfrac{a}{k}$ 是 1 阶量, 其余两个都很小. 这两个小时间尺度中的一个应当适合于作为 $t = 0$ 附近边界层中的时间尺度. 由于 $\dfrac{m}{a}$ 依赖于质量和阻尼, 而 $\sqrt{\dfrac{m}{k}}$ 依赖于质量和弹簧, 较高的初速对阻尼的影响要大于对弹簧力的影响. 因此根据关于支配运动第一阶段主要是阻尼力的直观推理, 我们猜想在边界的时间尺度应该是 $\dfrac{m}{a}$, 而且在初始阶段, my'' 和 ay' 两项是起主要作用, 在后一阶段中 my'' 是低阶量.

根据这些讨论, 引进如下尺度变量:

$$\bar{t} = \frac{k}{a}t, \quad \bar{y} = \frac{a}{I}y. \tag{2.4.6}$$

它们适合于外部区域, 即远离在 $t = 0$ 附近的边界层. 注意到 $\bar{t}$ 和 $\bar{y}$ 都是 1 阶量. 利用这些无量纲量, 于是初值问题 (2.4.1)—(2.4.2) 就成为

$$\varepsilon\bar{y}'' + \bar{y}' + \bar{y} = 0, \quad \bar{y}(0) = 0, \quad \varepsilon\bar{y}'(0) = 1, \quad \bar{t} > 0, \tag{2.4.7}$$

其中无量纲常数 $\varepsilon > 0$ 为

$$\varepsilon = \frac{mk}{a^2} \ll 1. \tag{2.4.8}$$

2.4 实际应用

利用奇异摄动方法可以求出 (2.4.7) 的一个近似解. 为了得到它在外部区域中的零阶近似, 令 $\varepsilon = 0$ 即得
$$\bar{y}' + \bar{y} = 0.$$
于是外部近似为
$$\bar{y}_o(\bar{t}) = c\mathrm{e}^{-\bar{t}}, \qquad (2.4.9)$$
其中 c 为待定常数. (2.4.7) 中两个初始条件都不能用来确定 c, 因为两个都要求 $\bar{t} = 0$, 而这是位于边界层中. 为了得到内部近似, 利用变量替换
$$\tau = \frac{\bar{t}}{\delta(\varepsilon)}, \quad Y = \bar{y} \qquad (2.4.10)$$
来重新确定尺度. 于是 (2.4.7) 中的方程成为
$$\frac{\varepsilon}{\delta(\varepsilon)^2} Y''(\tau) + \frac{1}{\delta(\varepsilon)} Y'(\tau) + Y(\tau) = 0. \qquad (2.4.11)$$
这时主平衡对是 $\dfrac{\varepsilon}{\delta(\varepsilon)^2}$ 和 $\dfrac{1}{\delta(\varepsilon)}$, 由此得出 $\delta(\varepsilon) = \varepsilon$ (项对 $\dfrac{\varepsilon}{\delta(\varepsilon)^2}$ 和 1 推出 $\delta(\varepsilon) = O(\sqrt{\varepsilon})$, 但这时 $\dfrac{1}{\delta(\varepsilon)}$ 却很大, 故 $\dfrac{\varepsilon}{\delta(\varepsilon)^2}$ 和 1 不能组成主平衡对). 因此边界层的宽度为 ε, 或 $O(m)$. 于是 (2.4.10) 成为
$$\tau = \frac{\bar{t}}{\varepsilon}, \quad Y = \bar{y}.$$
而方程 (2.4.11) 为
$$Y''(\tau) + Y'(\tau) + \varepsilon Y(\tau) = 0, \quad \tau > 0.$$
令 $\varepsilon = 0$, 并求解得到的方程
$$Y(\tau) = A + B\mathrm{e}^{-\tau},$$
因此内部解的零阶项为
$$\bar{y}_i(\bar{t}) = A + B\mathrm{e}^{-\frac{\bar{t}}{\varepsilon}}.$$
由初始条件 $\bar{y}_i(0) = 0$ 推出 $B = -A$, 而条件 $\varepsilon \bar{y}_i'(0) = 1$ 推出 $A = 1$. 这就完全求出了内部近似
$$\bar{y}_i(\bar{t}) = 1 - \mathrm{e}^{-\frac{\bar{t}}{\varepsilon}}. \qquad (2.4.12)$$

现在还需要与外部解 (2.4.9) 进行匹配, 以便确定 (2.4.9) 中的常数 c. 引进以 $\sqrt{\varepsilon}$ 为时间尺度的重叠区域, 并取无量纲尺度变量 η 为

$$\eta = \frac{\bar{t}}{\sqrt{\varepsilon}}. \tag{2.4.13}$$

于是匹配条件为: 对固定 $\eta > 0$, 极限式

$$\lim_{\varepsilon \to 0^+} y_o(\sqrt{\varepsilon}\eta) = \lim_{\varepsilon \to 0^+} y_i(\sqrt{\varepsilon}\eta)$$

成立, 即对固定 $\eta > 0$ 有

$$\lim_{\varepsilon \to 0^+} c e^{-\sqrt{\varepsilon}\eta} = \lim_{\varepsilon \to 0^+} (1 - e^{-\frac{\eta}{\sqrt{\varepsilon}}}),$$

因此 $c = 1$. 所以一致有效近似为

$$\bar{y}_u(\bar{t}) = \bar{y}_o(\bar{t}) + \bar{y}_i(\bar{t}) - \lim_{\substack{\varepsilon \to 0^+ \\ \eta > 0}} \bar{y}_o(\bar{t}),$$

其中极限中的 η 固定, 或者

$$\bar{y}_u(\bar{t}) = e^{-\bar{t}} - e^{-\frac{\bar{t}}{\varepsilon}}.$$

回到原来的有量纲变量 t 和 y 即得

$$y_u(t) = I \frac{\left(e^{-\frac{k}{a}t} - e^{-\frac{a}{m}t}\right)}{a}. \tag{2.4.14}$$

这说明在前面的直观推理是对的. 对充分小的 $t = O(m)$ 有

$$y_u(t) = I \frac{\left(1 - e^{-\frac{a}{m}t}\right)}{a},$$

这是一个随时间尺度 $\frac{m}{a}$ 很快增长的函数. 对于大的 $t = O(1)$, (2.4.14) 右端主要由第一项支配, 因此

$$y_u(t) \cong I \frac{e^{-\frac{k}{a}}}{a}.$$

这是一个随特征时间 $\frac{a}{k}$ 而指数式衰减的函数. 读者可以把问题的精确解与近似解 (2.4.14) 进行比较.

总之, 这个例子说明在解决实际问题时如何用直观推理来补充数学上的分析. 实际与数学理论之间的不断相互作用可以提供对问题更好的理解以及加深对问题的结构和求解方法的认识.

2.4.2 化学动力学问题

在本段中,我们将描述和解决一个在发生某种化学反应时,为了确定其中化学物质浓度而提出的问题. 反应过程由一组关于各种物质浓度的一阶常微分方程组及给定初值来描述. 不像前面的例子, 这个问题是无法精确求解的. 这个问题来自生物化学, 利用酶化学来增强某种生物化学反应. 详细的参考资料可在前面提到的林家翘和西格尔撰写的专著上找到 ([5] 或 [6]).

在一个化学反应过程中,清楚地知道其中各种化学物质的浓度是很重要的. 为了描述某类化学反应, 我们考虑一个理想化的反应

$$A + B \rightleftharpoons C \longrightarrow P + B, \tag{2.4.15}$$

其中反应物 A 和 B 的分子合并起来就形成复合物 C 的分子,而复合物 C 的分子又顺序分解成生成物 P 的分子和原来反应物 B 的分子. 此外还考虑到复合物 C 也能分解成原来的生成物 A 和 B, 这就由 (2.4.15) 中的双箭号来表示, 这时的反应就称为可逆的. 我们的目的是建立一组关于 A, B, C 和 P 相应浓度的 a, b, c 和 p 作为时间函数所应满足的方程. 用每单位体积的分子数来测量浓度.

在建立支配方程之前,首先分析某些简单的反应过程,考虑一个简单的单向反应

$$A + B \longrightarrow C.$$

当反应物 B 的分子数保持不变时, 假设生成物 C 分子的形成速度与当时 A 的分子数成正比是合理的, 因为 C 分子的产生是来自 A 与 B 之间分子的有效碰撞. 因此 $\dfrac{\mathrm{d}c}{\mathrm{d}t} \propto a$. 同理有 $\dfrac{\mathrm{d}c}{\mathrm{d}t} \propto b$, 其中正比符号 $\propto$ 表示与某个量成正比. 于是有

$$\frac{\mathrm{d}c}{\mathrm{d}t} = k_1 ab,$$

其中 k_1 称为速率常数. 此外, 显然有

$$\frac{\mathrm{d}a}{\mathrm{d}t} = -\frac{\mathrm{d}c}{\mathrm{d}t} = -k_1 ab.$$

这是因为 A 分子消失的速度应当就是 C 分子产生速度的负值. 同样地有

$$\frac{\mathrm{d}b}{\mathrm{d}t} = k_1 ab.$$

对于分解反应

$$C \longrightarrow A + B \tag{2.4.16}$$

来说, C 分子的消耗速度显然与当时 C 分子的数量成正比. 而 A 或 B 分子的生成速度为 $-\dfrac{\mathrm{d}c}{\mathrm{d}t}$, 因此

$$\frac{\mathrm{d}c}{\mathrm{d}t} = -k_2 c, \quad \frac{\mathrm{d}a}{\mathrm{d}t} = k_2 c, \quad \frac{\mathrm{d}b}{\mathrm{d}t} = k_2 c,$$

其中 k_2 为反应 (2.4.16) 的速率常数. 综合上述结果得出可逆反应

$$A + B \underset{k_2}{\overset{k_1}{\rightleftharpoons}} C \tag{2.4.17}$$

的支配方程为

$$\frac{\mathrm{d}c}{\mathrm{d}t} = k_1 ab - k_2 c, \quad \frac{\mathrm{d}a}{\mathrm{d}t} = k_2 c - k_1 ab, \quad \frac{\mathrm{d}b}{\mathrm{d}t} = k_2 c - k_1 ab.$$

在 (2.4.17) 中, 我们已经按通常习惯把速率常数记在其相对应的反应方向的上侧或下侧, 根据这些想法, 现在可以写出支配化学反应

$$A + B \underset{k_2}{\overset{k_1}{\rightleftharpoons}} C \overset{k_3}{\to} P + B$$

的浓度反应速度方程

$$\frac{\mathrm{d}a}{\mathrm{d}t} = k_2 c - k_1 ab, \tag{2.4.18a}$$

$$\frac{\mathrm{d}b}{\mathrm{d}t} = k_2 c - k_1 ab + k_3 c, \tag{2.4.18b}$$

$$\frac{\mathrm{d}c}{\mathrm{d}t} = k_1 ab - k_2 c - k_3 c, \tag{2.4.18c}$$

$$\frac{\mathrm{d}p}{\mathrm{d}t} = k_3 c. \tag{2.4.18d}$$

当 $t = 0$ 时, 初始浓度为

$$a(0) = \hat{a}, \quad b(0) = \hat{b}, \quad c(0) = 0, \quad p(0) = 0, \tag{2.4.19}$$

其中我们假设 $\hat{b}$ 比起 $\hat{a}$ 小得多. 将 (2.4.18a) 和 (2.4.18c) 相加即可得到实质性的简化: $b + c = \hat{b}$ 为常数. 此外前三个方程都不含有 p, 因此 (2.4.18) 的四个方程可以简化成两个, 即

$$\frac{\mathrm{d}a}{\mathrm{d}t} = -k_1(\hat{b} - c)a + k_2 c, \tag{2.4.20a}$$

$$\frac{\mathrm{d}c}{\mathrm{d}t} = k_1(\hat{b} - c)a - (k_2 + k_3)c. \tag{2.4.20b}$$

因此只要求出 a 和 c, 则 p 就可以由 (2.4.18d) 经简单积分得到, 而 b 就是 $\hat{b} - c$.

总之, 我们必须求出方程 (2.4.20) 在初始条件 (2.1.19) 之下的解, 其中假设 B 的初始浓度 $\hat{b}$ 比 A 的初始浓度 $\hat{a}$ 小得多.

在直接处理这个问题之前, 像在弹簧质量振子问题所做的那样, 利用直观推理找出这个化学反应的某些相关特点. 在反应的早期阶段中, 我们希望 A 和 B 能很快地合并而产生 C 的分子. 这是因为 B 的少量分子与大量 A 分子的接触相对容易. 最后希望 C 减少到零, 因为无论何时, 只要还有一点 C, 它就会通过不可逆反应形成生成物 P. 在这些假设下, A 的浓度首先将很快减小, 最终在某正值处变得很平. 因此这个问题开始时就出现奇异摄动的特点, 即在 $t = 0$ 附近可能出现很快变动的边界层.

选取与正确确定尺度原则一致的无量纲变量, 因为每项的大小就是由该项前面的系数来估算. 显然 a 的尺度应为它在 $t = 0$ 时的值, 即 $\hat{a}$, 我们选 $\hat{b}$ 作为 c 的尺度, 因为所有的 B 最终将形成复合物 C. 对于这个反应过程虽然存在两种时间尺度. 但这两个尺度是什么却并不显然. 所以暂时就选取未知的 $\hat{t}$ 作为时间尺度, 于是在尺度变换

$$\bar{t} = \frac{t}{\hat{t}}, \quad \bar{a} = \frac{a}{\hat{a}}, \quad \bar{c} = \frac{c}{\hat{b}} \tag{2.4.21}$$

之下, 方程 (2.4.20) 变成

$$\frac{\hat{a}}{\hat{t}} \frac{\mathrm{d}\bar{a}}{\mathrm{d}\bar{t}} = -k_1 \hat{a}\hat{b}(1 - \bar{c})\bar{a} + k_2 \hat{b}\bar{c}, \tag{2.4.22a}$$

$$\frac{\hat{b}}{\hat{t}} \frac{\mathrm{d}\bar{c}}{\mathrm{d}\bar{t}} = k_1 \hat{a}\hat{b}(1 - \bar{c})\bar{a} - (k_2 + k_1)\hat{b}\bar{c}. \tag{2.4.22b}$$

在 (2.4.22a) 中, 项 $-k_1\hat{a}\hat{b}(1-\bar{c})\bar{a}$ 是决定 A 消耗的速度, 而 $k_2\hat{b}\bar{c}$ 项是决定从 C 的分解而形成 A 的速度. 如果朝后反应 $C \longrightarrow A+B$ 强于朝前反应 $A+B \longrightarrow C$, 则很难完成全部反应. 因此假设 (2.4.22a) 中的主平衡对是 $\frac{\hat{a}}{\hat{t}}\frac{\mathrm{d}\bar{a}}{\mathrm{d}\bar{t}}$ 和 $-k_1\hat{a}\hat{b}(1-\bar{c})\bar{a}$ 两项. 由此得出时间尺度为

$$\hat{t} = \frac{1}{k_1 \hat{b}}. \tag{2.4.23}$$

根据这个选法, 无量纲方程 (2.4.22) 就成为

$$\frac{\mathrm{d}\bar{a}}{\mathrm{d}\bar{t}} = -\bar{a} + (\bar{a} + \lambda)\bar{c}, \tag{2.4.24a}$$

$$\varepsilon \frac{\mathrm{d}\bar{c}}{\mathrm{d}\bar{t}} = \bar{a} - (\bar{a} + \mu)\bar{c}, \tag{2.4.24b}$$

其中参数 $\lambda = \dfrac{k_2}{\hat{a}k_1}, \mu = \dfrac{k_2+k_3}{\hat{a}k_1}$, 而 $0 < \varepsilon = \dfrac{\hat{b}}{\hat{a}} \ll 1$, 初始条件为 $\bar{a}(0) = 0$, $\bar{c}(0) = 0$.

在 (2.4.24) 中令 $\varepsilon = 0$ 可求得外部近似. 如果记外部近似为 $\bar{a}_0(\bar{t}), \bar{c}_0(\bar{t})$, 则有

$$\frac{\mathrm{d}\bar{a}_0}{\mathrm{d}\bar{t}} = -\bar{a}_0 + (\bar{a}_0 + \lambda)\bar{c}_0, \quad 0 = \bar{a}_0 - (\bar{a}_0 + \mu)\bar{c}_0.$$

第二个方程为代数方程, 由它可得

$$\bar{c}_0 = \frac{\bar{a}_0}{\bar{a}_0 + \mu}. \tag{2.4.25}$$

将此代入上面的第一个方程, 即得关于 $\bar{a}_0$ 的一阶方程. 分离变量有

$$\left(1 + \frac{\mu}{\bar{a}_0}\right)\mathrm{d}\bar{a}_0 = (\lambda - \mu)\mathrm{d}\bar{t},$$

积分可得

$$\bar{a}_0 + \mu \ln \bar{a}_0 = (\lambda - \mu)\bar{t} + K, \tag{2.4.26}$$

其中 K 为积分常数, 而 $\lambda - \mu < 0$, 方程 (2.4.26) 确定了隐函数 $\bar{a}_0(t_0)$. 由于所求的函数假设在外部区域成立, 因此不必满足初始条件. 常数 K 应由匹配来确定. 总之, (2.4.26) 和 (2.4.25) 确定了外部近似.

为了求出在 $t = 0$ 附近边界层中的内部近似, 定义尺度替换

$$\tau = \frac{\bar{t}}{\delta(\varepsilon)}, \quad a = \bar{a}, \quad c = \bar{c}.$$

于是方程 (2.4.24) 成为

$$\frac{1}{\delta(\varepsilon)} \frac{\mathrm{d}a}{\mathrm{d}\tau} = -a + (a + \lambda)c, \tag{2.4.27a}$$

$$\frac{\varepsilon}{\delta(\varepsilon)} \frac{\mathrm{d}c}{\mathrm{d}\tau} = a - (a + \mu)c, \tag{2.4.27b}$$

其中 $a(\tau), c(\tau)$. 在边界层中希望含 $\dfrac{\mathrm{d}c}{\mathrm{d}\tau}$ 的项是重要的. 于是从 (2.4.27b) 可知我们必须选取 $\delta(\varepsilon) = \varepsilon$, 从而 (2.4.27) 变成

$$\frac{\mathrm{d}a}{\mathrm{d}\tau} = \varepsilon\left[-a + (a + \lambda)c\right], \tag{2.4.28a}$$

2.4 实际应用

$$\frac{dc}{d\tau} = a - (a+\mu)c. \tag{2.4.28b}$$

令 $\varepsilon = 0$ 即得 $a(\tau) \equiv$ 常数. 由初始条件 $a(0) = 1$ 即知 $a(\tau) \equiv 1$. 因此

$$\bar{a}_i(\bar{t}) = 1. \tag{2.4.29}$$

于是方程 (2.4.28b) 成为

$$\frac{dc}{d\tau} = 1 - (1+\mu)c.$$

这是一个关于 c 的一阶线性方程. 解方程可得

$$c = M e^{-(1+\mu)\tau} + \frac{1}{1+\mu},$$

其中 M 为积分常数. 由 $c(0) = 0$, 即得 $M = -\dfrac{1}{1+\mu}$, 因此 $\bar{c}$ 的内部近似为

$$\bar{c}_i(\bar{t}) = \frac{1 - e^{-\frac{(1+\mu)\bar{t}}{\varepsilon}}}{1+\mu}. \tag{2.4.30}$$

为了把外部近似 (2.4.25), (2.4.26) 与内部近似 (2.4.29), (2.4.30) 进行匹配, 设想存在一个无量纲时间变量 $\eta = \dfrac{\bar{t}}{\sqrt{\varepsilon}}$ 描述的重叠区域. 于是对于固定的 $\eta > 0$, 匹配条件为

$$\lim_{\varepsilon \to 0^+} \bar{a}_0(\sqrt{\varepsilon}\eta) = \lim_{\varepsilon \to 0^+} \bar{a}_i(\sqrt{\varepsilon}\eta), \tag{2.4.31}$$

以及

$$\lim_{\varepsilon \to 0^+} \bar{c}_0(\sqrt{\varepsilon}\eta) = \lim_{\varepsilon \to 0^+} \bar{c}_i(\sqrt{\varepsilon}\eta) \tag{2.4.32}$$

成立. 不可能对 (2.4.31) 的左端直接进行计算. 因为 $\bar{a}_0(\bar{t})$ 是由 (2.4.26) 隐式确定, 然而利用 η 重写 (2.4.26) 有

$$\bar{a}_0(\sqrt{\varepsilon}\eta) + \mu \ln \bar{a}_0(\sqrt{\varepsilon}\eta) = -(\mu - \lambda)\sqrt{\varepsilon}\eta + K.$$

当 $\varepsilon \to 0^+$ 时取极限得 $\lim\limits_{\varepsilon \to 0^+} \bar{a}_0(\sqrt{\varepsilon}\eta) + \mu \lim\limits_{\varepsilon \to 0^+} \ln \bar{a}_0(\sqrt{\varepsilon}\eta) = K$, 或者 $1 + \mu \ln 1 = K$, 因此有 $K = 1$. 另一方面, (2.4.31) 的右端也是 1, 所以 (2.4.31) 恒等地成立. 由 (2.4.30) 可知 $\lim\limits_{\varepsilon \to 0^+} \bar{c}_i(\sqrt{\varepsilon}\eta) = \dfrac{1}{1+\mu}$. 为了算出 (2.4.32) 左边的极限. 由 (2.4.25) 即得

$$\lim_{\varepsilon \to 0^+} \bar{c}_0(\sqrt{\varepsilon}\eta) = \lim_{\varepsilon \to 0^+} \frac{\bar{a}_0(\sqrt{\varepsilon}\eta)}{\bar{a}_0(\sqrt{\varepsilon}\eta) + \mu} = \frac{1}{1+\mu},$$

所以 (2.4.32) 也是一个恒等式.

总之, $\bar{a}$ 和 $\bar{c}$ 的一致零阶近似为

$$\bar{a}_u(\bar{t}) = \bar{a}_0(\bar{t}) + \bar{a}_i(\bar{t}) - 1, \quad \bar{c}_u(\bar{t}) = \bar{c}_0(\bar{t}) + \bar{c}_i(\bar{t}) - \frac{1}{1+\mu},$$

或者

$$\bar{a}_u(\bar{t}) = \bar{a}_0(\bar{t}), \tag{2.4.33}$$

$$\bar{c}_u(\bar{t}) = \bar{c}_0(\bar{t}) + \bar{c}_i(\bar{t}) - \frac{1}{1+\mu}, \tag{2.4.34}$$

其中 $\bar{a}_0(\bar{t})$ 为代数方程

$$\bar{a}_0(\bar{t}) + \mu \ln(\bar{a}_0(\bar{t})) = -(\mu - \lambda)\bar{t} + 1$$

的隐式解. 进一步的分析需要数值计算.

练 习

1. 求出初值问题 (2.4.34), (2.4.2) 的精确解, 并将它与式 (2.4.14) 给出的近似解进行比较.

2. 考虑如下化学反应:

$$A + B \underset{k_2}{\overset{k_1}{\rightleftharpoons}} C \underset{k_4}{\overset{k_3}{\rightleftharpoons}} P + B,$$

写出支配这个反应中浓度 a, b, c 和 p 的微分方程.

3. 证明: 对于充分大的时间 $\bar{t} > 0$ 成立

$$\bar{a}_0(\bar{t}) \approx e^{-\frac{\mu - \lambda}{\mu}\bar{t}},$$

需要在 $\bar{t} = 0$ 之后多长时间这个近似才能有效呢?

第 3 章 应用数学方程

人们已经遇到许多常用的偏微分方程描述的实际问题,而且在常微分方程的课程中学到了不少求解方程的办法. 本章将着手考察偏微分方程和积分方程,以及某些求解这些方程的标准方法. 同时还将研究扩散方程,以及讨论可用于解决热传导等许多其他问题的一般方法. 最后用一个对积分方程的简短介绍来结束本章的内容. 下一章将在波的传播和连续系统的数学模型方面继续研究偏微分方程. 因此本章和下一章主要讨论的对象就是自然界中最基本的两个演化过程,即扩散现象和波动现象.

3.1 偏微分方程

3.1.1 定义

偏微分方程就是应用数学的基本领域之一,它对许多学科都有着重要的影响. 传统上,偏微分方程处理的基本问题是: ① 解的存在性和唯一性; ② 解对小扰动的稳定性; 以及③ 构造解的方法. 首先集中讨论解的构造,但需要说明: 只有极少数偏微分方程问题能够求出其精确的解析解. 对于特殊的线性问题, Fourier 分析、积分变换等方法往往可以得到解的无穷级数或积分表示. 但对于大多数问题,都是用近似方法或数值方法求解. 本章介绍的某些方法和结果,同时仍然与实际问题保持着密切的联系. 本章的目的是从应用和求解的角度广泛地叙述偏微分方程问题.

许多实际问题都可以归结成微分方程,目前已经看到一些这样的问题. 通常一个二阶常微分方程式有如下形式:

$$F(t, y, y', y'') = 0,$$

其中 t 在某个区间 I 上变动. 所谓这个方程的解就是一个只有自变量的两次连续可微函数 $y(t)$,将它代入上述方程后,就成为在 I 上的恒等式,亦即对一切 $t \in I$ 有

$$F(t, y(t), y'(t), y''(t)) = 0.$$

我们可以把 y 看成是系统的状态函数,而把微分方程看成是支配状态 y 随时间 t 变化的**发展方程**.

然而,许多实际过程并不能归结成常微分方程.因为系统的状态不仅仅依赖于一个自变量.例如,一个给定实际系统的状态 u 可能依赖于时间 t 和位置 x,因此系统在空间和时间中发展.例如在一根长度为 l 的杆中,其温度 u 既依赖于它在杆中的位置 x,也依赖于时间 t.在第 1 章中就知道 $u = u(x,t)$ 必须满足一个称为热传导方程的偏微分方程

$$u_t - ku_{xx} = 0, \quad t > 0, \quad 0 < x < I,$$

其中常数 k 是杆的扩散系数.

通常一个有两个自变量的**二阶偏微分方程**具有如下形式:

$$G(x,t,u,u_x,u_t,u_{xx},u_{xt},u_{tt}) = 0, \tag{3.1.1}$$

其中 $(x,t) \in \mathbf{R}^2$ 在 $\mathbf{R}^2$ 的某区域 D 中变动.所谓这个**方程的解**就是一个在 D 上两次连续可微函数 $u = u(x,t)$,当把它代入 (3.1.1) 时,把 (3.1.1) 变成对 $(x,t) \in D$ 的恒等式.假设 u 两次连续可微,这是为了可以对 u 求两次导数,以及把这些导数代入方程 (3.1.1) 中有意义.如图 3.1 所示,方程 (3.1.1) 的解可以看成在 (x,t,u) 三维空间中位于 (x,t) 平面的区域 D 上的一个光滑曲面,其中 x 视为位置或空间坐标,而 t 视为时间.这个问题的 $\mathbf{R}^2$ 中的区域 D 看成是时空区域,当 D 含有时间 t 作为独立变量时,就称该问题为**发展问题**.当两个自变量都是空间坐标,例如 x 和 y 时,就把问题称为**平衡问题**或**稳态问题**.

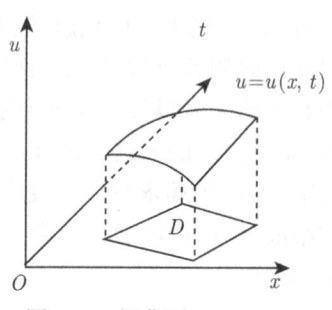

图 3.1 解曲面 $u = u(x,t)$

类型 (3.1.1) 的偏微分方程有无限多个解.正如常微分方程的通解依赖于任意常数一样,偏微分方程的通解依赖于任意函数.

例 3.1.1 考虑简单的偏微分方程

$$u_{tx} = tx.$$

对 x 积分即得

$$u_t = \frac{1}{2}tx^2 + f(t),$$

其中 $f(t)$ 为任意函数. 对 t 积分即得通解

$$u = \frac{1}{2}t^2 x^2 + g(t) + h(t),$$

其中 $h(t)$ 为任意函数, 而 $g(t) = \int f(t)\mathrm{d}t$ 也是任意函数. 因此通解依赖于两个任意函数, 任意选定 g 和 h 都将得到方程的一个解.

对于常微分方程来说, 初始或边界条件是用来确定任意的积分常数, 从而往往找出唯一的解. 通常伴随偏微分方程的初始条件或者边界条件, 也是为了从偏微分方程的许多解中选出一个. 在 $t = 0$ 沿 x 轴的某个区间给定的条件称为**初始条件**, 而沿 xt 平面上任何其他曲线给定的条件称为**边界条件**. 初始条件或者边界条件都可能含有在 xt 平面给定曲线上的未知函数 u、它的导数或者两者组合的特定的值. 带有辅助条件的偏微分方程称为**边值问题**.

例 3.1.2 在一根长为 l 的杆中, 其温度变化是由偏微分方程

$$u_t - k u_{xx} = 0, \quad t > 0, \quad 0 < x < l$$

所支配的, 其中 k 为热扩散系数. $u = u(x,t)$ 为杆在时刻 t 位于 x 处的温度. 形式为

$$u(x, 0) = f(x), \quad 0 < x < l$$

的辅助条件是初始条件, 因为它给定在时刻 $t = 0$. 把 $f(x)$ 看成是温度在杆中的初始分布. 形式为

$$u(0, t) = h(t), \quad u(l, t) = g(t), \quad t > 0$$

的条件是边界条件, 其中 $h(t)$ 和 $g(t)$ 表示分别在边界点 $x = 0$ 和 $x = l$ 处, 对一切 $t > 0$ 应保持给定的温度. 这些函数如图 3.2 所示. 实际上, 对于满足这些初始和边界条件的偏微分方程, 可以推出存在唯一的解. 从图 3.2 即可见, 解的表示就是以 f, g 和 h 作为它的边界的曲面.

经常有用的是所谓解对时间冻结的 "**快照**"(snapshot) 概念. 或者换句话说, $u(x, t_0)$ 是对某固定 t_0 的**图像**. 图 3.2 画出了解的曲面的一张快照, 或者时间截面. 从几何上考察解 $u(x,t)$ 的办法是对 $t_1 < t_2 < \cdots$, 画出一系列的快照 $u(x, t_1), u(x, t_2), \cdots$. 例如图 3.3 就画出了在一根长为 l 的杆中的一些温度截面. 这根杆的两端保持在零摄氏度, 而初始温度截面为 $f(x) = x(1 - x)$.

偏微分方程的通解往往很难求出. 因此, 对于偏微分方程来说, 很少用先找出通解, 再根据初始条件和边界条件来确定任意函数的办法来求解边值问题的. 这与

求解常微分方程时先求其通解, 然后用初始条件或边值条件确定出任意常数的办法形成明显的不同.

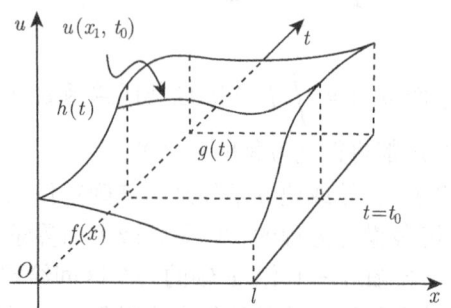

图 3.2 温度曲面 $u = u(x,t)$ 是以初始温度分布 $f(x)$ 和分别在 $x = 0$ 和 $x = l$ 处的边界温度 $h(t)$ 和 $g(t)$ 为界

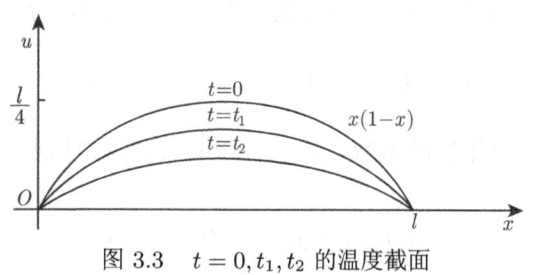

图 3.3 $t = 0, t_1, t_2$ 的温度截面

偏微分方程 (3.1.1) 可以在各个方面上进行推广. 例如可以含有高阶导数、多个自变量, 以及多个未知函数 (满足几个方程). 正如将看到的那样, 偏微分方程基本上有三种类型. 即由扩散过程、波的传播以及平衡过程所建立的数学模型. 这些方程分别称为**抛物型**、**双曲型**和**椭圆型**方程.

3.1.2 线性和非线性

下面来介绍一下方程的线性和非线性概念. 把微分方程分成线性和非线性的两类是一个重要的思想. 一般来说, 线性方程除了较容易求解外, 其解的集合还有线性代数的结构. 即线性齐次方程的任意有限个解的线性组合还是它的解. 但对于非线性方程的解就没有这种可加性或叠加性, 即有限个解的线性组合一般不再是解了. 线性方程的可叠加性往往使得可以构造各种满足不同边界条件和初始条件的解. 实际上, 这种可加性就是求解线性方程的 Fourier 方法和特征函数展开法的基础. 利用变换方法来求解线性方程也是可行的, 包括建立在**拉普拉斯** (P-S, Laplace, 1749—1827) **变换**和 **Fourier 变换**基础上的方法. 总之, 在线性和非线性这两类方程之间存在着深刻的差别.

3.1 偏微分方程

为了更确切地叙述概念, 把偏微分方程 (3.1.1) 看成是定义一个作用在未知函数 $u(x,t)$ 上的微分算子 L, 并把 (3.1.1) 写成

$$Lu(x,t) = f(x,t), \quad (x,t) \in D,$$

或者不把自变量写出来, 而简单地写成

$$Lu = f, \quad (x,t) \in D. \tag{3.1.2}$$

在 (3.1.2) 中一切含有 u 的项都放在左边的项 Lu 中, 而 f 为已知函数. 如果在 D 上有 $f = 0$, 则称 (3.1.2) 为**齐次方程**. 若 f 不恒为零, 则称 (3.1.2) 为**非齐次方程**. 热传导方程 $u_t - ku_{xx} = 0$ 可以写成 $Lu = 0$, 这里 L 为偏微分算子 $\partial/\partial t - k\partial^2/\partial x^2$, 显然这是一个齐次方程. 偏微分方程 $uu_t + 2txu - \sin(tx) = 0$ 可以写成 $Lu = \sin(tx)$, 这里 L 是由 $Lu = uu_t + 2txu$ 所定义的微分算子, 它是非齐次的. 方程是否为线性, 完全由 (3.1.2) 中的算子 L 所决定. 我们称 (3.1.2) 为**线性方程**, 如果 L 有如下性质:

(i) $L(u+w) = L(u) + L(w)$;

(ii) $L(cu) = cL(u)$,

其中 u 和 w 为函数, 而 c 为常数. 若 (3.1.2) 不是线性的, 则称它为**非线性方程**.

例 3.1.3 热传导方程是线性的, 因为

$$L(u+w) = (u+w)_t - k(u+w)_{xx}$$
$$= u_t + w_t - ku_{xx} - kw_{xx} = Lu + Lw,$$

以及

$$L(cu) = (cu)_t - k(cu)_{xx} = cu_t - cku_{xx} = cuL.$$

例 3.1.4 偏微分方程 $uu_t + 2txu = \sin tx$ 是非线性的, 因为

$$L(u+w) = (u+w)(u+w)_t + 2tx(u+w)$$
$$= uu_t + wu_t + uw_t + ww_t + 2txu + 2txw.$$

但是

$$Lu + Lw = uu_t + 2txu + ww_t + 2txw.$$

注意到非齐次项 $\sin tx$ 并不影响方程的线性或非线性.

显然, 若 Lu 对 u 及其导数都是一次的. 亦即不出现含 u 及其导数乘积的项, 则 $Lu = f$ 是线性的. 因此二阶线性方程的最一般形式为

$$a(x,t)u_{tt} + b(x,t)u_{xt} + c(x,t)u_{xx} + d(x,t)u_t$$

$$+e(x,t)u_x + g(x,t)u = f(x,t), \quad (x,t) \in D, \tag{3.1.3}$$

其中 a,b,c,d,e,g 和 f 为在 D 上的已知连续函数. 如果系数 $a,b,\cdots,g$ 中任一个依赖 u, 则称方程为**拟线性**的.

正如前面提到过, 我们称方程 (3.1.3) 在区域 D 上为**双曲型**、**抛物型**或**椭圆型**, 如果 $b(x,t)^2 - 4a(x,t)c(x,t)$ 在 D 上相应地为正的、零或负的. 例如热传导方程 $u_t - ku_{xx} = 0$ 有 $b^2 - 4ac = 0$, 因此在整个 $\mathbf{R}^2$ 上它是抛物型方程.

3.1.3 叠加原理

若 $Lu = 0$ 为线性齐次方程, 而 u_1 和 u_2 是它的两个解, 则显然 $u_1 + u_2$ 和 cu_1 都是它的解. 这是因为 $L(u_1+u_2) = Lu_1 + Lu_2 = 0$ 以及 $L(cu_1) = cLu_1 = c\cdot 0 = 0$. 简单地归纳讨论即知, 若 $u_1, u_2, \cdots, u_n$ 为 $Lu = 0$ 的解, 且 $c_1, c_2, \cdots, c_n$ 为常数, 则线性组合 $c_1u_1 + c_2u_2 + \cdots + c_nu_n$ 也是方程的解. 这就是线性方程的**叠加原理**. 如界还有某种收敛性成立, 则叠加原理还可推广到无限求和 $c_1u_1 + c_2u_2 + \cdots$ 上去.

叠加原理的另一个形式是上述无限求和的连续提法, 这时令 $u(x,t,\alpha)$ 为线性齐次方程在 D 上的一族解, 其中 α 是一个在某区间 I 上变化的实数. 亦即假设对每一个 $\alpha \in I$, $u(x,t,\alpha)$ 都是 $Lu = 0$ 的解, 于是可以形式地把这些解叠加起来而得到

$$u(x,t) = \int_I c(\alpha)u(x,t,\alpha)\mathrm{d}\alpha,$$

这里 $c(\alpha)$ 表示一个类似于 $c_1, c_2, \cdots, c_n$ 的系数函数, 但其值域为连续. 如果可以进行如下推导:

$$Lu = L\int_\Gamma c(\alpha)u(x,t,\alpha)\mathrm{d}\alpha$$
$$= \int_\Gamma c(\alpha)Lu(x,t,\alpha)\mathrm{d}\alpha$$
$$= \int_\Gamma c(\alpha) \cdot 0\mathrm{d}\alpha = 0,$$

则 u 也是 $Lu = 0$ 的一个解. 推导无限叠加原理是否成立的关键一步是微分算子 L 与积分号交换的有效性. 为此必须从分析上进行仔细的论证.

例 3.1.5 考虑热传导方程

$$u_t - ku_{xx} = 0, \quad t > 0, \quad x \in \mathbf{R}. \tag{3.1.4}$$

直接验证可知, 对任意的 $\alpha \in \mathbf{R}$,

$$u(x,t,\alpha) = \frac{1}{\sqrt{4\pi kt}}\exp\left\{-\frac{(x-\alpha)^2}{4kt}\right\}, \quad t > 0$$

为 (3.1.4) 的解. 这个解称为**基本解**. 把这些解形式地叠加起来而得到

$$u(x,t) = \int_{-\infty}^{\infty} c(\alpha) \frac{1}{\sqrt{4\pi kt}} \exp\left\{-\frac{(x-\alpha)^2}{4kt}\right\} d\alpha,$$

其中 $c(\alpha)$ 为某一函数. 可以证明, 若 $c(\alpha)$ 是连续有界的, 则在积分号下的求导是正确的, 因此 $u(x,t)$ 确实为 (3.1.4) 的解.

<h2 style="text-align:center">练 习</h2>

1. 直接积分求出下列方程的通解:
   (a) $u_x = 3xt + 4$;
   (b) $u_{xx} = 6xy$;
   (c) $u_{xy} + \left(\dfrac{1}{x}\right)u_y = \dfrac{y}{x^2}$;
   (d) $u_{yx} + u_x = 1$.
2. 利用极坐标 $x = r\cos\theta, y = r\sin\theta$ 求出方程 $yu_x - xu_y = 0$ 的通解.
3. 确定下列方程为双曲型、椭圆型或抛物型的区域:
   (a) $tu_{xx} + u_{xx} = 0$;
   (b) $u_{tt} - u_{xx} = 0$;
   (c) $u_{tt} + (1+x^2)u_x - u_t = e^t$;
   (d) $u_{xx} + u_{yy} = f(x,y)$.
4. 判别下列方程的线性或非线性:
   (a) $u_t u_{xx} + 3tu = 0$;
   (b) $e^t u_{tx} - x^2 u = \cos t$;
   (c) $u_{tt} - u_{xx} = 0$;
   (d) $u_{tx} + u^2 = \sin x$.

3.2 扩 散 方 程

3.2.1 热传导方程

在例 1.3.1 中, 为了确定问题的尺度和把它化成无量纲形式的目的, 在简化了的背景下考虑过一根有限长度杆的热传导问题. 经过分析得到了如下的**热传导方程**或者称为**扩散方程**:

$$u_t - ku_{xx} = 0, \quad k > 0. \tag{3.2.1}$$

这是一个**二阶线性抛物型方程**. 在着手进行含有热源和变化参数在内的更详细的推导之前, 建议读者复习一下例 1.3.1. 与前面一样, 考虑一根具有不变的截面积 A, 从 $x = 0$ 延伸到 $x = l$ 的圆柱形杆 (图 3.4). 我们假设任何物理参数在同一截面上都是常数, 而热能只沿着杆的纵向或 x 轴方向流动. 这个假设就使得空间变量成为一维的. 此外, 我们认为杆的密度 ρ、比热 C_v 以及热传导系数 K 都不是常数, 而是明显地依赖于位置 x 和温度 u, 亦即

$$\rho = \rho(x,u), \quad C_v = C_v(x,u), \quad K = K(x,u).$$

对于记忆材料来说, 这些参数还与时间有关. 热扩散系数定义为 $k = K/\rho C_v$, 由于热量的散射很小, 因此有理由认为物理参数是随温度而变化, 正是由于这种变化给出了问题的**非线性特性**.

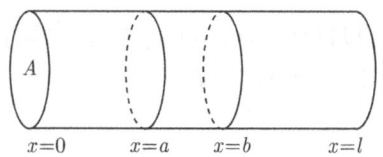

图 3.4 截面积为 A 的杆

推导热传导方程的前提是两条基本的物理定律, 第一条是 Fourier 热传导定律. 第二条是更基本的能量守恒定律. 所谓 Fourier 热传导定律是: 流经 x 处截面的热通量与该截面面积和该处温度梯度成比例. 亦即

$$\text{在 } x \text{ 处的热通量} = -K(x, u(x,t))u_x(x,t)A, \tag{3.2.2}$$

其中热传导系数 K 为比例因子. 作为经验结果的方程 (3.2.2), 对某些问题可能不适合. 例如可以设想对某一扩散问题, 其热通量是与温度梯度 u_x 的立方成比例. 习惯上, 若热流是沿 x 轴的正向或向右流动, 则热通量为正. 在 1.3.2 节中推导热传导方程时, 要求能量守恒定律在一个长为 Δx 的小圆柱微元中成立, 然后令 $\Delta x \to 0$ 取极限. 在此我们采用稍微不同的办法, 即取杆的长度为有限的任意一段 $I : a \leqslant x \leqslant b$, 并对这一段应用能量守恒定律 (图 3.4). 虽然对大多数问题来说, 上述**无限小元素法**是合适的. 但有限元素法在理论上有时更合理, 这将为应用数学提供另一个建模方法.

所谓能量守恒或能量平衡就是

$$\{I \text{ 中热量对时间的变化率}\} = \{\text{通过 } x = a \text{ 处截面的热通量}\}$$
$$- \{\text{通过 } x = b \text{ 处截面的热通量}\}$$
$$+ \{\text{每单位时间从外部热源进入 } I \text{ 中的热能数量}\}.$$
$$\tag{3.2.3}$$

在 (3.2.3) 中最后一项若它为正值, 称为**热源项** (若它为负值就称为**热汇项**). 例如, 若杆向外部介质散射热量, 则它有负的热源. 若用套筒向杆注射能量, 则它就有正热源. 一般来说, 热源可能与时间、位置和温度有关, 并用给定的函数 $f(x,t,u)$ 来表示, 其量纲为每单位时间每单位体积的能量. 于是在单位时间内流入 I 中的总热能为

$$A \int_a^b f(x, t, u(x,t)) \mathrm{d}x. \tag{3.2.4}$$

3.2 扩散方程

在任意给定时刻 I 中的热能为

$$A\int_a^b \rho(x,u(x,t))C_v(x,u(x,t))u(x,t)\mathrm{d}x. \tag{3.2.5}$$

而根据 Fourier 热传导定律, 在时刻 t 通过 $x=a$ 处截面和 $x=b$ 处截面的热通量分别为

$$-AK(a,u(a,t))u_x(a,t) \tag{3.2.6}$$

和

$$-AK(b,u(b,t))u_x(b,t). \tag{3.2.7}$$

将式 (3.2.4)—(3.2.7) 代入能量平衡方程 (3.2.3) 即得

$$\frac{\mathrm{d}}{\mathrm{d}t}\int_a^b \rho C_v u\mathrm{d}x = K(b,u_x(a,t))u_x(b,t) - K(a,u(a,t))u_x(a,t) + \int_a^b f\mathrm{d}x. \tag{3.2.8}$$

这就是能量平衡定律的积分形式. 于是只要假设 $K(x,u(x,t))u_x(x,t)$ 关于 x 连续可微, 则由微积分基本定理有

$$\int_a^b \frac{\partial}{\partial x}[K(x,u(x,t))u_x(x,t)]\,\mathrm{d}x = K(b,u(b,t))u_x(b,t) - K(a,u(a,t))u_x(a,t).$$

此外, 只要 $(\rho C_v u)_t$ 是连续的, 则有

$$\frac{\mathrm{d}}{\mathrm{d}t}\int_a^b \rho C_v u\mathrm{d}x = \int_a^b \frac{\partial}{\partial t}(\rho C_v u)\mathrm{d}x.$$

因此 (3.2.8) 可以写成

$$\int_a^b \left[\frac{\partial}{\partial t}(\rho C_v u) - \frac{\partial}{\partial t}(Ku_x) - f\right]\mathrm{d}x = 0. \tag{3.2.9}$$

在被积函数为连续的假设下, 由于 a 和 b 的任意性, 由 (3.2.9) 可得

$$\frac{\partial}{\partial t}(\rho C_v u) - \frac{\partial}{\partial t}(Ku_x) = f. \tag{3.2.10}$$

这就是**一般扩散方程**或**热传导方程**的微分形式. 由此即见, $(\rho C_v u)_t$ 为**能量变化率项**, $(Ku_x)_x$ 为**热通量项**, 而 f 为**热源项**. 由于 ρ, C_v, K 以及 f 都依赖于 u, 因此方程 (3.2.10) 是非线性的. 若 ρ, C_v 和 K 都是常量, 则 (3.2.10) 就成为

$$u_t - ku_{xx} = f/(\rho C_v), \tag{3.2.11}$$

这就是经典的**线性非齐次热传导方程**.

3.2.2 适定性问题

我们称在时刻 $t=0$ 加在温度 u 上的辅助条件为初始条件, 其形式为

$$u(x,0) = f(x), \quad 0 < x < l, \tag{3.2.12}$$

其中 $f(x)$ 为给定的**初始温度分布**. 在 $x=0$ 和 $x=l$ 处指定的条件称为**边界条件**. 若在杆的端点处给定温度 u, 则边界条件有如下形式:

$$u(0,t) = g(t), \quad u(l,t) = h(t), \quad t > 0, \tag{3.2.13}$$

其中 g 和 h 为已知函数. 还可能有其他形式的边界条件, 不难从物理上设想杆的一端, 例如 $x=0$ 处是绝热的, 即没有热量流过那里. 于是由 Fourier 热传导定律 (3.2.2), 即知在 $x=0$ 的热通量为零, 或

$$u_x(0,t) = 0, \quad t > 0. \tag{3.2.14}$$

条件 (3.2.14) 称为**绝热边界条件**. 人们也可以指定在一个端点处的热通量为一个已知函数, 例如

$$-KAu_x(0,t) = \Phi(t), \quad t > 0. \tag{3.2.15}$$

若热传导系数 K 依赖于 u, 则条件 (3.2.15) 将为非线性的. 更一般地, 可以指定温度与通量的某种组合, 例如

$$\alpha u(0,t) + \beta u_x(0,t) = \Psi(t), \quad t > 0,$$

其中 α, β 为常数, 而 $\Psi(t)$ 为已知函数.

如果对一根很长杆给定初始条件, 并对它的一个端点 (例在 $x=0$) 指定边界条件, 则可以把它看成在无限介质 $x \geqslant 0$ 中满足热传导方程问题. 例如边值问题

$$\begin{cases} u_t - ku_{xx} = 0, & t > 0, 0 < x < \infty, \\ u(x,0) = 0, & 0 < x < \infty, \\ u(0,t) = 1 - \cos t, & t > 0 \end{cases}$$

就支配着无限介质 $x \geqslant 0$ 中热量的流动, 此时介质的热扩散系数为常数 k, 初始温度为零摄氏度, 而在端点 $x=0$ 处的温度按 $1 - \cos t$ 度随时间变化. 在此希望这个问题能模拟在很长的杆中对充分长时间的热传导过程, 且使得杆中需要的那部分温度分布不受杆的远端上所加条件的影响. 作为热量在无限介质中流动的实际例子是关于地下温度变化的研究, 此时地球表面的温度可以假设是已知的. 显然这个在无限区间 $0 < x < \infty$ 上的问题还涉及一些特殊的物理状态. 由于此时

3.2 扩散方程

只给定一个初始条件, 因此为了把解类限制在有实际意义的函数上, 往往还需要在无穷远处给定一个条件, 例如要求 u 在无穷远是有界的, 或者要求 $t > 0$ 时有 $\lim\limits_{x \to +\infty} u(x,t) = 0$.

总之, 所谓热传导方程的边值问题就是求解某种形式的热传导方程. 例如 (3.2.10) 或 (3.2.11), 且满足初始或边界条件的问题. 从实际角度看, 显然应当指定辅助条件以便得到唯一解, 但从理论上看这并不显然. 因此有大量的数学文献从事于证明满足各种各样辅助条件的各种类型的偏微分方程解的存在性和唯一性. 即使从最实用的角度来看, 存在唯一性定理也是有用的. 例如对热传导问题的解进行数值计算之前, 知道问题存在着唯一解是很有帮助的. 这种存在唯一性定理的一个例子是如下定理.

定理 3.2.1 假设 $f \in C[0,l]$, 而 $g, h \in C[0,T]$. 于是对任意的 $T > 0$, 边值问题

$$\begin{cases} u_t - ku_{xx} = 0, & 0 < x < l, 0 < t < T, \\ u(x,0) = f(x), & 0 < x < l, \\ u(0,t) = g(t), \quad u(l,t) = h(t), 0 < t < T \end{cases} \quad (3.2.16)$$

在矩形 $R: 0 \leqslant x \leqslant l, 0 \leqslant t \leqslant T$ 上存在唯一解 $u(x,t)$.

作为能量法的一个例子, 下面给出这条定理的唯一性证明. 利用反证法, 假设解不唯一, 从而存在 (3.2.16) 的两个不同的解 $u_1(x,t)$ 和 $u_2(x,t)$, 于是它们的差 $w(x,t) \triangleq u_1(x,t) - u_2(x,t)$ 必须满足以下边值问题:

$$w_t - kw_{xx} = 0, \quad 0 < x < l, \quad 0 < t < T, \quad (3.2.17)$$

$$w(x,0) = 0, \quad 0 < x < l, \quad (3.2.18)$$

$$w(0,t) = w(l,t) = 0, \quad 0 < t < T. \quad (3.2.19)$$

如果证明在 R 上有 $w(x,t) \equiv 0$, 则在 R 上有 $u_1(x,t) = u_2(x,t)$, 这与反证假设矛盾. 为此, 定义能量积分

$$E(t) = \int_0^l w^2(x,t) \mathrm{d}x. \quad (3.2.20)$$

显然有 $E(t) \geqslant 0$ 且 $E(0) = 0$, 此外有

$$E'(t) = \int_0^l 2ww_t \mathrm{d}x = 2k\int_0^l ww_{xx}\mathrm{d}x = 2kww_x\big|_0^l - 2k\int_0^l w_x^2 \mathrm{d}x,$$

其中最后一个等式用了分部积分. 由 (3.2.19) 可知上式右端的边界项为零. 因此

$$E'(t) = -2k\int_0^l w_x^2(x,t)\mathrm{d}x \leqslant 0.$$

从而 $E(t)$ 为非增函数, 这与 $E(t) \geqslant 0$ 和 $E(0) = 0$ 一起推出 $E(t) \equiv 0$. 由于 w 对它的两个变量都是连续的, 所以 (3.2.20) 中的被积函数在 R 上必恒为零. 亦即在 R 上有 $w(x,t) \equiv 0$, 这就证明了定理的唯一性. 下一节中将具体给出一个解, 从而证明了解的存在性.

唯一性也可以利用极值原理进行证明, 根据极值原理还可推导出比较定理和关于初值或边值的连续性. 在此省略这个证明, 而在下一节中对三维热传导方程给出的证明, 很容易修改成适合于一维的情形. 除了存在性和唯一性的问题之外, 解对初始或边界数据的连续依赖性概念也是很重要的. 这就是所谓稳定性的概念. 从实际的观点来看, 初始或边界温度的小变动不应该导致整体温度分布大变动的要求是合理的. 数学模型理应反映这种稳定性, 即辅助条件中数据的小变动只能引起解的小变动. 换句话说, 解在初始和边界数据的小摄动下是稳定的.

如果一个给定的边值问题满足如下的三个条件: ① 存在解; ② 解是唯一的; ③ 解是稳定的, 则称这个问题是**适定的** (顺便注意, 虽然稳定性是我们所期望的, 但许多重要的实际过程却是不稳定的, 因此在数学中也常常研究**不适定问题**).

例 3.2.1(阿达马 (J. Hadamard, 1865—1963) 例子)　考虑偏微分方程

$$u_{tt} + u_{xx} = 0, \quad t > 0, \quad x \in \mathbf{R}, \tag{3.2.21}$$

满足初始条件

$$u(x,0) = 0, \quad u_t(x,0) = 0, \quad x \in \mathbf{R}. \tag{3.2.22}$$

注意到 (3.2.21) 是椭圆型, 而不像热传导方程那样是抛物型. 这个问题的解当 $t > 0, x \in \mathbf{R}$ 时显然为零解 $u(x,t) \equiv 0$. 将 (3.2.22) 改成

$$u(x,0) = 0, \quad u_t(x,0) = 0 = 10^{-4} \sin 10^4 x, \tag{3.2.23}$$

表示初始数据有一个很小的变动. 方程 (3.2.21) 满足 (3.2.23) 的解为

$$u(x,t) = 10^{-8} \sin(10^4 x) \sinh(10^4 t). \tag{3.2.24}$$

对于充分大的 $t > 0$ 值, 函数 $\sinh(10^4 t) = \dfrac{1}{2}(e^{10^4 t} - e^{-10^4 t})$ 的性质类似于函数 $e^{10^4 t}$, 因此解 (3.2.24) 随着 t 的增大而指数式增长. 这说明对于初值问题 (3.2.21), (3.2.22) 来说, 初始数据的任意小变动将导致解的任意大变化, 从而这个问题不是适定的.

在数值计算中, 稳定性是十分重要的. 假设所采用的数值格式里有传播初始条件或边界条件, 而由于舍入或截断数据, 因此小误差总是存在的. 从而定解条件在计算机中总不可能被精确表示. 如果问题本身是不稳定的, 那么数据上的这些小误差将在数值格式中进行传播, 以致计算变成没有意义. 因此在数值计算中必须检查数值的稳定性.

3.2.3 高维扩散方程

为了推导支配三维空间中扩散过程的方程, 令 Ω 为 $\mathbf{R}^3$ 中的开集, 而 $\partial\Omega$ 为其边界, 并称 Ω 和 $\partial\Omega$ 的并集为 Ω 的闭包且记作 $\bar{\Omega}$. 在 Ω 上和 $\partial\Omega$ 上的体积积分和面积积分可分别记作

$$\iiint_\Omega f(x_1,x_2,x_3)\mathrm{d}x_1\mathrm{d}x_2\mathrm{d}x_3 \triangleq \int_\Omega f\mathrm{d}x,$$

和

$$\iint_{\partial\Omega} g(x_1,x_2,x_3)\mathrm{d}\tau \triangleq \int_{\partial\Omega} g\mathrm{d}\tau,$$

其中 $\mathrm{d}\tau$ 为 $\partial\Omega$ 上的面积元. $\mathbf{R}^3$ 中的点将记作 $x=(x_1,x_2,x_3)^\mathrm{T}$. 为了下面的需要, 在此给出两个预备结果, 即发散量定理以及格林 (G. Green, 1793—1841) 第一恒等式 ([11]).

定理 3.2.2 (发散量定理) 令 Ω 为 $\mathbf{R}^3$ 中的一个其边界 $\partial\Omega$ 为分段光滑的有界开区域, 而 f 为在 $\bar{\Omega}$ 上连续的向量场且 $f \in C^1(\Omega)$, 于是有

$$\int_\Omega \mathrm{div} f \mathrm{d}x = \int_{\partial\Omega} f\cdot n\mathrm{d}\tau,$$

其中 n 为 $\partial\Omega$ 的外法线方向.

利用向量恒等式

$$\mathrm{div}(u\mathrm{grad}v) = \mathrm{grad}u \cdot \mathrm{grad}v + u\Delta v, \qquad (3.2.25)$$

这里的 Δ 为 Laplace 算子 $\partial^2/\partial x_1^2 + \partial^2/\partial x_2^2 + \partial^2/\partial x_3^2$, 容易证明如下结果成立.

推论 3.2.1 (Green 第一恒等式) 令数值函数 $u,v \in C^2(\Omega)$ 且在 $\bar{\Omega}$ 上连续, 则有

$$\int_\Omega u\Delta v\mathrm{d}x = \int_{\partial\Omega} u\frac{\partial v}{\partial n}\mathrm{d}\tau - \int_\Omega \mathrm{grad}u \cdot \mathrm{grad}v\mathrm{d}x, \qquad (3.2.26)$$

其中 $\dfrac{\partial v}{\partial n} \triangleq n \cdot \mathrm{grad}v$ 为法向导数.

我们把眼光放得远一些, 不局限于分析热量的流动, 而是推导一般扩散过程的平衡定律. 设 $C(x,t)$ 是在一个任意区域 Ω 中进行扩散的某种物质的浓度, 它是以每单位体积中含有该物质的数量进行测量的. 记 q 是在 $\partial\Omega$ 上的通量密度向量, 亦即 $-\int_{\partial\Omega} q\cdot n\mathrm{d}\tau$ 表示每单位时间流出 Ω 的物质数量. 若 p 记为由于某种机制 (例如化学反应) 而在时刻 t 位于 Ω 中 x 处物质产生或消失的局部产消率 (以每单位

时间每单位体积的物质数量进行测量), 则 $\int_\Omega pdx$ 为在 Ω 中每单位时间产生或消失的全部物质数量. 因此, 一般扩散过程平衡定律的积分形式为

$$\frac{d}{dt}\int_\Omega C dx = -\int_{\partial\Omega} q\cdot n d\tau + \int_\Omega pdx, \qquad (3.2.27)$$

用语言表达就是: 在 Ω 中物质数量对时间的变化率等于每单位时间中流经边界物质的数量加上在 Ω 内部由于源 (或汇) 而产生 (或消失) 的物质数量. (3.2.27) 的局部形式可以根据定理 3.2.2 以及将其左端对时间的导数移到积分号内进行而得到 (假设 C_t 连续)

$$\int_\Omega C_t dx = -\int_\Omega \mathrm{div} q dx + \int_\Omega pdx.$$

只要被积分函数充分光滑, 那么由 Ω 的任意性即得

$$C_t = -\mathrm{div} q + p. \qquad (3.2.28)$$

这是一个关于 C 和 q 的偏微分方程, 而 p 认为是已知的. 为了进一步的推导, 我们还需要一个有关材料性质的本构关系, 即 q 对于 C 的关系. 通常认为使得物质产生扩散的唯一机制是浓度的梯度, 于是 Fourier 热传导定律的推广为

$$q = -D\mathrm{grad}C,$$

其中 D 为物质的扩散系数. 它是用每单位时间的面积进行测量的, 根据这个材料性质的假设, (3.2.28) 应为

$$C_t = \mathrm{div}(D\mathrm{grad}C) + p. \qquad (3.2.29)$$

在一般情况下, D 和 p 都可能依赖于 C, 这就使得 (3.2.29) 成为非线性方程. 若 D 为常数, 则 (3.2.29) 变成

$$C_t - D\Delta C = p, \qquad (3.2.30)$$

其中用了事实 $\mathrm{div}(\mathrm{grad}c) = \Delta C$. 方程 (3.2.30) 就是**三维非齐次扩散方程**.

例 3.2.2 (热量的流动)　把上面的结果限定在热传导问题上. 令 $u(x,t)$ 是由比热 C_v 和密度 ρ 所描述的区域 Ω 中点 (x,t) 处的温度. 于是令 $C \triangleq \rho C_v u$ 和 $D \triangleq K/(\rho C_v)$, 其中 K 为热传导系数. 于是可得能量平衡定律

$$(\rho C_v u)_t = \mathrm{div}\left(\frac{K}{\rho C_v}\mathrm{grad}(\rho C_v u)\right) + p.$$

3.2 扩散方程

若 ρ, C_v 和 K 为常数, 则得到**三维热传导方程**

$$u_t - k\Delta u = p/(\rho C_v), \tag{3.2.31}$$

其中 $k = K/\rho C_v$ (与 (3.2.11) 比较). 而 p 表示在 Ω 中的热源或热汇. 我们总可以重新确定尺度而使得 $k = 1$.

例 3.2.3 由于**反应扩散方程**在化学和生物学的实际问题中广泛地出现, 因此在应用数学和建模中对它产生了很大的兴趣. 这种方程的最简单例子就是方程 (3.2.30), 其中产消率 p 通常非线性地依赖于 C.

直观上, 若不存在源和汇, 则在热传导介质中的温度应处在两个最高和最低温度之间. 这两个极端温度应当在开始时的区域 Ω 内或者以后的区域边界 $\partial\Omega$ 上达到. 这个结果在数学上就称为**极值原理**.

定理 3.2.3 令 Ω 为 $\mathbf{R}^3$ 中的有界开区域, 其边界 $\partial\Omega$ 为分片光滑的闭曲面. 令 $u(x,t) \in C(\bar{\Omega} \times [0,T])$, 这里 $[0,T]$ 为时间区间. 记

$$M_0 \triangleq \max\{u(x,t) : x \in \Omega, t = 0\},$$

$$M_{\partial\Omega} \triangleq \max\{u(x,t) : x \in \partial\Omega, 0 \leqslant t \leqslant T\},$$

$$M \triangleq \max\{M_0, M_{\partial\Omega}\}.$$

若在 $\Omega \times (0,T)$ 中有 $u_t - \Delta u \leqslant 0$, 则在 $\bar{\Omega} \times [0,T]$ 上有 $u \leqslant M$.

证明 令 $v(x,t) = u(x,t) + \varepsilon(x_1^2 + x_2^2 + x_3^2)$, 于是 $u_t - \Delta u \leqslant -6\varepsilon < 0$ 在 $\Omega \times (0,T)$ 中. 假设 v 在 $x_0 \in \Omega$ 和 $t_0 \in (0,T)$ 取得极大值, 则在 (x_0, t_0) 处有 $v_t \geqslant 0$ 和 $\Delta v \leqslant 0$. 这与 $v_t < 0$ 矛盾. 因此 v 必须在 $\{(x,t) : x \in \Omega, t = 0\}$ 或 $\{(x,t) : x \in \partial\Omega, 0 \leqslant t \leqslant T\}$ 上达到极大值. 但在 $\bar{\Omega} \times [0,T]$ 上有 $u \leqslant v_{\max} = M + \varepsilon r^2$, 其中 $r^2 = \max\{x_1^2 + x_2^2 + x_3^2\}$ 在 $\partial\Omega$ 上. 由于 $\varepsilon > 0$ 的任意性即知在 $\bar{\Omega} \times [0,T]$ 上有 $u \leqslant M$.

推论 3.2.2 在与定理 3.2.3 一样的假设下, 若记

$$m_0 \triangleq \max\{u(x,t) : x \in \Omega, t = 0\},$$

$$m_{\partial\Omega} \triangleq \max\{u(x,t) : x \in \partial\Omega, 0 \leqslant t \leqslant T\},$$

$$m \triangleq \max\{m_0, m_{\partial\Omega}\}.$$

于是若在 $\Omega \times (0,T)$ 中有 $u_t - \Delta u \geqslant 0$, 则在 $\bar{\Omega} \times [0,T]$ 上有 $u \geqslant M$. 而且若在 $\Omega \times (0,T)$ 中有 $u_t - \Delta u = 0$, 则在 $\bar{\Omega} \times [0,T]$ 上有 $m \leqslant u \leqslant M$.

证明 将定理 3.2.3 应用于 $-u$ 即得第一个结论. 而第二个结论可由两个结果联合推出.

由极值原理及其推论直接可得唯一性定理. 为此考虑边值问题

$$\begin{cases} u_t - \Delta u = p(x,t), & x \in \Omega, 0 < t < T, \\ u(x,0) = f(x), & x \in \Omega, \\ u(0,t) = g(x,t), & x \in \Omega, 0 \leqslant t \leqslant T, \end{cases} \quad (3.2.32)$$

其中 Ω 与上面一样, 而 p, f 和 g 为给定的函数. 三元组 (p, f, g) 称为 (3.2.32) 的数据.

定理 3.2.4 (唯一性)   如果边值问题 (3.2.32) 在 $\bar{\Omega} \times [0, T]$ 上有连续解 u, 则解必定唯一.

证明   若 (3.2.32) 有两个连续解 u_1 和 u_2, 则 $v \triangleq u_1 - u_2$ 是 (3.2.32) 以 $(0, 0, 0)$ 为数据的连续解. 但对于 v 有 $m_0 = M_0 = 0$ 以及 $m_{\partial\Omega} = M_{\partial\Omega} = 0$, 亦即 $m = M = 0$, 因此由推论 3.2.2 有 $v \equiv 0$.

极值原理还可推出 (3.2.32) 对应于两组不同数据解的比较结果.

定理 3.2.5   令 u_1 和 u_2 为 (3.2.32) 分别对应于数据 (p, f, g) 和数据 (p_1, f_1, g_1) 的解. 若在 $\Omega \times (0, T)$ 中有 $p_1 \leqslant p_2$, 在 Ω 中有 $f_1 \leqslant f_2$, 在 $\partial\Omega \times [0, T]$ 上有 $g_1 \leqslant g_2$, 则在 $\bar{\Omega} \times [0, T]$ 上有 $u_1 \leqslant u_2$.

证明   令 $v \triangleq u_1 - u_2$, 则在 $\Omega \times (0, T)$ 上有 $u_t - \Delta u \leqslant 0$, 在 Ω 中有 $M_0 \leqslant 0$, 以及在 $\partial\Omega \times [0, T]$ 上有 $m_{\partial\Omega} \leqslant 0$. 于是由定理 3.2.3, 即知在 $\bar{\Omega} \times [0, T]$ 上有 $v \leqslant 0$, 这就证明了所需要的结果.

在扩散过程为稳态或者平衡状态情况下, 温度 u 和产消率 v 均与时间 t 无关, 于是方程 (3.2.31) 变成

$$\Delta u = -\frac{p}{k}, \quad x \in \Omega, \quad (3.2.33)$$

这就是**泊松** (S. Poisson, 1781—1840) **方程**. 若还不存在源或汇, 则有

$$\Delta u = 0, \quad x \in \Omega. \quad (3.2.34)$$

这就是 **Laplace 方程**. 这些方程支配着平衡状态过程, 在经过充分长的时间, 当过程中一切暂时性的性质都消失之后, 就自然地出现这种平稳过程. 例 3.2.1 说明 Laplace 方程的初值问题是不适定的. 一般对 (3.2.33) 或 (3.2.34) 所加的边界条件为 $u = f$ 在 $\partial\Omega$ 上 (即称为**狄利克雷** (P. Dirichlet, 1805—1859) **条件**) 或者 $n \cdot \text{grad } u = f$ 在 $\partial\Omega$ 上 (即称为**诺伊曼** (C. Neumann, 1832—1925) **条件**). 换句话说, 在 $\partial\Omega$ 上指定 u 的值或者法向导数的值.

在某些应用中, 利用柱坐标或球坐标比较方便, 这些坐标由下列关系所确定:

$$\begin{cases} x = r\cos\theta, \\ y = r\sin\theta, \\ z = z, \end{cases}$$

3.2 扩散方程

其中柱坐标为 r, θ, z, 以及

$$\begin{cases} x = r\sin\varphi\cos\theta, \\ y = r\sin\varphi\sin\theta, \\ z = r\cos\varphi, \end{cases}$$

其中球坐标为 r, θ, φ.

几何上, 这两种坐标系分别如图 3.5 和图 3.6 所示. 利用复合函数求导规则, 不难在这两种坐标系下写出 Laplace 算子的形式:

$$\Delta u = u_{rr} + \frac{1}{r}u_r + \frac{1}{r^2}u_{\theta\theta} + u_{zz}, \tag{3.2.35}$$

以及在球坐标下有

$$\Delta u = \frac{1}{r^2}\frac{\partial}{\partial r}(r^2 u_r) + \frac{1}{r^2\sin\varphi}(u_\varphi \sin\varphi) + u_{zz} + \frac{1}{r^2\sin^2\varphi}u_{\theta\theta}. \tag{3.2.36}$$

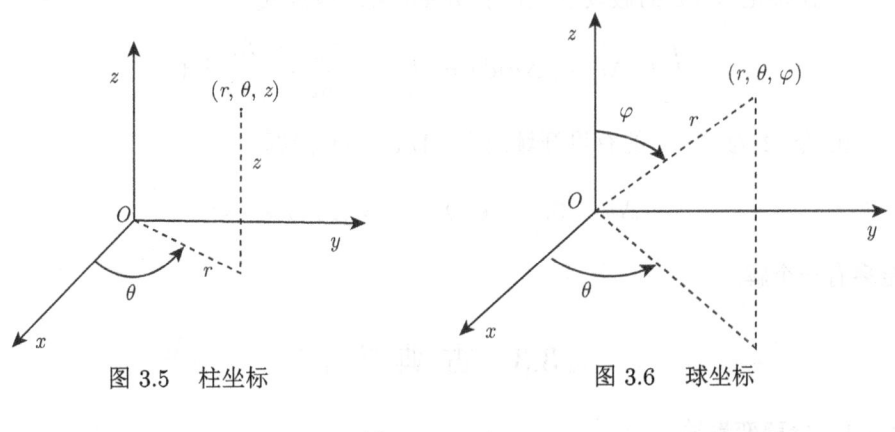

图 3.5　柱坐标　　　　　　图 3.6　球坐标

练　习

1. 利用能量法证明边值问题

$$\begin{cases} u_t - ku_{xx} = 0, & 0 < x < l, 0 < t < T, \\ u(x,0) = f(x), & 0 < x < l, \\ u_x(0,t) = 0, & u_x(l,t) = g(t), 0 \leqslant t \leqslant T \end{cases}$$

对任何 $T > 0$ 的解是唯一的, 其中 f 和 g 身为连续函数.

2. 假设 $f(x)$ 为连续函数, 且对 $[0,l]$ 的任何子区间 $[a,b]$ 有

$$\int_a^b f(x)\mathrm{d}x = 0,$$

试证 $f(x)$ 在 $[0,l]$ 上必恒为零.

3. 试将边值问题

$$\begin{cases} u_t - u_{xx} = 0, & 0 < x < l, t > 0, \\ u(x,0) = f(x), & 0 \leqslant x \leqslant l, \\ u(0,t) = g(t), & u(l,t) = h(t), t > 0 \end{cases}$$

变成齐次边界条件的问题.

4. 推导式 (3.2.35) 和 (3.2.36).
5. 证明式 (3.2.25) 和 (3.2.26).
6. 令 Ω 为 $\mathbf{R}^3$ 中的有界开域, 且其边界 $\partial\Omega$ 分片光滑, 假设在 Ω 中有 $\Delta u \geqslant 0$ 且 $u \in C(\bar\Omega)$. 试证: 若在 $\partial\Omega$ 上有 $u \leqslant M$, 则在 Ω 中有 $u \leqslant M$. 并叙述和证明对应的极小值原理.
7. 利用能量法证明定理 3.2.4.
8. 在推论 3.2.1 的假设下, 证明 Green 第二恒等式

$$\int_\Omega (u\Delta v - v\Delta u)\mathrm{d}x = \int_{\partial\Omega} \left(u\frac{\partial v}{\partial n} - v\frac{\partial u}{\partial n} \right) \mathrm{d}\tau.$$

9. 令 Ω 为 $\mathbf{R}^3$ 中的有界开域, 证明 Dirichlet 问题

$$\Delta u = 0, \quad x \in \Omega, \quad u = f, \quad x \in \partial\Omega$$

至多有一个解.

3.3 古典方法

3.3.1 分离变量法

考察求解某些线性边值问题的古典方法. 这个方法是由 Fourier 提出来的, 称它为**分离变量法**或**特征函数展开法**. 其思想是把无穷多个满足偏微分方程和边界条件的函数 $u_1(x,t), u_2(x,t), \cdots$ 叠加起来, 即

$$c_1 u_1(x,t) + c_2 u_2(x,t) + \cdots.$$

然后选择其中的常数 $c_1, c_2, \cdots$, 使得这样无限组合的函数也满足初始条件. 从理论观点来看, 这个方法可用于那些能用无穷级数来表示其解析解的问题. 从而证明了这类问题解的存在性. 但在实际工程应用中, 边值问题几乎总是在计算机上进行

3.3 古典方法

数值求解的. 下面的例子可以看出应用这个方法时的某些一般特点, 即为了使得读者能够应用这个方法到其他问题上去, 应当进行充分的准备.

例 3.3.1 考虑问题

$$u_t - u_{xx} = 0, \quad 0 < x < l, \quad t > 0, \tag{3.3.1}$$

$$u(x,0) = f(x), \quad 0 < x < l, \tag{3.3.2}$$

$$u(0,t) = u(l,t) = 0, \quad t > 0. \tag{3.3.3}$$

这是模拟以常数 k 为扩散系数的均匀杆中热量的流动, 杆的两端温度保持在不变的零摄氏度, 而初始的温度分布为 $f(x)$. 首先假设这个问题有形式解

$$u(x,t) = X(x)T(t), \tag{3.3.4}$$

即一个 x 的函数与一个 t 的函数的乘积. 将 (3.3.4) 代入方程 (3.3.1) 可得

$$T'(t)/(kT(x)) = X''(x)/X(x).$$

即等式两边分别为 x 和 t 的函数, 这就是分离变量这个名称的来源. 当 x 和 t 各自独立变动时, 一个 t 的函数要等于一个 x 的函数, 只有这两个函数都等于同一个常数 $-\lambda$ 才有可能. 因此有

$$X''(x) + \lambda X(x) = 0 \tag{3.3.5}$$

和

$$T'(t) = -\lambda T(t). \tag{3.3.6}$$

将常数记作 $-\lambda$ 并不表示它必须是负值, 加上负号只是为了讨论方便. 总之假设有 (3.3.4), 已推出一对常微分方程 (3.3.5) 和 (3.3.6), 将 (3.3.4) 用于边界条件 (3.3.3) 可得

$$T(t)X(0) = 0, \quad T(t)X(l) = 0. \tag{3.3.7}$$

由于不可能有 $T(t) \equiv 0$, 否则初始条件 (3.3.2) 不成立, 故可得 $X(0) = 0$ 和 $X(l) = 0$. 因此得到函数 X 的边值问题

$$X''(x) + \lambda X(x) = 0, \quad 0 < x < l, \tag{3.3.8a}$$

$$X(0) = 0, \quad X(l) = 0. \tag{3.3.8b}$$

在上一步中, 为了得到 X 的边界条件, (3.3.7) 式右端为零是十分本质的. 亦即原来问题的边界条件 (3.3.3) 必须是齐次的.

后面的步骤可以简要地描述如下. 确定 λ 的值使得 (3.3.8) 有非平凡解, 这样的 λ 值往往有无穷多个 $\lambda_1, \lambda_2, \cdots$. 对其中的每一个 λ_n, (3.3.8) 和 (3.3.6) 都分别有一个对应的解 $X_n(x)$ 和 $T_n(x)$, $n = 1, 2, \cdots$. 因此得到偏微分方程 (3.3.1) 满足边界条件 (3.3.3) 的无穷多个解 $u_n(x, t) = X_n(x)T_n(t)$, $n = 1, 2, \cdots$. 然后将这些解叠加起来, 即令

$$u(x,t) = \sum_{n=1}^{\infty} b_n u_n(x,t),$$

并选取其中的常数 b_n, 使得 $u(x, t)$ 也满足初始条件 (3.3.2). 在此作为线性问题解的和, 希望 u 也是方程满足齐次边界的解.

为了求解问题 (3.3.8), 我们分成三种情形进行讨论: $\lambda < 0, \lambda = 0, \lambda > 0$.

(i) 若 $\lambda < 0$, 则 (3.3.8a) 的通解为

$$X(x) = A\cosh\sqrt{-\lambda}x + B\sinh\sqrt{-\lambda}x,$$

其中 A 和 B 为任意常数. 由 $X(0) = 0$ 推出 $A = 0$, 由 $X(l) = 0$ 推出 $B = 0$, 因此当 $\lambda < 0$ 时, 边值问题 (3.3.8) 只有平凡解.

(ii) 若 $\lambda = 0$, 这时 (3.3.8a) 的通解为 $X = Ax + B$. 应用边界条件 (3.3.8) 即得 $A = B = 0$. 问题 (3.3.8) 还是不存在非平凡解.

(iii) 若 $\lambda > 0$, 这时 (3.3.8a) 的通解为

$$X(x) = A\sin\sqrt{\lambda}x + B\cos\sqrt{\lambda}x.$$

可由 $X(0) = 0$ 推出 $B = 0$. 而由 $X(l) = 0$ 有

$$A\sin\sqrt{\lambda}l = 0.$$

于是有机会选取 λ 使得这个等式成立, 而不必选取再一次导致平凡解的 $A = 0$. 为此取

$$\sqrt{\lambda}l = n\pi, \quad n = 1, 2, \cdots,$$

或者

$$\lambda = n^2\pi^2 l^2, \quad n = 1, 2, \cdots. \tag{3.3.9}$$

注意 $n = 0$ 又回到上面的情形 (ii). 因此对应于 (3.3.9) 中的每一个 λ 值, 都存在问题 (3.3.8) 的如下解:

$$X_n(x) = \sin(n\pi x/l), \quad n = 1, 2, \cdots. \tag{3.3.10}$$

在此我们已把正弦函数前面的常数取为 $A = 1$. 至此已经完成了边值问题 (3.3.8) 的求解. 我们称使得问题 (3.3.8) 有非平凡解的值

$$\lambda_n = n^2\pi^2 l^2, \quad n = 1, 2, \cdots \tag{3.3.11}$$

为**特征值**, 而称对应的解 (3.3.10) 为**特征函数**. 对于每一个 λ_n, 方程 (3.3.6) 有一个解 $T_n(t)$, 它满足方程

$$T_n'(t) = \frac{n^2\pi^2 k}{l^2} T_n(t), \quad n = 1, 2, \cdots.$$

由此可得

$$T_n(t) = \exp\left\{-\frac{n^2\pi^2 k}{l^2} t\right\}, \quad n = 1, 2, \cdots.$$

正如上面说过, 寻找原来边值问题 (3.3.1)—(3.3.3) 如下形式的解:

$$u(x,t) = \sum_{n=1}^{\infty} b_n X_n(t) T_n(t) = \sum_{n=1}^{\infty} b_n \sin\frac{n\pi x}{l} \exp\left\{-\frac{n^2\pi^2 k}{l^2} t\right\}. \tag{3.3.12}$$

常数 b_n 由初始条件 (3.3.2) 确定. 这时 (3.3.2) 成为

$$u(x,0) = f(x) = \sum_{n=1}^{\infty} b_n \sin\frac{n\pi x}{l}. \tag{3.3.13}$$

我们形式上地进行推理, 令 m 为任意确定的正整数, 将式 (3.3.13) 的两边乘以 $\sin\frac{m\pi x}{l}$, 并从 0 到 l 积分即得

$$\int_0^l f(x) \sin\frac{m\pi x}{l} \mathrm{d}x = \sum_{n=1}^{\infty} b_n \int_0^l \sin\frac{m\pi x}{l} \sin\frac{n\pi x}{l} \mathrm{d}x, \tag{3.3.14}$$

其中交换了积分与求和的顺序. 对于正整数 m 和 n, 由微积分知识有

$$\int_0^l \sin\frac{m\pi x}{l} \sin\frac{n\pi x}{l} \mathrm{d}x = \begin{cases} 0, & n \neq m, \\ \frac{l}{2}, & n = m. \end{cases} \tag{3.3.15}$$

因此在式 (3.3.14) 中右端的无限求和中只有 $n = m$ 的一项不为零, 即 $\frac{b_m l}{2}$. 故有

$$b_m = \frac{l}{2} \int_0^l f(x) \sin\frac{m\pi x}{l} \mathrm{d}x.$$

由于 m 为任意指标, 所以实际上有

$$b_n = \frac{l}{2}\int_0^l f(x)\sin\frac{n\pi x}{l}\mathrm{d}x, \quad n = 1,2,3,\cdots. \tag{3.3.16}$$

我们再次强调, 上面的推导只是形式上的, 即对每一步都没有严格的论证, 例如在推导式 (3.3.14) 时的逐项积分就是如此. 但是上面的形式运算却已得出问题 (3.3.1)—(3.3.3) 解的一个表达式, 即无限求和式 (3.3.12), 其中常数 b_n 由式 (3.3.16) 给出. 可以证明, 这确实是给出了所讨论问题的一个解.

为了分离变量法能够成功地使用, 偏微分方程以及边界条件都应当是线性齐次的. 因为在代入 $u(x,t) = X(x)T(t)$ 之后, 必须分离成 t 部分和 x 部分. 当问题不满足这些原则时, 特别是非齐次边界条件, 必须将它们变成满足上述原则的问题.

3.3.2 Fourier 级数

前面计算的关键是肯定可以选取适当的系数 $b_1, b_2, \cdots$ 使得把函数 $f(x)$ 展开成级数 $b_1\sin(\pi x)/l + b_2\sin(2\pi x)/l + \cdots$. 这个结论的正确性属于 Fourier 分析领域. Fourier 分析是关于把给定函数 $f(x)$ 展开成形为

$$\frac{a_0}{2} + \sum_{n=1}^{\infty} a_n\cos\frac{n\pi x}{l} + b_n\sin\frac{n\pi x}{l} \tag{3.3.17}$$

的三角级数的更一般问题. 如所熟知, 一个无穷次连续可微函数 $f(x)$ 可按 $x - x_0$ 的幂展开级数, 称为 Taylor 级数

$$f(x) = \sum_{n=0}^{\infty} a_n(x - x_0)^n, \tag{3.3.18}$$

其中系数 $a_n = f^{(n)}(x_0)/n!$. 但是任意一个函数可以用形如正弦和余弦这样的周期函数进行展开并不明显. 这里的基本问题是:

(i) 什么样的函数可以用 (3.3.17) 来表示?

(ii) 级数 (3.3.17) 是否收敛于 f?

(iii) 系数 a_n 和 b_n 如何算出?

下面将给出回答这些问题的定理.

首先在一种特殊情况下来讨论问题 (iii). 假设级数 (3.3.17) 一致收敛于一个定义在区间 $[-l,l]$ 上的函数 f. 于是有

$$f(x) = \frac{a_0}{2} + \sum_{n=1}^{\infty} a_n\frac{\cos n\pi x}{l} + b_n\frac{\sin n\pi x}{l}, \tag{3.3.19}$$

3.3 古典方法

其中系数 a_n 和 b_n 可计算如下: 用 $\sin(n\pi x)/l$ 乘 (3.3.19) 的两边, 这里 $m > 0$ 为整数, 并从 $x = -l$ 到 $x = l$ 积分即得

$$\int_{-l}^{l} f(x) \sin \frac{n\pi x}{l} dx$$
$$= \frac{a_0}{2} \int_{-l}^{l} \sin \frac{m\pi x}{l} dx$$
$$+ \sum_{n=1}^{\infty} \left(a_n \int_{-l}^{l} \cos \frac{n\pi x}{l} \sin \frac{m\pi x}{l} dx + b_n \int_{-l}^{l} \sin \frac{n\pi x}{l} \cos \frac{m\pi x}{l} dx \right), \quad (3.3.20)$$

其中由于一致收敛性, 因此可以将求和与积分的顺序进行交换. 显然 (3.3.20) 式右端的第一个积分为零, 而其余的积分可以利用下面的积分公式算出:

$$\int_0^l \left\{ \begin{array}{l} \sin \\ \cos \end{array} \right\} \frac{n\pi x}{l} \left\{ \begin{array}{l} \sin \\ \cos \end{array} \right\} \frac{m\pi x}{l} dx = \left\{ \begin{array}{ll} \dfrac{l}{2}, & n = m, \\ 0, & n \neq m, \end{array} \right.$$

$$\int_{-l}^{l} \sin \frac{n\pi x}{l} \cos \frac{m\pi x}{l} dx = 0. \quad (3.3.21)$$

因此 (3.3.20) 成为

$$\int_{-l}^{l} f(x) \sin \frac{m\pi x}{l} dx = b_m l.$$

由此完全确定了 (3.3.19) 中的系数 $b_1, b_2, \cdots$. 由几乎完全一样的讨论可以确定系数 $a_1, a_2, a_3 \cdots$. 为此用 $\cos[(m\pi x)/l](m > 0$ 为整数$)$ 乘 (3.3.19) 式的两边并从 $-l$ 到 l 积分, 于是由 (3.3.21) 即得

$$\int_{-l}^{l} f(x) \cos \frac{m\pi x}{l} dx = a_m l.$$

为了求出 a_0, 只需从 $-l$ 到 l 积分 (3.3.19) 式的两边即得

$$\int_{-l}^{l} f(x) dx = a_0 l.$$

我们已经证明了: 只要级数 (3.3.17) 在 $[-l, l]$ 上一致收敛于 $f(x)$, 则其系数就由下列公式给出:

$$a_n = \frac{1}{l} \int_{-l}^{l} f(x) \cos \frac{n\pi x}{l} dx, \quad n = 1, 2, \cdots, \quad (3.3.22)$$

$$b_n = \frac{1}{l}\int_{-l}^{l} f(x)\sin\frac{n\pi x}{l}\mathrm{d}x, \quad n=1,2,\cdots. \tag{3.3.23}$$

由于 $f(x)$ 为连续项级数一致收敛的和, 因此也是连续函数, 从而 (3.3.22), (3.3.23) 中的积分必定存在.

无论级数 (3.3.17) 是否一致收敛和表达式 (3.3.19) 是否正确, 只要给定的函数 $f(x)$ 使得 (3.3.22), (3.3.23) 中的积分存在, 就可以利用公式 (3.3.22), (3.3.23) 形式上地计算系数 a_n 和 b_n. 这时称形式级数 (3.3.17) 为 f 的 **Fourier 级数**, 而称由 (3.3.22) 和 (3.3.23) 给出的 a_n 和 b_n 为 f 的 **Fourier 系数**. 于是问题 (ii) 可以重新叙述为: 应对 f 加上什么条件才能保证其 Fourier 级数的收敛性? 这个级数确实在这样或那样的意义下 (逐点收敛, 一致收敛等等) 收敛于 f 吗?

可以应用这一理论的一大类函数是按段光滑函数, 亦即这样一些函数 f, 除了可能有限多个点外, f 和 f' 两者都是连续的.

定义 3.3.1 称函数 f 在 $[a,b]$ 上**按段连续**, 如果它在 $[a,b]$ 上至多存在有限多个不连续点, 且在这些点上 f 有有限的单边极限. 称函数 f 在 $[a,b]$ 上**按段光滑**, 如果 f 和 f' 都是在 $[a,b]$ 上按段连续. 记单边极限为

$$f(x_0^+) = \lim_{x\to x_0^+} f(x), \quad f(x_0^-) = \lim_{x\to x_0^-} f(x).$$

可以证明保证逐点收敛的如下 Fourier 型定理, 其详细证明可在一般数学分析的教科书中找到.

定理 3.3.1 如果 $f(x)$ 是在区间 $(-l,l)$ 按段光滑, 则其 Fourier 级数在 $(-l,l)$ 中的每一点 x 处收敛于 $\frac{1}{2}[f(x^-)+f(x^+)]$. 在端点 $x=-l$ 到 $x=l$ 处, 级数收敛于 $\frac{1}{2}[f(l^-)+f(l^+)]$.

因此按段光滑函数 $f(x)$ 的 Fourier 级数 (3.3.17) 在每点 x 处收敛于它在 x 处左、右极限 $f(x^-), f(x^+)$ 的平均值. 若 f 在 x 处连续, 则其 Fourier 级数在该点处收敛于 $f(x)$.

若 $f(x)$ 在 $(-l,l)$ 上为奇函数, 即 $f(-x)=-f(x)$, 则系数 a_n 全为零, 而 b_n 为

$$b_n = \frac{2}{l}\int_0^l f(x)\sin\frac{n\pi x}{l}\mathrm{d}x, \quad n=1,2,\cdots. \tag{3.3.24}$$

从而其 Fourier 级数 (3.3.17) 成为

$$\sum_{n=1}^{\infty} b_n \sin\frac{n\pi x}{l}. \tag{3.3.25}$$

3.3 古典方法

若 $f(x)$ 是在 $(0,l)$ 上的一个按段光滑函数，则可以写出它的 Fourier 级数 (3.3.25)，其中 b_n 由 (3.3.24) 给出. 这时称 (3.3.25) 为 $f(x)$ 的 Fourier 正弦级数. 为了应用定理 3.3.1，应当把 $f(x)$ 延拓到整个区间 $(-l,l)$，使它成为奇函数. 于是这个级数就收敛于平均值 $\frac{1}{2}[f(x^-) + f(x^+)]$.

类似地，若 $f(x)$ 是 $(-l,l)$ 上的偶函数，即 $f(-x) = f(x)$，则它就有 Fourier 展开

$$\frac{a_0}{2} + \sum_{n=1}^{\infty} a_n \cos \frac{n\pi x}{l}, \tag{3.3.26}$$

其中 a_n 为

$$a_n = \frac{2}{l} \int_0^l f(x) \cos \frac{n\pi x}{l} dx, \quad n = 1, 2, \cdots. \tag{3.3.27}$$

若 $f(x)$ 是在 $(0,l)$ 上的任一个按段光滑函数，则可以写出它 Fourier 余弦级数 (3.3.26)，其中系数 a_n 由 (3.3.27) 给出. 先把 $f(x)$ 在区间 $(-l,l)$ 上进行偶延拓，就可以应用定理 3.3.1 而断定级数 (3.3.26) 收敛于 $\frac{1}{2}[f(x^-) + f(x^+)]$.

例 3.3.2 写出 $f(x) = |x|$ 在区间 $-\pi < x < \pi$ 的 Fourier 级数. 为此，由 (3.3.22) 和 (3.3.23) 可得

$$a_0 = \frac{1}{\pi} \int_{-\pi}^{\pi} |x| dx = \frac{1}{\pi} \int_{-\pi}^{0} -x dx + \frac{1}{\pi} \int_0^{\pi} x dx = \pi;$$

$$a_n = \frac{1}{\pi} \int_{-\pi}^{\pi} |x| \cos nx dx = \frac{1}{\pi} \int_{-\pi}^{0} (-x) \cos nx dx + \frac{1}{\pi} \int_0^{\pi} x \cos nx dx$$

$$= \frac{1}{\pi} \left(-\frac{x \sin nx}{n} - \frac{\cos nx}{n^2} \right) \bigg|_{-\pi}^{0} + \frac{1}{\pi} \left(\frac{x \sin nx}{n} - \frac{\cos nx}{n^2} \right) \bigg|_0^{\pi}$$

$$= 2 \frac{(-1)^n - 1}{\pi n^2}, n \geqslant 1;$$

$$b_n = \frac{1}{\pi} \int_{-\pi}^{\pi} |x| \sin nx dx = \frac{1}{\pi} \int_{-\pi}^{0} (-x) \sin nx dx + \frac{1}{\pi} \int_0^{\pi} x \sin nx dx = 0, \quad n \geqslant 1.$$

因此 $|x|$ 在 $(-\pi, \pi)$ 上的 Fourier 级数为

$$\frac{\pi}{2} + \sum_{n=1}^{\infty} \frac{(-1)^n - 1}{\pi n^2} \cos nx,$$

或者

$$\frac{\pi}{2} - \frac{4}{\pi} \cos x - \frac{4}{9\pi} \cos 3x - \cdots.$$

由于 $|x|$ 为连续函数,因此上述这个级数在 $(-\pi,\pi)$ 上收敛于 $|x|$.

为了得到一致收敛性的结果,需要对 $f(x)$ 加上更严格的要求,这就是我们要叙述的另一条 Fourier 型定理.

定理 3.3.2 假设 $f(x)$ 在 $[-l,l]$ 上连续,$f(-l)=f(l)$,且 $f'(x)$ 在 $[-l,l]$ 上按段连续. 则 $f(x)$ 的 Fourier 级数在区间 $[-l,l]$ 上绝对一致收敛于 $f(x)$.

对于较少约束的函数类也有 Fourier 型定理. 对于在 $[-l,l]$ 上平方可积函数类,即所有在 $[-l,l]$ 上使得积分 $\int_{-l}^{l}|f(x)|^2\mathrm{d}x$ 存在的函数 $f(x)$ 的集合,有如下定理成立.

定理 3.3.3 如果 $f(x)$ 在 $[-l,l]$ 上平方可积,则 $f(x)$ 的 Fourier 级数在下面的意义下收敛于 $f(x)$(平方平均收敛):

$$\lim_{N\to\infty}\int_{-l}^{l}\left[f(x)-\left(\frac{a_0}{2}+\sum_{n=1}^{N}a_n\cos\frac{n\pi x}{l}+b_n\sin\frac{n\pi x}{l}\right)\right]^2\mathrm{d}x=0.$$

3.3.3 Sturm-Liouville 问题

在分离变量法中经常遇到所谓的施图姆–刘维尔 (Sturm-Liouville) 问题的边值问题,它有如下形式:

$$\begin{cases}(p(x)y')'+(-q(x)+\lambda r(x))y=0,\quad 0<x<l,\\ c_1y(0)+c_2y'(0)=0,\\ c_3y(l)+c_4y'(l)=0,\end{cases} \quad (3.3.28)$$

其中 p,q 和 r 为 x 的实值函数,而 $c_i(i=1,2,3,4)$ 为常数. 若对于某个 λ 值,这个问题有非平凡解 $y(x)$,则称 λ 为**特征值**,而 $y(x)$ 为对应的**特征函数**. 若 p,p',q 和 r 都在 $[0,l]$ 上连续,而 p 和 r 在 $[0,l]$ 上为严格正值,则称这个 Sturm-Liouville 问题为**正则**的,且可证明如下定理.

定理 3.3.4 对于正则的 Sturm-Liouville 问题,有

(i) 特征值是实的,且对于每一个特征值,在相差一个常数因子的意义下,存在唯一的特征函数与它对应;

(ii) 特征值可排成无穷序列 $\lambda_1,\lambda_2,\lambda_3,\cdots$,可按如下顺序排列:

$$0\leqslant\lambda_1<\lambda_2<\lambda_3<\cdots,$$

此外有

$$\lim_{n\to\infty}\lambda_n=\infty;$$

3.3 古典方法

(iii) 若 $y_1(x)$ 和 $y_2(x)$ 分别对应于两个不同特征值 λ_1 和 λ_2 的特征函数, 则有
$$\int_0^l y_1(x)y_2(x)r(x)\mathrm{d}x = 0.$$

现在介绍一些在下面讨论中有用的记号和术语. 若对于任意两个函数 f 和 g 成立
$$\int_0^l f(x)g(x)r(x)\mathrm{d}x = 0, \tag{3.3.29}$$

则称 f 和 g 在 $[0,l]$ 上关于**权函数** $r(x) > 0$ **正交**. 于是定理 3.3.4 中的结论 (iii) 就是说, 对应于不同特征值的特征函数正交. 称 (3.3.29) 左边的积分为 f 和 g 的**内积**, 并记作 $\langle f, g \rangle$, 亦即
$$\langle f, g \rangle \triangleq \int_0^l f(x)g(x)r(x)\mathrm{d}x.$$

由 $\|f\| \triangleq \left(\int_0^l f^2(x)r(x)\mathrm{d}x\right)^{\frac{1}{2}}$ 定义的数 $\|f\|$ 称为 f 的**模**. 显然有 $\|f\| = \langle f, f \rangle^{\frac{1}{2}}$. 模是一个函数大小的衡量, 因此它推广了向量长度的概念, 而内积是向量的数量积或点积思想的推广. 称函数集合 $f_1(x), f_2(x), \cdots$ 为**正交**的, 如果对于 $m \neq n$ 有 $\langle f_m, f_n \rangle = 0$. 如果一个函数集合是正交的, 且对集合中的每一个函数, 它的模都是 1, 亦即对 $n = 1, 2, 3, \cdots$ 有 $\langle f_n, f_n \rangle = 1$, 则称这个集合为**标准正交**的. 显然, 每一正交集合都可以把其中每一个函数除以该函数的模而得到一个标准正交集合.

例 3.3.3 在例 3.3.1 中, 我们遇到如下的 Sturm-Liouville 问题:
$$y'' + \lambda y = 0, \quad 0 < x < l,$$
$$y(0) = y(l) = 0.$$

这时 $r(x) = 1$, $p(x) = 1$, 而 $q(x) = 0$. 于是特征值为
$$\frac{\pi^2}{l^2} < 4\frac{\pi^2}{l^2} < 9\frac{\pi^2}{l^2} < \cdots.$$

而对应的特征函数为
$$y_n(x) = \sin\frac{n\pi x}{l}, \quad n = 1, 2, \cdots.$$

由 (3.3.15) 即知 y_n 在 $[0,l]$ 上关于权函数 $r(x) = 1$ 正交. y_n 的模为

$$\|y_n\| = \left(\int_0^l \sin^2\left(\frac{n\pi x}{l}\right)\mathrm{d}x\right)^{\frac{1}{2}} = \left(\frac{l}{2}\right)^{\frac{1}{2}},$$

因此特征函数的标准正交集合为

$$\left(\frac{l}{2}\right)^{\frac{1}{2}}\sin\left(\frac{n\pi x}{l}\right), \quad n=1,2,\cdots.$$

在例 3.3.1 中看到,一个给定的按段光滑函数 $f(x)$ 可以展开成特征函数的级数. 更一般地,我们要问: 一个函数是否可以用正则 Sturm-Liouville 问题 (3.3.28) 的标准正交特征函数 $y_1(x), y_2(x), \cdots$ 来进行展开呢? 亦即在这样或那样的意义下, 是否有

$$f(x) = \sum_{n=1}^\infty c_n y_n(x) \tag{3.3.30}$$

对某些选定的系数 c_n 成立呢? 像前面讨论的那样, 可由形式的计算来肯定地回答这个问题. 假设 (3.3.30) 成立, 在 (3.3.30) 两边都乘以 $r(x)y_m(x)$, 并从 0 到 l 积分即得

$$\langle f, y_m \rangle = \left\langle \sum_{n=1}^\infty c_n y_n, y_m \right\rangle = \sum_{n=1}^\infty c_n \langle y_n, y_m \rangle = c_m \|y_m\|^2.$$

由于 $\{y_n\}$ 是标准正交的, 且 m 为任一指标, 故有

$$c_n = \langle f, y_n \rangle, \quad n=1,2,\cdots. \tag{3.3.31}$$

在上面的推导中, 交换了积分与求和的次序, 并利用 $\{y_n\}$ 的正交性把无限求和合并成一项. 顺序交换依赖于级数的一致收敛性. 以 (3.3.31) 为系数的级数 (3.3.30) 称为 f 的**广义 Fourier 级数**, 而 c_n 称为它的**广义 Fourier 系数**.

定理 3.3.5 设 $y_1, y_2, \cdots$ 为正则 Sturm-Liouville 问题 (3.3.28) 的标准正交特征函数集合, 而 f 为区间 $[0,l]$ 上的按段光滑函数, 于是以 (3.3.31) 为系数的级数 (3.3.30) 在 $(0,l)$ 中的每一点 x 处收敛于值

$$\frac{1}{2}[f(x^-) + f(x^+)].$$

在上面讨论中的区间 $(0,l)$ 可以用任一有限区间 (a,b) 来代替, 在某些情况下还可以把上述结果推广到无限区间. 若 p 或者 r 在区间的一个或两个端点为零, 则称这个 Sturm-Liouville 问题为**奇异**的. 在适当的假设下, 定理 3.3.4 和定理 3.3.5 都可以推广到奇异问题上去.

例 3.3.4 从 $x=1$ 延伸到 $x=\mathrm{e}$ 的杆有端点温度

$$u(1,t) = u(\mathrm{e},t) = 0, \quad t>0,$$

而初始温度分布为

$$u(x,0) = f(x), \quad 1<x<\mathrm{e}.$$

假设杆中无热源，密度 ρ 和比热 c_v 均为常数，而热传导系数 K 按照 $K(x)=x^2$ 变化。从本章 3.2 节中的方程 (3.2.10) 即知支配温度 $u(x,t)$ 的方程为

$$c_v \rho u_t = \frac{\partial}{\partial x}(x^2 u_x), \quad 1<x<\mathrm{e}, \quad t>0. \tag{3.3.32}$$

为了应用 Fourier 方法求解，令 $u=X(x)T(t)$，将此代入方程 (3.3.32)，并分离变量得

$$c_v \rho \frac{T'}{T} = \frac{1}{X}\frac{\mathrm{d}}{\mathrm{d}x}(x^2 X') = -\lambda,$$

其中 $-\lambda$ 为常数，且有

$$X(1) = X(\mathrm{e}) = 0. \tag{3.3.33}$$

于是 T 满足方程

$$T' = \frac{\lambda}{c_v \rho} T, \tag{3.3.34}$$

而 X 满足方程

$$\frac{\mathrm{d}}{\mathrm{d}x}(x^2 X') + \lambda X = 0, \quad 1<x<\mathrm{e}. \tag{3.3.35}$$

常微分方程 (3.3.35) 和边界条件 (3.3.33) 决定了一个在 $[1,\mathrm{e}]$ 上的正则 Sturm-Liouville 问题。为了求出特征值和特征函数，将方程 (3.3.35) 写成

$$x^2 X'' + 2x X' + \lambda X = 0.$$

这是柯西-欧拉 (Cauchy-Euler) 方程，其辅助方程为 $m(m-1)+2m+\lambda=0$，其根为

$$m = -\frac{1}{2} \pm \sqrt{\frac{1}{4}-\lambda}. \tag{3.3.36}$$

若 $\lambda = \frac{1}{4}$，则根为 $m=-\frac{1}{2}, m=-\frac{1}{2}$，从而 (3.3.35) 的通解为

$$X = (A+B\ln x)x^{-1/2}.$$

于是由边界条件 (3.3.33) 推出 $A = B = 0$, 所以只有平凡解. 若 $\lambda < \dfrac{1}{4}$, 则 (3.3.36) 为实根. 因此 (3.3.35) 的通解为

$$X = Ax^{-\frac{1}{2}+\left(\frac{1}{4}-\lambda\right)^{1/2}} + Bx^{-\frac{1}{2}-\left(\frac{1}{4}-\lambda\right)^{1/2}}.$$

由边界条件 (3.3.33) 再一次得到 $A = B = 0$. 当 $\lambda > \dfrac{1}{4}$ 时, (3.3.36) 为共轭复根. 因此 (3.3.35) 的通解为

$$X = \frac{A}{\sqrt{x}}\sin(\sqrt{\lambda - 1/4}\ln x) + \frac{B}{\sqrt{x}}\cos(\sqrt{\lambda - 1/4}\ln x).$$

由边界条件 $X(1) = 0$ 推出 $B = 0$. 于是 $X(\mathrm{e}) = 0$ 成为

$$A\mathrm{e}^{-1/2}\sin(\sqrt{\lambda - 1/4}) = 0,$$

由此即得

$$(\lambda - 1/4)^{1/2} = n\pi, \quad n = 1, 2, \cdots,$$

($n = 0$ 就是 $\lambda = \dfrac{1}{4}$, 这已在上面考虑过). 因此问题 (3.3.35), (3.3.33) 的特征值为

$$\lambda_n = n^2\pi^2 + 1/4, \quad n = 1, 2, \cdots,$$

而对应的特征函数为

$$X_n = x^{-1/2}\sin(n\pi\ln x), \quad n = 1, 2, \cdots.$$

标准化的特征函数为

$$\Phi_n(x) = \frac{(1/\sqrt{x})\sin(n\pi\ln x)}{\|X_n\|} = \sqrt{\frac{2}{x}}\sin(n\pi\ln x),$$

其中用到

$$\|X_n\| = \left(\int_1^{\mathrm{e}} \frac{1}{x}\sin^2(n\pi\ln x)\mathrm{d}x\right)^{1/2} = \frac{1}{\sqrt{2}}.$$

对于每个 n, 关于 T 的方程 (3.3.34) 成为

$$T_n' = (-\lambda_n/c_v\rho)T_n,$$

其解为

3.3 古典方法

$$T_n(t) = \exp\left(-\frac{\lambda_n t}{c_v \rho}\right), \quad n = 1, 2, \cdots.$$

最后将解 $T_n(t)X_n(x)$ 叠加起来得到

$$u(x,t) = \sum_{n=1}^{\infty} a_n \exp\left(-\frac{\lambda_n t}{c_v \rho}\right) \frac{1}{\sqrt{x}} \sin(n\pi \ln x), \tag{3.3.37}$$

并选取系数 a_n, 使得 u 满足初始条件. 于是有

$$u(x,0) = f(x) = \sum_{n=1}^{\infty} a_n \frac{1}{\sqrt{x}} \sin(n\pi \ln x) = \sum_{n=1}^{\infty} (a_n \|X_n\|) \Phi_n(x).$$

右边是 $f(x)$ 用标准化特征函数中 $\Phi_n(x)$ 展开的广义 Fourier 级数. 由定理 3.3.5 即知其系数应由广义 Fourier 系数给出, 所以

$$a_n \|X_n\| = \int_1^e f(x)\Phi_n(x)\mathrm{d}x, \quad n = 1, 2, \cdots,$$

或者

$$a_n = 2\int_1^e \frac{f(x)}{\sqrt{x}} \sin(n\pi \ln x)\mathrm{d}x, \quad n = 1, 2, \cdots. \tag{3.3.38}$$

总之, (3.3.32) 满足给定初始和边界条件的解为 (3.3.37), 其中 a_n 由 (3.3.38) 给出. 对于给定的 $f(x)$, 人们必须应用数值积分方法来实际确定 a_n.

3.3.4 积分变换

求解线性偏微分方程的另一类重要方法, 特别是在无限区域上, 是以积分变换为基础的方法. 所谓**积分变换**是如下形式的关系:

$$F(s) = \int_I K(s,t)f(t)\mathrm{d}t. \tag{3.3.39}$$

由此把一个给定的函数 f 变成另一个称为 f 的**变换的函数** F. 已知函数 K 称为**变换的核**, 而 I 为给定的积分区间. 利用积分变换进行解题的基本思想是利用 (3.3.39) 把关于 F 的问题变成一个关于 F 的较简单问题, 求解得到的关于 F 的解, 然后利用**反转公式**

$$f(t) = \int_{I'} G(s,t)F(s)\mathrm{d}s,$$

求出原来问题的解 f, 其中 G 和 I' 都是已知的. 因此 f 就成为 F 的逆变换. 在应用分析中采用了许多各种各样的变换, 但每一个都只适用于一类特定的问题. 由定义可知, 积分变换 (3.3.39) 是线性的. 实际上若将此变换记作 $F(s) = \mathcal{L}[f(t)]$, 则不难得出

$$\mathcal{L}[c_1 f_1(t) + c_2 f_2(t)] = c_1 \mathcal{L}[f_1(t)] + c_2 \mathcal{L}[f_2(t)].$$

在常微分方程课程中 ([8]) 已经知道, 可利用 Laplace 变换把一个常微分方程变成一个与它等价的代数方程, 求解这个代数方程之后, 利用反转公式或者查阅逆变换表即可得到原来的常微分方程的解. 用类似的方法, 我们有可能把某一类偏微分方程化简为常微分方程.

若 $f(t)$ 是一个定义在区域 $t \geqslant 0$ 的函数, 则 f 的 Laplace 变换为

$$F(s) = \int_0^\infty \mathrm{e}^{-st} f(t) \mathrm{d}t, \tag{3.3.40}$$

其中 $F(s)$ 对使得广义积分收敛的那些 s 值有定义. 下面定理描述了一类使得变换 (3.3.40) 存在的函数, 其证明留给读者作为练习.

定理 3.3.6 对任给的 $t_1 > 0$, 令 f 为区间 $[0, t_1]$ 上的按段连续函数, 假设在 $t > t_1 > 0$ 上有 $|f| \leqslant M \mathrm{e}^{at}$, 其中 a, t_1, M 均为正常数. 那么对所有 $s > a$, 由 (3.3.40) 定义的 Laplace 变换存在.

若 $F(s)$ 为 $f(t)$ 的 Laplace 变换, 则 $f(t)$ 可以 $F(s)$ 经由反转公式

$$f(t) = \frac{1}{2\pi \mathrm{i}} \int_{a-\mathrm{i}\infty}^{a+\mathrm{i}\infty} F(s) \mathrm{e}^{st} \mathrm{d}s \tag{3.3.41}$$

求出. 由此可见, 为了计算逆变换需要计算围道积分. 围道包括复平面中从 $a - \mathrm{i}\infty$ 到 $a + \mathrm{i}\infty$ 的无限直线, 在此选取 a 为任一个大于 s_0 实部的实数, 而 s_0 是使得积分 (3.3.40) 收敛的 s 值. 许多逆变换早已算出并列成表以便查阅. (3.3.41) 的推导可参看有关书籍. 为了需要, 已把一些变换及其逆变换成对地列在表 3.1 中. 在例子或练习中出现的不熟悉函数, 其变换将具体进行计算.

对于由 (3.3.40) 和 (3.3.41) 给出的 Laplace 变换及其逆变换, 利用算子记号 $\mathcal{L}$ 和 $\mathcal{L}^{-1}$ 是很方便的, 亦即 $\mathcal{L}[f] = F(s)$ 和 $\mathcal{L}^{-1}[F] = f(t)$. 虽然 $\mathcal{L}$ 是线性的, 因而是可加的, 但它却不是乘法的, 即 $\mathcal{L}[f \cdot g]$ 不等于 $\mathcal{L}[f] \cdot \mathcal{L}[g]$. 下面的**卷积定理**在今后将会很有用.

3.3 古典方法

表 3.1　Laplace 变换表

$f(t)$	$F(s)$
1	$s^{-1}, s>0$
e^{at}	$1/(s-a), s>a$
$t^n, n\geqslant 1$	$n!/s^{n+1}, s>0$
$\sin at;\cos at$	$a/(s^2+a^2); s/(s^2+a^2), s>0$
$\sinh at;\cosh at$	$a/(s^2-a^2); s/(s^2-a^2), s>|a|$
$e^{at}\sin bt$	$b/[(s-a)^2+b^2], s>a$
$e^{at}\cos bt$	$(s-a)/[(s-a)^2+b^2], s>a$
$t^n e^{at}$	$n!/(s-a)^{n+1}, s>a$
$H(t-a)$	$s^{-1}e^{-as}, s>0$
$\delta(t-a)$	e^{-as}
$H(t-a)\delta(t-a)$	$F(s)e^{-as}$
$\operatorname{erf}\sqrt{t}$	$s^{-1}(1+s)^{-1/2}$
$(1/\sqrt{t})\exp(-a^2/4t)$	$\sqrt{\pi/s}\exp(-a\sqrt{s}), s>0$
$\operatorname{erfc}(a/2\sqrt{t})$	$s^{-1}\exp(-a\sqrt{s}), s>0$
$a/2t^{3/2}\exp(-a^2/4t)$	$\sqrt{\pi}\exp(-a\sqrt{s}), s>0$
$f^{(n)}(t)$	$s^n F(s)-s^{n-1}f(0)-s^{n-2}f'(0)-\cdots-f^{(n-1)}(0)$
$\int_0^t f(\tau)g(t-\tau)\mathrm{d}\tau$	$F(s)G(s)$

定理 3.3.7　成立 $\mathcal{L}[f*g]=\mathcal{L}[f]\cdot\mathcal{L}[g]$, 其中 $f*g$ 称为 f 与 g 的**卷积**, 它定义为

$$(f*g)(t)=\int_0^t f(\tau)g(t-\tau)\mathrm{d}\tau. \tag{3.3.42}$$

换句话说, 定理 3.3.7 要求 $F(s)G(s)$ 的逆变换是一个由 (3.3.42) 右边定义的卷积积分.

在偏微分方程中对两个变量的函数进行变换, 应当保持其中一个变量不变而对另一个变量进行变换. 例如定义

$$U(x,s)=\int_0^\infty u(x,t)e^{-st}\mathrm{d}t.$$

在这个公式中, x 起了一个参数的作用, 而 t 为进行变换的变量. 正如在一维的情形一样, 函数对时间 t 的导数变换成 (表 3.1)

$$\int_0^\infty u_t(x,t)e^{-st}\mathrm{d}t=sU(x,s)-u(x,0),$$

$$\int_0^\infty u_{tt}(x,t)e^{-st}\mathrm{d}t=s^2U(x,s)-su(x,0)-u_t(x,s).$$

这些等式容易由分部积分得到. 然而

$$\int_0^\infty u_t(x,t)e^{-st}\mathrm{d}t=\frac{\partial}{\partial x}\int_0^\infty u(x,t)e^{-st}\mathrm{d}t=\frac{\partial}{\partial x}U(x,s).$$

因此对于参数 x 的导数正好等于在积分号下的求导. 我们总假设这些运算是正确的. 下面的例子说明 Laplace 变换方法在热传导问题上的应用.

例 3.3.5 考虑边值问题

$$u_t - ku_{xx} = 0, \quad t > 0, x > 0,$$
$$u(x, 0) = 0, \quad x > 0,$$
$$u_x(0, t) = 1, \quad t > 0, u \text{ 为有界的}.$$

对偏微分方程两边进行 Laplace 变换, 即两边同乘 e^{-st}, 并对 t 从 0 到 ∞ 积分, 即得

$$-u(x, s) + sU(x, s) - kU_{xx}(x, s) = 0,$$

或者由初始条件有

$$U_{xx}(x, s) - (s/k)U(x, s) = 0.$$

把 s 看成参数, 求解这个常微分方程, 即得

$$U(x, s) = A\exp(-\sqrt{s/k}x) + B\exp(\sqrt{s/k}x),$$

其中 A 和 B 均为 s 的函数. 由于要求解是有界的, 故应有 $B = 0$, 否则解将随 x 指数式增长. 因此

$$U(x, s) = A\exp(-\sqrt{s/k}x).$$

但由边界条件有

$$U(0, s) = \int_0^\infty u(0, t)e^{-st}dt = \frac{1}{s},$$

所以

$$U(x, s) = \frac{1}{s}\exp(-\sqrt{s/k}x).$$

查阅表 3.1 既得解

$$u(x, t) = \text{erfc}\left(\frac{x}{2\sqrt{kt}}\right),$$

其中 erfc(t) 表示**余误差函数**, 其定义为

$$\text{erfc}(t) = 1 - \text{erf}(t).$$

而 erf(t) 为**误差函数**, 它定义为

$$\text{erf}(t) = \frac{2}{\sqrt{\pi}}\int_0^t e^{-\xi^2}d\xi.$$

有关这方面的另外一些例子可在本节后的练习中找到.

3.3 古典方法

另一个特别适合无限区间 $-\infty < x < \infty$ 上问题的积分变换方法是 Fourier 变换方法. 若 $f(x)$ 为 $\mathbf{R}$ 上绝对可积函数, 亦即 $\int_{-\infty}^{\infty}|f(x)|\mathrm{d}x < \infty$, 则 $f(x)$ 的 Fourier 变换定义为

$$F(s) = \frac{1}{\sqrt{2\pi}}\int_{-\infty}^{\infty} f(x)\mathrm{e}^{-\mathrm{i}sx}\mathrm{d}x. \tag{3.3.43}$$

于是对于每一个绝对可积函数 $f(x)$, 总在变换区域 s 中相应地存在唯一的变换 $F(s)$. 使用 Fourier 变换的好处之一是其反转公式有类似的形式:

$$f(x) = \frac{1}{\sqrt{2\pi}}\int_{-\infty}^{\infty} F(s)\mathrm{e}^{\mathrm{i}sx}\mathrm{d}s. \tag{3.3.44}$$

若 $F(s)$ 已知, 则由此即可求出函数 $f(x)$. 与 Laplace 变换的情形相同, 应用 Fourier 变换求解偏微分方程时, 也是对其未知函数和自变量之一经由 (3.3.43) 进行变换, 而把另一个自变量看成参数而保持不变. 当偏微分方程用这种办法进行变换之后, 就得到一个关于变换函数的常微分方程, 它是可以求解的. 最后利用反转公式 (3.3.44) 来完成回到原来变量的工作. 利用求解扩散方程的纯初值问题来说明如何使用这个方法.

例 3.3.6 考虑问题

$$u_t - k u_{xx} = 0, \quad t > 0, \quad x \in \mathbf{R}, \tag{3.3.45}$$

$$u(x,0) = f(x), \quad x \in \mathbf{R}. \tag{3.3.46}$$

假设这个问题存在解 u, 它具有如下性质: u, u_t, u_x 和 u_{xx} 都在 $\mathbf{R}$ 上连续可微且绝对可积. 当 $|x| \to \infty$ 时, u 和 u_x 都趋于零. 我们把 t 看成参数而对 x 进行变换. 若以 $U(s,t)$ 记为 $u(x,t)$ 的变换, 则有

$$\frac{1}{\sqrt{2\pi}}\int_{-\infty}^{\infty} u_t(x,t)\mathrm{e}^{-\mathrm{i}sx}\mathrm{d}x = U_t(s,t)$$

和

$$\frac{1}{\sqrt{2\pi}}\int_{-\infty}^{\infty} u_{xx}(x,t)\mathrm{e}^{-\mathrm{i}sx}\mathrm{d}x = -s^2 U_t(s,t),$$

其中后一个等式由两次分部积分并利用当 $|x| \to \infty$ 时 u 和 u_x 都趋于零的条件得到. 因此对方程 (3.3.45) 进行 Fourier 变换, 即用 $(2\pi)^{-1/2}\mathrm{e}^{-\mathrm{i}sx}$ 乘其两边并对 x 从 $-\infty$ 到 ∞ 积分可得

$$U_t(s,t) + k s^2 U(s,t) = 0,$$

其通解为

$$U(s,t) = C(s)\mathrm{e}^{-ks^2 t}.$$

为了确定 $C(s)$, 对 (3.3.46) 进行 Fourier 变换得

$$U(s,0) = \frac{1}{\sqrt{2\pi}} \int_{-\infty}^{\infty} u(x,0)\mathrm{e}^{-\mathrm{i}sx}\mathrm{d}x = \frac{1}{\sqrt{2\pi}} \int_{-\infty}^{\infty} f(x)\mathrm{e}^{-\mathrm{i}sx}\mathrm{d}x = F(s),$$

因此 $C(s) = F(s)$, 从而

$$U(s,t) = F(s)\mathrm{e}^{-ks^2 t}.$$

应用反转公式 (3.3.44). 即可获得解

$$\begin{aligned} u(x,t) &= \frac{1}{\sqrt{2\pi}} \int_{-\infty}^{\infty} F(s)\mathrm{e}^{-ks^2 t}\mathrm{e}^{\mathrm{i}sx}\mathrm{d}s \\ &= \frac{1}{2\pi} \int_{-\infty}^{\infty} \left(\int_{-\infty}^{\infty} f(\xi)\mathrm{e}^{-\mathrm{i}s\xi}\mathrm{d}\xi \right) \mathrm{e}^{-ks^2 t}\mathrm{e}^{\mathrm{i}sx}\mathrm{d}s \\ &= \frac{1}{2\pi} \int_{-\infty}^{\infty} f(\xi) \left(\int_{-\infty}^{\infty} \mathrm{e}^{\mathrm{i}s(x-\xi)-ks^2 t}\mathrm{d}s \right) \mathrm{d}\xi, \end{aligned} \quad (3.3.47)$$

利用 Euler 公式 $\mathrm{e}^{\mathrm{i}\theta} = \cos\theta + \mathrm{i}\sin\theta$, 将最后一个积分改写成熟悉的形式

$$\int_{-\infty}^{\infty} \mathrm{e}^{\mathrm{i}s(x-\xi)-ks^2 t}\mathrm{d}s = 2\int_{0}^{\infty} \mathrm{e}^{-ks^2 t}\cos[s(x-\xi)]\mathrm{d}s = \left(\frac{\pi}{kt}\right)^{1/2} \mathrm{e}^{-\frac{(x-\xi)^2}{4kt}},$$

其中最后一步用到公式

$$\int_0^\infty \mathrm{e}^{-z^2}\cos az\,\mathrm{d}z = \frac{\sqrt{\pi}}{2}\mathrm{e}^{-\frac{a^2}{4}},$$

以及替换 $z = s\sqrt{kt}$. 因此 (3.3.47) 变成

$$u(x,t) = \frac{1}{\sqrt{4\pi kt}} \int_{-\infty}^{\infty} f(\xi)\mathrm{e}^{-\frac{(x-\xi)^2}{4kt}}\mathrm{d}\xi. \qquad (3.3.48)$$

在例 3.1.5 中曾称函数

$$u(x,t,\xi) = \frac{1}{\sqrt{4\pi kt}}\mathrm{e}^{-(x-\xi)^2/(4kt)} \qquad (3.3.49)$$

为热传导方程在区域 **R** 上的基本解. 求出 (3.3.49) 的时间快照, 对理解 (3.3.48) 的实质是有帮助的. 为此固定 ξ, 并注意到

$$\lim_{t\to 0^+} u(x,t,\xi) = 0, \quad x \neq \xi,$$

$$\lim_{t\to\infty} u(x,t,\xi) = 0, \quad x \in \mathbf{R},$$

$$\lim_{t\to 0^+} u(x,t,\xi) = +\infty, \quad x = \xi.$$

因此当时间 t 很大时, 对一切 $x \in \mathbf{R}$ 基本解趋于零. 但是当 $t \to 0^+$ 时, 解在 $x = \xi$ 处发展出一个无限大的尖顶, 而对 $x \neq \xi$ 时却趋于零. 所以可以把基本解看成在无限长杆中热传导方程的解, 杆的初始温度为零摄氏度, 且作用在 $x = \xi$ 处, 当 $t = 0$ 时有瞬时单位热源. 这是单位源, 因为

$$\int_{-\infty}^{\infty} u(x,t,\xi)\mathrm{d}t = 1 \text{ 对一切 } t > 0,$$

亦即在图 3.7 中每个截面下的面积 (与能量成比例) 都是 1. 换句话说, 函数 $u(x,t,\xi)$ 就是开始时作用在 $x = \xi$ 处的单位热源在 (x,t) 处产生的温度效应, 表示由于点源产生的效应函数, 称为**影响函数**或者 **Green 函数**. 知道了一个问题的 Green 函数, 在一般情况下, 当存在源的分布时就可以求出问题的解. 在上述的热量流动问题中, 若 $u(x,t,\xi)$ 就是 $x = \xi$ 处的单位热源所产生的效应, 则 $f(\xi)u(x,t,\xi)$ 就是作用 $x = \xi$ 处, 大小为 $f(\xi)$ 的热源在 (x,t) 处所产生的温度效应. 若对所有 $\xi \in \mathbf{R}$ 把这些效应叠加起来, 则得结果 (3.3.48).

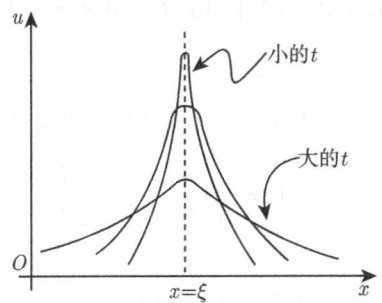

图 3.7 在 $t = 0, x = \xi$ 处单位点能源产生的温度截面

所以初值问题 (3.3.45)—(3.3.46) 的积分形式解 (3.3.48) 可以看成无限个点源效应的叠加.

有关变换方法的详细讨论可参看有关偏微分方程的书籍 ([12]).

练 习

1. 求出下列问题的特征值和特征函数:
(a) $(x^3 y')' + \lambda xy = 0, 1 < x < \mathrm{e}, y(1) = y(\mathrm{e}) = 0$;
(b) $y'' + \lambda y = 0, 0 < x < 1, y(0) = 0, y(1) - y'(1) = 0$;
(c) $y'' + 2\beta y' + \lambda y = 0, 0 < x < l, y(0) = y(l) = 0$;
(d) $y'' + \lambda y = 0, 0 < x < l, y'(0) = y(l) = 0$.

2. 利用分离变量法求解边值问题
$$u_{tt} - c^2 u_{xx} + hu = 0, \quad t > 0, \quad 0 < x < l,$$
$$u(x,0) = f(x), \quad u_t(x,0) = 0, \quad 0 < x < l,$$
$$u(0,t) = u(l,t) = 0, \quad t > 0,$$
其中 h 为常数.

3. 利用分离变量法求解边值问题
$$u_{xx} + u_{yy} = 0, \quad 0 < x < a, \quad 0 < y < b,$$
$$u(x,0) = 0, \quad u(x,b) = f(x), \quad 0 < x < a,$$
$$u(0,y) = u(a,y) = 0, \quad 0 < y < b.$$

4. 利用 Laplace 变换求解问题
$$u_t = u_{xx}, \quad 0 < x < 1, \quad t > 0,$$
$$u(0,t) = u(l,t) = 0, \quad t > 0,$$
$$u(x,0) = 1 + \sin \pi t, \quad 0 < x < 1.$$

5. 证明初值问题
$$u_t - k u_{xx} = 0, \quad t > 0, \quad x \in \mathbf{R},$$
$$u(x,0) = \begin{cases} u_0, & |x| < l, \\ 0, & |x| \geqslant l \end{cases}$$
的解为
$$u(x,t) = -\frac{u_0}{2}\left[\operatorname{erf}\left(\frac{x-l}{\sqrt{4kt}}\right) - \operatorname{erf}\left(\frac{x+l}{\sqrt{4kt}}\right)\right].$$

6. 求解问题
$$u_{tt} - u_{xx} = 0, \quad 0 < x < \pi, \quad t > 0,$$
$$u(0,t) = u(\pi,t) = 0, \quad t > 0,$$
$$u(x,0) = 0, \quad u_t(x,0) = 4\sin x, \quad 0 < x < \pi.$$

7. 求解问题
$$u_t - u_{xx} = 0, \quad x > 0, \quad t > 0,$$
$$u(x,0) = u_0, \quad x > 0,$$
$$u(0,t) = u_1, \quad t > 0, \quad \lim_{x \to \infty} u(x,t) = u_0,$$
其中 u_0 和 u_1 均为正常数.

3.4 积 分 方 程

3.4.1 分类和来源

经常出现在应用数学中的另一种类型的基本方程是积分方程,所谓积分方程就是未知函数出现在积分号下的方程,例如

$$x^2 y(x) = \int_0^1 e^{x\xi} y(\xi) d\xi, \tag{3.4.1}$$

$$y(x) = \cos x - \int_0^x (x^2 + \xi) y(\xi) d\xi, \tag{3.4.2}$$

以及

$$\sin x = \int_0^\infty e^{xy(\xi)} d\xi \tag{3.4.3}$$

都是积分方程,因为未知函数 y 都出现在积分号下. 本节主要讨论两种类型的线性积分方程,即**弗雷德霍姆** (E. Fredholm, 1866—1927) **方程**

$$\alpha(x) y(x) = f(x) + \int_a^b k(x,\xi) y(\xi) d\xi, \quad a \leqslant x \leqslant b \tag{3.4.4}$$

和**沃尔泰拉** (V. Volterra, 1860—1940) **方程**

$$\alpha(x) y(x) = f(x) + \int_a^x k(x,\xi) y(\xi) d\xi, \quad a \leqslant x \leqslant b, \tag{3.4.5}$$

其中 α, f 和 k 都是已知函数, a 和 b 为常数, 而 y 为待求的函数. 函数 $k(x,\xi)$ 称为**积分方程的核**. Fredholm 方程与 Volterra 方程之间的差别仅在于 Volterra 方程的积分上限是变动的. 所谓方程 (3.4.4) 或 (3.4.5) 的解是一个在区间 $[a,b]$ 上的连续函数, 当把它代入方程时可使得方程在区间上成为恒等式. 若 $f(x) \equiv 0$, 则称方程为**齐次**的. 而方程称为**非齐次**的, 如果 $f(x) \neq 0$. 如果 $\alpha(x) \equiv 0$, 即未知函数只出现在积分号下, 则称这种方程为**第一类积分方程**. 当 $\alpha(x)$ 恒为常数时, 称这种方程为**第二类积分方程**. 而当 $\alpha(x)$ 不为常数时, 称其为**第三类积分方程**. 可以看到, (3.4.1) 是第三类齐次 Fredholm 积分方程. (3.4.2) 是第二类非齐次 Volterra 积分方程. 而方程 (3.4.3) 既不是 Volterra 型也不是 Fredholm 型的, 而是一个非线性积分方程, 因为未知函数 y 非线性地出现在积分号下. 如果 $k(x,\xi) = k(\xi,x)$, 则称这个核为**对称核**. 若在积分区间中 k 是无界的, 则称 k 为**奇异核**. 虽然 Fredholm 方程与 Volterra 方程看起来十分相似, 但求解方法却很不相同.

人们已经知道在科学和工程技术中有许多问题可以归结成微分方程的数学模型，但却很少知道有实际问题可直接归结成积分方程. 在此提出一些自然出现积分方程的例子. 但是积分方程的重要性不仅在于它对实际问题的描述，而且在于它对重建和求解微分方程的重要性. 在实践中，往往把微分方程改写成积分方程的形式，这既可看成是一种求解方法，也可以看成是建立求解微分方程的稳定数值算法的基础.

例 3.4.1 考虑一个其形状未知的单调上升的斜坡. 我们用这样的办法来确定这个斜坡的形状，即给定一个质量为 m 的球，以不同的初始能量，让它沿斜坡向上滚动，并测出它每一次来回所花的时间. 假设斜坡的截面 (图 3.8) 由参数方程 $x = x(s), y = y(s)$ 表示，其中 s 是斜坡截面轮廓线的弧长，它是从斜坡的底部，即点 $(0,0)$ 开始计量的. 令 $V = V(s)$ 为球在弧长 s 处的位能，且有 $V(0) = 0$. 于是有 $V(s) = mgy(s)$，因此若能求出 $V(s)$，则 $x(s), y(s)$ 即可求得，从而解决了问题. 令 E 是给予球的初始动能，而 $T(E)$ 为在 E 的作用下，球滚上斜坡又回来的时间. 假设 $T(E)$ 对 $E > 0$ 是已知的，则由能量守恒即知

$$E = \frac{1}{2}m\left(\frac{\mathrm{d}s}{\mathrm{d}t}\right)^2 + V(s),$$

或者

$$\frac{\mathrm{d}s}{\mathrm{d}t} = \pm\sqrt{\frac{2}{m}}(E - V(s))^{\frac{1}{2}},$$

其中正号是对应于球往上滚动，而负号对应于滚回来的情况. 同时假设球往上与往下滚动时间相等，故有

$$T(E) = 2\int_0^{s_1(E)} \frac{\mathrm{d}t}{\mathrm{d}s}\mathrm{d}s,$$

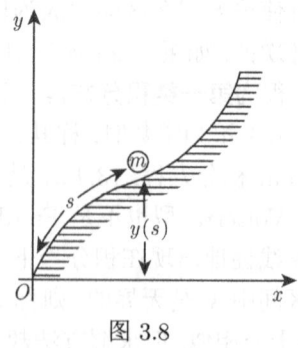

图 3.8

3.4 积分方程

其中 $s_1(E)$ 是初始能量为 E 的球沿斜坡往上滚动到最高点时的弧长. 因此有

$$T(E) = \sqrt{2m} \int_0^{s_1(E)} (E - V(s))^{-1/2} \mathrm{d}s, \tag{3.4.6}$$

注意到有 $V(s_1(E)) = E$, 于是对 (3.4.6) 或右端的积分进行变量替换

$$\tilde{V} = V(s), \tag{3.4.7}$$

则有 $\mathrm{d}\tilde{V} = V'(s)\mathrm{d}s$ 以及

$$T(E) = \sqrt{2m} \int_0^E (E - \tilde{V})^{-1/2} \frac{1}{V'(s(\tilde{V}))} \mathrm{d}\tilde{V}, \tag{3.4.8}$$

但从反函数求导公式有

$$\frac{1}{V'(s(\tilde{V}))} = s'(\tilde{V}),$$

其中 $s = s(\tilde{V})$ 是 (3.4.7) 的反函数. 从而 (3.4.8) 成为

$$T(E) = \sqrt{2m} \int_0^E (E - \tilde{V})^{-1/2} s'(\tilde{V}) \mathrm{d}\tilde{V}. \tag{3.4.9}$$

这是一个关于函数 $s'(\tilde{V})$ 的第一类 Volterra 积分方程. 对于 $s'(\tilde{V})$, 求解这个方程, 然后积分一次即得 $s(\tilde{V})$, 最后求 $s = s(\tilde{V})$ 的反函数就得到 $V(s)$, 由此即可解决我们的问题.

例 3.4.2 在 $\mathbf{R}^3$ 中由于质量分布 ρ 而在点 (x, y, z) 处产生的位势为

$$V(x, y, z) = -G \int_{R^3} \frac{\rho(\xi, \eta, \varsigma)}{r} \mathrm{d}\xi \mathrm{d}\eta \mathrm{d}\varsigma,$$

其中 G 为常数, 而 $r^2 = (x-\xi)^2 + (y-\eta)^2 + (z-\xi)^2$. 因此知道了 ρ, 经直接积分就可得到位势函数. 从给定的位势 V, 求 ρ 的反问题是一个积分方程问题. 可以证明 ρ 和 V 还有如下关系:

$$\Delta V = 4\pi G \rho, \quad (x, y, z) \in \mathbf{R}^3.$$

这就是 Poisson 微分方程.

例 3.4.3 (存货控制问题) 商店经理在购买某种货物之后确定在时刻 t 该货物尚未卖出的百分比为 $k(t)$, 他应当以怎么样的速率购买这种货物, 以便使得这种商品的库存保持不变? 在此假设整个过程是连续的. 假设在 $t = 0$ 时经理储存了

数量为 A 的货物, 而在 $t>0$ 时以速率 $y(t)$(货物数量/单位时间) 买进货物. 因此在时间区间 $[\tau,\tau+\Delta\tau]$ 中他买进的数量为 $y(\tau)\Delta\tau$, 而到时刻 t 这些货物尚未卖出的部分为 $k(t-\tau)y(\tau)\Delta\tau$. 于是在时刻 t 商店中尚未售出的货物数量为

$$Ak(t)+\int_0^t k(t-\tau)y(\tau)\mathrm{d}\tau,$$

第一项表示在开始时买进的货物在时刻 t 尚未卖出的数量. 于是上式也是在时刻 t 商店存货的总量, 根据经理的要求应当有

$$A=Ak(t)+\int_0^t k(t-\tau)y(\tau)\mathrm{d}\tau.$$

这是一个第一类非齐次 Volterra 方程, 其解 $y(t)$ 就是上述管理问题的解.

例 3.4.4 (热力学数据的反转) 统计力学的主要问题之一是用气体分子间的位势函数 $V(r)$ 来确定气体的状态方程. 若以每单位气体体积的**摩尔数**测量的密度数 $\tilde{\rho}$ 很小时, 则状态方程由展开式

$$P/(\tilde{\rho}RT)=1-2\pi B(kT)\tilde{\rho}+O(\tilde{\rho}^2) \tag{3.4.10}$$

给出, 其中 P 为压力, T 为温度, R 为气体的普适常数, k 为**玻尔兹曼** (L. Boltzman, 1844—1906) **常数**, 而

$$B(s)=\int_0^\infty (1-\mathrm{e}^{-V(r)/s})r^2\mathrm{d}r. \tag{3.4.11}$$

若给定位势 $V(r)$, 则由 (3.4.11) 可算出 B, 从而 (3.4.10) 就是状态方程, 这就是正问题. 所谓反问题是要求从状态方程中求出分子间的位势函数 $V(r)$, 亦即给定 B, 要求对关于 V 的非线性积分方程 (3.4.11) 进行求解.

在科学和工程技术中的许多问题, 像例 3.4.2 和例 3.4.4 所显示的那样, 有正问题和反问题. 反问题往往都是积分方程的问题.

例 3.4.5 (人口模型) 令 P_0 为人类在时刻 $t=0$ 时人口的数目, $P_s(t)$ 为在时刻 $t>0$ 时生存的人口数. 生存函数 $f(t)$ 定义为人口中至少能活到 t 岁的人的百分比, 于是有

$$P_s(t)=P_0 f(t).$$

若在时刻 t 的婴儿出生率为 $r(t)$, 那么在时间区间 $[\tau_i,\tau_{i+1}]$ 中增加的人口数为 $r(\tau_i)\Delta_i\tau$, 这里 $\Delta_i\tau\triangleq\tau_{i+1}-\tau_i$. 这些在时刻 τ_i 出生的人, 到时刻 t 都有 $t-\tau_i$ 岁, 因此其中只有生存函数 $f(t-\tau_i)$ 数仍然生存下来. 在对 $[0,t]$ 分划的 m 个小区间 $[\tau_0,\tau_1],\cdots,[\tau_{m-1},\tau_m]$ 上重复这样的讨论, 则新增加的总人数为

$$B_m(t)=\sum_{i=0}^{m-1} f(t-\tau_i)r(\tau_i)\Delta_i\tau.$$

3.4 积分方程

令 $m \to \infty$ 且每个子区间的长度趋于零,取极限得

$$B(t) = \int_0^t f(t-\tau)r(\tau)\mathrm{d}\tau.$$

这个 $B(t)$ 是在 $[0,t]$ 中出生且生存到时刻 t 的总人数,加上 $P_s(t)$ 即得

$$P(t) = P_0 f(t) + \int_0^t f(t-\tau)r(\tau)\mathrm{d}\tau.$$

这就是在时刻 t 的总人数. 若出生率 r 与人口 P 成正比,亦即 $r(t) = kP(t)$,则有

$$P(t) = P_0 f(t) + k\int_0^t f(t-\tau)P(\tau)\mathrm{d}\tau.$$

这是一个关于 $P(t)$ 的**第二类 Volterra 积分方程**. 生存函数通常可以从保险资料中找到,因此假设它是已知的.

3.4.2 积分方程与微分方程的关系

在微分方程中,已经对初值问题

$$y' = f(x,y), \quad y(x_0) = y_0 \tag{3.4.12}$$

进行了仔细的研究. 经直接积分,很容易将这类问题变成积分方程的问题. 实际上,令 $y(x)$ 为 (3.4.12) 的解,则有 $y'(x) \equiv f(x,y(x))$. 用 ξ 代替 x 作为积分变量,从 x_0 到 x 积分即得

$$\int_{x_0}^x y'(\xi)\mathrm{d}\xi = \int_{x_0}^x f(\xi,y(\xi))\mathrm{d}\xi,$$

或者

$$y(x) = y_0 + \int_{x_0}^x f(\xi,y(\xi))\mathrm{d}\xi, \tag{3.4.13}$$

其中最后一步用到了微积分的基本定理. (3.4.13) 就是一个关于 y 的积分方程,它完全等价于初值问题 (3.4.12). 亦即 y 为 (3.4.12) 的解当且仅当 y 为 (3.4.13) 的解. 为了从 (3.4.13) 推出 (3.4.12),只需将 (3.4.13) 对 x 求导即得

$$y'(x) = \frac{\mathrm{d}}{\mathrm{d}x}\int_{x_0}^x f(\xi,y(\xi))\mathrm{d}\xi = f(x,y(x)),$$

并直接在 (3.4.13) 中令 $x = x_0$,有 $y(x_0) = y_0$. 这个例说明了一个重要事实,即 (3.4.12) 中的初始条件已包含在积分方程 (3.4.13) 中.

一般来说,完全有可能把某一个初值或边值问题改写成一个积分方程,反之亦然. 实际上,为了展开这个工作,下面有关重积分的简明公式是很有用的.

引理 3.4.1 令 $f(x)$ 对 $x \geqslant a$ 连续, 则有

$$\int_a^x \left[\int_a^{x_2} f(x_1)\mathrm{d}x_1\right] \mathrm{d}x_2 = \int_a^x (x-\xi)f(\xi)\mathrm{d}\xi. \tag{3.4.14}$$

证明 (3.4.14) 式左边的累次积分是在如图 3.9 所示的区域 R 上进行的, 因此改变积分次序可得

$$\int_a^x \left[\int_a^{x_2} f(x_1)\mathrm{d}x_1\right] \mathrm{d}x_2 = \int_a^x \left[\int_{x_1}^{x_2} f(x_1)\mathrm{d}x_2\right] \mathrm{d}x_1$$
$$= \int_a^x (x-x_1)f(x_1)\mathrm{d}x_1 = \int_a^x (x-\xi)f(\xi)\mathrm{d}\xi.$$

将公式 (3.4.14) 推广到 n 次的累次积分可得

$$\int_a^x \int_a^{x_n} \cdots \int_a^{x_2} f(x_1)\mathrm{d}x_1\mathrm{d}x_2\cdots\mathrm{d}x_n = \frac{1}{(n-1)!}\int_a^x (x-\xi)^{n-1}f(\xi)\mathrm{d}\xi. \tag{3.4.15}$$

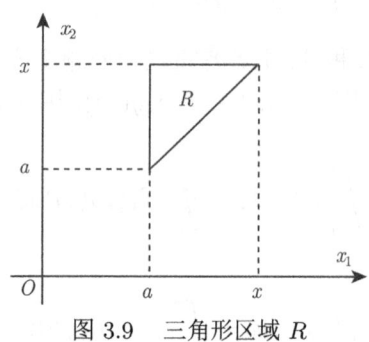

图 3.9　三角形区域 R

例 3.4.6 考虑二阶初值问题

$$y'' + A(x)y' + B(x)y = f(x), \quad x > 0, \tag{3.4.16}$$

$$y(a) = y_0, \quad y'(a) = y_0', \tag{3.4.17}$$

在 (3.4.16) 中解出 y'',并从 a 到 x 积分即得

$$y'(x) - y_0' = -\int_a^x A(\xi)y'(\xi)\mathrm{d}\xi - \int_a^x B(\xi)y(\xi)\mathrm{d}\xi + \int_a^x f(\xi)\mathrm{d}\xi.$$

将右端的第一个积分进行分部积分可得

$$y'(x) = A(x)y(x) - \int_a^x [B(\xi) - A'(\xi)]y(\xi)\mathrm{d}\xi + \int_a^x f(\xi)\mathrm{d}\xi + A(a)y_0 + y_0'.$$

再一次积分得

$$y(x) - y_0 = -\int_a^x A(\xi)y(\xi)\mathrm{d}\xi - \int_a^x \int_a^{x_1} [B(\xi) - A'(\xi)]y(\xi)\mathrm{d}\xi \mathrm{d}x_1$$
$$+ \int_a^x \int_a^{x_1} f(\xi)\mathrm{d}\xi \mathrm{d}x_1 + [A(a)y_0 + y_0'](x - a).$$

利用引理 3.4.1 推得

$$y(x) = -\int_a^x \{A(\xi) + (x - \xi)[B(\xi) - A'(\xi)]\}y(\xi)\mathrm{d}\xi$$
$$+ \int_a^x (x - \xi)f(\xi)\mathrm{d}\xi + [A(a)y_0 + y_0'](x - a) + y_0. \tag{3.4.18}$$

这个方程有如下形式:

$$y(x) = \int_a^x k(x,\xi)y(\xi)\mathrm{d}\xi + F(x),$$

这是一个第二类 Volterra 积分方程. 将 (3.4.18) 对 x 求导两次并利用**莱布尼茨** (G. Leibniz, 1646—1716) **公式**即可回到 (3.4.16). 注意到 (3.4.18) 已包含了初始条件 (3.4.17), 因此 (3.4.18) 等价于问题 (3.4.16)—(3.4.17).

边值问题也可用类似的方法改写成积分方程.

例 3.4.7 考虑边值问题

$$\begin{cases} y'' + \lambda y = 0, & 0 < x < l, \\ y(0) = y(l) = 0, \end{cases} \tag{3.4.19}$$

其中 λ 为常数. 将方程两边从 0 到 x 积分得

$$y'(x) - y'(0) = -\lambda \int_0^x y(\xi)\mathrm{d}\xi.$$

再积分一次并利用引理 3.4.1 可得

$$y(x) = y'(0)x - \lambda \int_0^x (x - \xi)y(\xi)\mathrm{d}\xi.$$

由于讨论的是边值问题, 因此 $y'(0)$ 并不知道. 在上式中令 $x = l$ 有

$$y'(0) = -\frac{\lambda}{l}\int_0^l (l-\xi)y(\xi)\mathrm{d}\xi,$$

将此代入上式可得

$$y(x) = \frac{\lambda x}{l}\int_0^l (l-\xi)y(\xi)\mathrm{d}\xi - \lambda\int_0^x (x-\xi)y(\xi)\mathrm{d}\xi$$

$$= \int_0^x \frac{\lambda x}{l}(l-\xi)y(\xi)\mathrm{d}\xi - \lambda\int_0^x (x-\xi)y(\xi)\mathrm{d}\xi + \int_x^l \frac{\lambda x}{l}(l-\xi)y(\xi)\mathrm{d}\xi$$

$$= \lambda\int_0^x \frac{\xi(l-x)}{l}y(\xi)\mathrm{d}\xi + \lambda\int_x^l \frac{x(l-\xi)}{l}y(\xi)\mathrm{d}\xi.$$

若定义核为

$$k(x,\xi) = \begin{cases} \dfrac{\xi(l-x)}{l}, & \xi < x, \\ \dfrac{x(l-\xi)}{l}, & x < \xi, \end{cases}$$

则有

$$y(x) = \lambda \int_0^l k(x,\xi)y(\xi)\mathrm{d}\xi. \tag{3.4.20}$$

这就是关于 y 的第二类齐次 Fredholm 积分方程. 将 (3.4.20) 对 x 求导两次即可得到 (3.4.19) 中的微分方程.

3.4.3 Fredholm 方程

考虑第二类 Fredholm 方程

$$y(x) = f(x) + \lambda \int_a^b k(x,\xi)y(\xi)\mathrm{d}\xi, \tag{3.4.21}$$

其中 $f(x)$ 为已知的连续函数, λ 为常数, 而核 k 为连续的且有如下形式:

$$k(x,\xi) = \sum_{i=1}^n \alpha_i(x)\beta_i(\xi). \tag{3.4.22}$$

这样的积分核称为**分离核**或**退化核**, 有分离核的积分方程 (3.4.21) 可化成线性代数方程组进行求解. 为此将 (3.4.22) 代入 (3.4.21) 可得

$$y(x) = f(x) + \lambda \sum_{i=1}^n \left\{\int_a^b \beta_i(\xi)y(\xi)\mathrm{d}\xi\right\}\alpha_i(x).$$

3.4 积分方程

记花括号中的量为 c_i, 即

$$c_i \triangleq \int_a^b \beta_i(\xi)y(\xi)\mathrm{d}\xi.$$

这是一些未知的常数. 一旦求出这些数, 则可求得解

$$y(x) = f(x) + \lambda \sum_{i=1}^n c_i \alpha_i(x). \tag{3.4.23}$$

将 (3.4.23) 的两边都乘以 $\beta_i(\xi)$, 并从 a 到 b 的积分即得

$$c_j = f_j + \lambda \sum_{i=1}^n a_{ji}c_i, \quad j = 1, 2, \cdots, n, \tag{3.4.24}$$

其中

$$f_j = \int_a^b f(x)\beta_j(x)\mathrm{d}x, \quad \alpha_{ij} = \int_a^b \alpha_i(x)\beta_j(x)\mathrm{d}x.$$

将 (3.4.24) 写成矩阵形式为

$$(I - \lambda A)c = f, \tag{3.4.25}$$

其中 I 为单位矩阵, $A = (a_{ij})$, $c = (c_1, \cdots, c_n)^{\mathrm{T}}$, $f = (f_1, \cdots, f_n)^{\mathrm{T}}$, T 表示转置. 因此 (3.4.25) 是一个关于 c 的 n 阶线性代数方程组. 对于线性方程组

$$Bx = f, \tag{3.4.26}$$

其中 B 为 $n \times n$ 矩阵, f 为已知 n 维向量, 而 x 为未知向量. 由线性代数有如下结果.

(1) 若 $f = 0$ 但 $\det B \neq 0$, 则 (3.4.26) 只有零解, 若 $f = 0$ 且 $\det B = 0$, 则 (3.4.26) 有无限多个解.

(2) 若 $f \neq 0$ 且 $\det B \neq 0$, 则 (3.4.26) 有唯一解, 若 $f \neq 0$ 但 $\det B = 0$, 则 (3.4.26) 或者没有解, 或者有无限多个解.

因此有如下的 **Fredholm 定理**.

定理 3.4.1 考虑具有分离核 k 的 Fredholm 积分方程 (3.4.21).

(i) 如果 $\int_a^b f(x)\beta_j(x)\mathrm{d}x$, $j = 1, 2, \cdots, n$, 不全为零, 且若 $\det(I - \lambda A) \neq 0$, 则 (3.4.21) 存在由 (3.4.23) 给出的唯一解, 其中 $c = (c_1, \cdots, c_n)^{\mathrm{T}}$ 为 (3.4.25) 的唯一解. 若 $\det(I - \lambda A) = 0$, 则 (3.4.21) 或者没有解或者有无限多个解.

(ii) 如果 $\int_a^b f(x)\beta_j(x)\mathrm{d}x$, 且若 $\det(I-\lambda A) \neq 0$, 则 (3.4.21) 只有解 $y = f(x)$. 若 $\det(I - \lambda A) = 0$, 则 (3.4.21) 有无限多个解.

在齐次方程 (即 $f(x) \equiv 0$) 的情况下, 使得方程

$$y(x) = \lambda \int_a^b k(x,\xi) y(\xi) \mathrm{d}\xi \tag{3.4.27}$$

有非零解的 λ 值称为**特征值**, 而对应的非零解称为**特征函数**. 由定理 3.4.1(ii) 即知, 特征值 λ 由方程 $\det(I - \lambda A) = 0$ 求出, 因此至多有 n 个. 若 λ_0 是 (3.4.27) 的一个特征值, 则对应的特征函数由 (3.4.23) 给出, 或者

$$y(x) = \lambda_0 \sum_{i=1}^n c_i \alpha_i(x), \tag{3.4.28}$$

其中 c_i 由 (3.4.25) 在 $f = 0$ 情况下求出.

例 3.4.8 求出积分方程 $y(x) = \lambda \int_0^1 (1-3x\xi) y(\xi) \mathrm{d}\xi$ 的特征值和特征函数. 这时显然有 $\alpha_1(x) = 1, \beta_1(\xi) = 1, \alpha_2(x) = -3x, \beta_2(\xi) = \xi$, 而

$$A = \begin{pmatrix} \int_0^1 \beta_1 \alpha_1 \mathrm{d}x & \int_0^1 \beta_1 \alpha_2 \mathrm{d}x \\ \int_0^1 \beta_2 \alpha_1 \mathrm{d}x & \int_0^1 \beta_2 \alpha_2 \mathrm{d}x \end{pmatrix} = \begin{pmatrix} 1 & -\dfrac{3}{2} \\ \dfrac{1}{2} & -1 \end{pmatrix},$$

以及

$$\det(I - \lambda A) = \det \begin{pmatrix} 1-\lambda & \dfrac{3\lambda}{2} \\ -\dfrac{\lambda}{2} & 1+\lambda \end{pmatrix} = 1 - \dfrac{\lambda^2}{4}.$$

令 $\det(I - \lambda A) = 0$ 即得特征值为

$$\lambda = \pm 2.$$

于是只要 $\lambda = \pm 2$, 所论积分方程就有非平凡解. 当 $\lambda = 2$ 时, (3.4.25) 成为 $-c_1 + 3c_2 = 0$, 从而 $c_2 = E, c_1 = 3E$, 这里 E 为任意常数. 于是由 (3.4.28) 即得 $\lambda = 2$ 对应的特征函数为

$$y(x) = 2(3E + E(-3x)) = H(1-x), \quad H \text{ 为任意常数}.$$

类似地讨论即得 $\lambda = -2$ 所对应的特征函数为 $y(x) = H(1-3x)$, 其中 H 为任意常数.

例 3.4.9 考虑非齐次方程

$$y(x) = f(x) + \lambda \int_0^1 (1-3x\xi)y(\xi)\mathrm{d}\xi.$$

如果 $\int_0^1 f(x)\mathrm{d}x \neq 0$, 或者 $\int_0^1 xf(x)\mathrm{d}x \neq 0$, 只要 $\lambda \neq \pm 2$, 则方程有唯一解. 若 $\lambda = 2$, 则方程组 (3.4.25) 成为

$$-c_1 + 3c_2 = \int_0^1 f(x)\mathrm{d}x, \quad -c_1 + 3c_2 = \int_0^1 xf(x)\mathrm{d}x.$$

于是当 $\int_0^1 f(x)\mathrm{d}x \neq \int_0^1 xf(x)\mathrm{d}x$ 时, 这组方程无解. 而当 $\int_0^1 f(x)\mathrm{d}x = \int_0^1 xf(x)\mathrm{d}x$ 时, 上面的线性方程组有无限多个解. 即 $c_2 = E, c_1 = 3E - \int_0^1 f(x)\mathrm{d}x$, 这个 E 为任意常数. 因此对于 $\lambda = 2$ 时积分方程的解为

$$y(x) = f(x) + 2\left\{\left[3E - \int_0^1 f(x)\mathrm{d}x\right] - 3Ex\right\} = f(x) - 2\int_0^1 f(x)\mathrm{d}x + 6E(1-x),$$

其中 E 为任意常数. 当 $\lambda = -2$ 时可进行类似的讨论.

3.4.4 对称核

在许多来自自然科学的问题中, Fredholm 方程都是自然地出现对称核. 所以考虑积分方程

$$y(x) = \lambda \int_a^b k(x,\xi)y(\xi)\mathrm{d}\xi, \tag{3.4.29}$$

其中

$$k(x,\xi) = k(\xi,x),$$

且 k 在正方形 $a \leqslant x \leqslant b, a \leqslant \xi \leqslant b$ 上实值连续. 下面的定理给出了方程 (3.4.29) 的特征值和特征函数的基本性质.

定理 3.4.2 考虑积分方程 (3.4.29).

(i) 若核不是分离的, 则方程 (3.4.29) 有无限多个特征值 $\lambda_1, \lambda_2, \cdots$, 它们可按下列顺序排列:

$$0 < |\lambda_1| \leqslant |\lambda_2| \leqslant \cdots,$$

且有
$$\lim_{n\to\infty}|\lambda_n|=\infty.$$

(ii) 所有特征值都是实的.

(iii) 若 $y_m(x)$ 和 $y_n(x)$ 是对应于不同特征值 λ_m 和 λ_n 的特征函数, 则 $y_m(x)$ 和 $y_n(x)$ 在区间 $[a,b]$ 上正交, 亦即

$$\int_a^b y_m(x)y_n(x)\mathrm{d}x=0.$$

(iv) 对应于每一个特征值 λ, 至多存在有限个独立的特征函数, 因此每一个特征值的重数也是有限的.

证明 若 $\lambda_m,y_m(x)$ 和 $\lambda_n,y_n(x)$ 是两对特征值、特征函数, 则有

$$y_m(x)=\lambda_m\int_a^b k(x,\xi)y_m(\xi)\mathrm{d}\xi,\quad y_n(x)=\lambda_n\int_a^b k(x,\xi)y_n(\xi)\mathrm{d}\xi.$$

将第一个方程乘以 $y_n(x)$, 并从 a 到 b 积分, 然后交换积分顺序, 则可得

$$\int_a^b y_m(x)y_n(x)\mathrm{d}x=\lambda_m\int_a^b y_n(x)\left(\int_a^b k(x,\xi)y_m(\xi)\mathrm{d}\xi\right)\mathrm{d}x$$

$$=\lambda_m\int_a^b y_m(\xi)\left(\int_a^b k(x,\xi)y_n(x)\mathrm{d}x\right)\mathrm{d}\xi$$

$$=\lambda_m\int_a^b y_m(\xi)\left(\int_a^b k(\xi,x)y_n(x)\mathrm{d}x\right)\mathrm{d}\xi$$

$$=\frac{\lambda_m}{\lambda_n}\int_a^b y_m(\xi)y_n(\xi)\mathrm{d}\xi.$$

于是有 $(\lambda_m-\lambda_n)\int_a^b y_m(x)y_n(x)\mathrm{d}x=0$, 由于 $\lambda_m\neq\lambda_n$, 故 (iii) 得证.

为了证明结论 (ii), 令 $\lambda=\alpha+\mathrm{i}\beta$ 为 (3.4.29) 的特征值, 则有

$$\bar{y}(x)=\bar{\lambda}\int_a^b k(x,\xi)\bar{y}(\xi)\mathrm{d}\xi,$$

其中一横表示复共轭. 由结论 (iii) 即得

$$0=(\lambda-\bar{\lambda})\int_a^b y(x)\bar{y}(x)\mathrm{d}x=2\mathrm{i}\beta\int_a^b |y(x)|^2\mathrm{d}x,$$

3.4 积分方程

因此 $\beta = 0$, 即 λ 为实数.

结论 (i) 和 (iv) 的证明已超出本书范围, 有兴趣的读者可参看柯朗 (R. Courant, 1888—1972) 和希尔伯特 (D. Hilbert, 1862—1943) 的《数学物理方法》([12], [13]). 在此再一次强调, 定理 3.4.2 只对实对称连续核成立. 非对称核就可能有复特征值.

例 3.4.10 考虑积分方程

$$y(x) = \lambda \int_0^1 k(x,\xi) y(\xi) \mathrm{d}\xi, \tag{3.4.30}$$

其中

$$k(x,\xi) = \begin{cases} x(1-\xi), & 0 \leqslant x \leqslant \xi, \\ \xi(1-x), & \xi \leqslant x \leqslant 1, \end{cases}$$

显然核 k 在边长为 1 的正方形上是连续对称的. 将 (3.4.30) 对 x 求导两次即知 $y(x)$ 满足边值问题

$$y'' + \lambda y = 0, \quad 0 < x < 1,$$

$$y(0) = y(1) = 0.$$

这个问题仅当 λ 为正值时才可能有非零解. 当 $\lambda > 0$ 时, 方程的通解为

$$y(x) = c_1 \cos\sqrt{\lambda}\, x + c_2 \sin\sqrt{\lambda}\, x.$$

由条件 $y(0) = 0$ 推出 $c_1 = 0$, 而由条件 $y(1) = 0$ 即得 $\sin\sqrt{\lambda} = 0$, 因此特征值为

$$\lambda = \lambda_n = n^2 \pi^2, \quad n = 1, 2, \cdots.$$

而对应的特征函数为

$$y_n(x) = \sin n\pi x, \quad n = 1, 2, \cdots.$$

对于 Sturm-Liouville 问题, 我们曾讨论过怎样的函数可以展开成给定问题的特征函数的级数, 对于积分方程也有同样的问题. 此处不加证明地给出如下展开定理.

定理 3.4.3 (希尔伯特–施密特 (Hilbert-Schmidt) 定理) 假设存在连续函数 g 使得

$$F(x) = \int_0^1 k(x,\xi) g(\xi) \mathrm{d}\xi,$$

那么 $F(x)$ 可以展开成

$$F(x) = \sum_{n=1}^{\infty} c_n y_n(x), \tag{3.4.31}$$

其中 $y_n(x)$ 为 (3.4.29) 的标准特征函数.

由于 $y_n(x)$ 的正交性, 因此 c_n 为广义的 Fourier 系数, 它们为

$$c_n = \int_a^b F(x)y_n(x)\mathrm{d}x. \tag{3.4.32}$$

注意到若 k 是分离核, 则 (3.4.31) 右端就只有有限项. 一般来说, 级数 (3.4.31) 在 $[a,b]$ 上是绝对一致收敛的.

根据定理 3.4.3, 可以利用 (3.4.29) 的特征值和特征函数给出非齐次积分方程

$$y(x) = f(x) + \lambda \int_a^b k(x,\xi)y(\xi)\mathrm{d}\xi \tag{3.4.33}$$

解的公式. 同前面一样, 在 (3.4.33) 中的核 k 也是对称的实值连续函数. 若 $y(x)$ 是 (3.4.33) 的解, 则有

$$y(x) - f(x) = \lambda \int_a^b k(x,\xi)y(\xi)\mathrm{d}\xi.$$

因此 $y-f$ 可以看成由连续函数 λy 生成, 于是由定理 3.4.3, 函数 $y-f$ 可以展开成

$$y(x) - f(x) = \sum_{n=1}^\infty c_n y_n(x),$$

其中 y_n 为 (3.4.29) 的标准正交特征函数. 从而 c_n 为

$$c_n = \int_a^b (y(x) - f(x))y_n(x)\mathrm{d}x = \int_a^b y(x)y_n(x)\mathrm{d}x - f_n,$$

其中 $f_n = \int_a^b f(x)y_n(x)\mathrm{d}x$. 将 (3.4.33) 两边乘以 $y_n(x)$, 并从 a 到 b 积分可得

$$\int_a^b y(x)y_n(x)\mathrm{d}x = f_n + \lambda \int_a^b \left[\int_a^b k(x,\xi)y(\xi)\mathrm{d}\xi\right] y_n(x)\mathrm{d}x$$

$$= f_n + \lambda \int_a^b \left[\int_a^b k(x,\xi)y_n(\xi)\mathrm{d}\xi\right] y(x)\mathrm{d}x,$$

其中用到 k 的对称性和积分顺序的改变. 因此, 若 λ_n 为对应于 y_n 的特征值, 则有

$$\int_a^b y(x)y_n(x)\mathrm{d}x = f_n + \frac{\lambda}{\lambda_n}\int_a^b y(x)y_n(x)\mathrm{d}x.$$

3.4 积分方程

从而有
$$c_n = \frac{\lambda f_n}{\lambda_n - \lambda}. \tag{3.4.34}$$

于是有如下定理.

定理 3.4.4 令 $y(x)$ 为 (3.4.33) 的解, 其中 λ 不是 (3.4.29) 的特征值. 则有

$$y(x) = f(x) + \lambda \sum_{n=1}^{\infty} \frac{f_n}{\lambda_n - \lambda} y_n(x), \tag{3.4.35}$$

其中
$$f_n = \int_a^b f(x) y_n(x) \mathrm{d}x.$$

而 λ_n 和 y_n 为 (3.4.29) 的特征值和对应的特征函数.

推论 3.4.1 解 (3.4.35) 可以写成

$$y(x) = f(x) - \lambda \int_a^b \Gamma(x, \xi, \lambda) f(\xi) \mathrm{d}\xi,$$

其中 Γ 称为**预解核**. 它的定义为

$$\Gamma(x, \xi, \lambda) = \sum_{n=1}^{\infty} \frac{y_n(x) y_n(\xi)}{\lambda - \lambda_n}, \quad \lambda \neq \lambda_n.$$

推论的证明留给读者作为练习.

例 3.4.11 求解方程

$$y(x) = x + \lambda \int_0^1 k(x, \xi) y(\xi) \mathrm{d}\xi,$$

其中 k 与例 3.4.10 相同. 此时标准化特征函数为 $y_n(x) = \sqrt{2} \sin n\pi x, n = 1, 2, \cdots$, 而特征值为 $\lambda_n = n^2 \pi^2, n = 1, 2, \cdots$. 因此

$$f_n = \int_0^1 x \sqrt{2} \sin(n\pi x) \mathrm{d}x = (-1)^{n+1} \sqrt{2}/(n\pi).$$

从而由 (3.4.35) 得出

$$y(x) = x + \frac{\sqrt{2} \lambda}{\pi} \sum_{n=1}^{\infty} \frac{(-1)^{n+1} \sin(n\pi x)}{n(n^2 \pi^2 - \lambda)}, \quad \lambda \neq n^2 \pi^2.$$

若对于某一个 k 有 $\lambda = \lambda_k$, 则除非 $f_k = 0$ (即 f 与 y_k 正交), 否则方程无解. 当 $f_k = 0$ 时, 则对任何关于 c_k 的方程 (3.4.34), 当 $n = k$ 时总满足. 因此 (3.4.33) 的解可写成

$$y(x) = f(x) + c_k y_k(x) + \lambda \sum_{\substack{n=1 \\ n \neq k}}^{\infty} \frac{f_n}{(\lambda_n - \lambda)} y_n(x),$$

其中 c_k 为任意常数. 因而 (3.4.33) 有无限多个解.

3.4.5 Volterra 方程

利用迭代法来确定各种类型方程的近似解是应用数学中通用的办法.

例 3.4.12 如果希望求出代数方程 $x = \cos x$ 的根. 从初始值猜测 x_0 出发, 利用迭代格式

$$x_{n+1} = \cos x_n, \quad n = 1, 2, \cdots,$$

可以得到一个近似序列 $x_1, x_2, \cdots, x_n, \cdots$. 从曲线图上来看, 这个根应该在 $x = 0.5$ 与 $x = 1.0$ 之间. 例如取 $x_0 = 0.75$, 按上述格式求得

$$x_1 = 0.7316, \quad x_2 = 0.7440, \quad x_3 = 0.7357, \quad \cdots,$$

$$x_9 = 0.7387, \quad x_{10} = 0.7392, \quad \cdots.$$

这个序列收敛于 $x = \cos x$ 的根, 它在小数点后四位有效数字是 0.7390. 一般来说, 只要初始值猜测 x_0 充分接近于方程 $x = F(x)$ 的根 $\bar{x}$, 且 $|F'(\bar{x})| < 1$, 则迭代序列 $x_{n+1} = F(x_n), n = 1, 2, \cdots$ 将收敛于根 $\bar{x}$.

例 3.4.13 考虑初值问题

$$y' = f(x, y), \quad y(x_0) = y_0,$$

其中 f 为已知的连续可微函数. 由 (3.4.13) 即知这个问题等价于积分方程

$$y(x) = y_0 + \int_{x_0}^{x} f(\xi, y(\xi)) \mathrm{d}\xi. \tag{3.4.36}$$

从 (3.4.36) 解的初始近似 $\Phi_0(x) = y_0$ 出发, 利用迭代格式

$$\Phi_{n+1}(x) = y_0 + \int_{x_0}^{x} f(\xi, \Phi_n(\xi)) \mathrm{d}\xi, \quad n = 0, 1, 2, \cdots,$$

可以得到一个逐次逼近序列 $\Phi_1(x), \Phi_2(x), \cdots$. 这个方法称为**皮卡** (E. Picard, 1856—1941) **迭代法** ([8]). 可以证明, 当 $n \to \infty$ 时 $\Phi_n(x)$ 收敛于 (3.4.36) 的唯一解. 例如初值问题

$$y' = 2x(1 + y), \quad y(0) = 0 \tag{3.4.37}$$

3.4 积分方程

等价于积分方程
$$y(x) = \int_0^x 2\xi(1+y(\xi))\mathrm{d}\xi.$$

其 Picard 迭代格式为

$$\Phi_{n+1}(x) = \int_0^x 2\xi,(1+\Phi_n(\xi))\mathrm{d}\xi, \quad n=0,1,2,\cdots.$$

可取 $\Phi_0(x) = 0$ 得

$$\Phi_1(x) = \int_0^x 2\xi(1+0)\mathrm{d}\xi = x^2,$$

$$\Phi_2(x) = \int_0^x 2\xi(1+\xi^2)\mathrm{d}\xi = x^2 + \frac{1}{2}x^4,$$

$$\Phi_3(x) = \int_0^x 2\xi\left(1+\xi^2+\frac{1}{2}\xi^4\right)\mathrm{d}\xi = x^2 + \frac{1}{2}x^4 + \frac{x^6}{2\cdot 3},$$

等等. 一般地, 有

$$\Phi_{n+1}(x) = x^2 + \frac{1}{2!}x^4 + \frac{x^6}{3!} + \cdots + \frac{x^{2n+2}}{(n+1)!}.$$

容易看出当 $n \to \infty$ 时, $\Phi_{n+1}(x)$ 以 $\mathrm{e}^{x^2}-1$ 其极限, 这就是 (3.4.37) 的解.

可以用类似的方法来求解 Volterra 方程

$$y(x) = f(x) + \lambda \int_a^x k(x,\xi)y(\xi)\mathrm{d}\xi, \quad a \leqslant x \leqslant b, \tag{3.4.38}$$

其中 f 和 k 均为连续函数. 为此定义逐次逼近序列

$$y_{n+1}(x) = f(x) + \lambda \int_a^x k(x,\xi)y_n(\xi)\mathrm{d}\xi, \quad n=0,1,2,\cdots, \tag{3.4.39}$$

其中 $y_0(x) = f(x)$ 为已知的初始近似. 为了进一步研究迭代过程, 定义**线性积分算子** K 为

$$K(y) \triangleq \int_a^x k(x,\xi)y(\xi)\mathrm{d}\xi,$$

并将 (3.4.39) 写成

$$y_{n+1} \triangleq f + \lambda K(y_n), \quad n=0,1,2,\cdots.$$

于是头两次迭代为
$$y_1 = f + \lambda K(y_0),$$
$$y_2 = f + \lambda K(y_1) = f + \lambda K(f + \lambda K(y_0)) = f + \lambda K(f) + \lambda^2 K^2(y_0),$$
其中 $K^2(y_0) = K(K(y_0))$. 以此类推即得
$$y_{n+1} = f + \sum_{i=1}^{n} \lambda^i K^i(f) + \lambda^{n+1} K^{n+1}(y_0), \tag{3.4.40}$$

这里 $K^m(f)$ 记 K 对 f 的 m 次迭代, 即 $K^m(f) \triangleq K(K \cdots (K(f)) \cdots)$. 为了研究 (3.4.40) 的收敛性, 我们来估算迭代变换 K^{n+1}. 首先有
$$|K(y_0)| = \left| \int_a^x k(x,\xi) y(\xi) \mathrm{d}\xi \right| \leqslant \int_a^x |k(x,\xi)||y_0(\xi)| \mathrm{d}\xi \leqslant (x-a)MC,$$

其中 M 为 $|k|$ 在正方形区域 $a \leqslant x, \xi \leqslant b$ 上的最大值, 而 C 为 $|y_0(x)|$ 在区间 $a \leqslant x \leqslant b$ 上的最大值. 其次
$$|K^2(y_0)| = \left| \int_a^x k(x,\xi) K(y_0)(\xi) \mathrm{d}\xi \right| \leqslant \int_a^x |k(x,\xi)||K(y_0)(\xi)| \mathrm{d}\xi$$
$$\leqslant \int_a^x M(x-a)MC \mathrm{d}\xi = \frac{(x-a)^2}{2} CM^2.$$

于是由归纳法可得
$$|K^{n+1}(y_0)| \leqslant \frac{(x-a)^{n+1}}{(n+1)!} CM^{n+1} \leqslant \frac{(b-a)^{n+1}}{(n+1)!} CM^{n+1}.$$

所以当 $n \to \infty$ 时对任何选定的初始迭代 $y_0(x)$ 有
$$|\lambda|^{n+1} |K^{n+1}(y_0)| \to 0$$

在 $a \leqslant x \leqslant b$ 上一致成立. 于是可得到如下的定理.

定理 3.4.5 如果 f 和 k 是连续的, 则迭代序列 (3.4.39) 一致收敛于方程 (3.4.38) 的唯一解 $y(x)$, 且有
$$y(x) = f(x) + \sum_{i=1}^{\infty} \lambda^i K^i(f). \tag{3.4.41}$$

表达式 (3.4.41) 称为 $y(x)$ 的 **Neumann 级数**.

例 3.4.14 考虑积分方程

$$y(x) = x + \lambda \int_0^x (x-\xi) y(\xi) \mathrm{d}\xi.$$

于是有

$$K(x) = \int_0^x (x-\xi)\xi \mathrm{d}\xi = \frac{x^3}{3!},$$

$$K^2(x) = \int_0^x (x-\xi) \frac{\xi^3}{3!} \mathrm{d}\xi = \frac{x^5}{5!}, \cdots.$$

其 Neumann 级数为

$$y(x) = x + \frac{\lambda x^3}{3!} + \frac{\lambda^2 x^5}{5!} + \cdots.$$

从定理 3.4.5, 可有如下的直接推论.

推论 3.4.2 对于 λ 的任何值, Volterra 方程

$$y(x) = \lambda \int_0^x k(x,\xi) y(\xi) \mathrm{d}\xi \tag{3.4.42}$$

只有平凡解 $y(x) \equiv 0$. 因此方程 (3.4.42) 不存在特征值. 另外, 存在 (3.4.41) 用迭代核的另一种表示法. 因为注意到

$$Kf(x) = \int_0^x k(x,\xi) y(\xi) \mathrm{d}\xi,$$

$$(K^2 f)(x) = K(Kf)(x) = \int_a^x k(x,\xi) \int_a^x k(x,\xi_1) y(\xi_1) \mathrm{d}\xi_1 \mathrm{d}\xi$$

$$= \int_a^x k(x,\xi) \int_a^x k(x,\xi_1) f(\xi_1) \mathrm{d}\xi_1 \mathrm{d}\xi$$

$$= \int_a^x \left[\int_{\xi_1}^x k(x,\xi) k(\xi,\xi_1) \mathrm{d}\xi \right] f(\xi_1) \mathrm{d}\xi_1.$$

令

$$k_2(x,\xi_1) \triangleq \int_{\xi_1}^x k(x,\xi) k(\xi,\xi_1) \mathrm{d}\xi,$$

则有

$$(K^2 f)(x) = \int_a^x k_2(x,\xi_1) f(\xi_1) \mathrm{d}\xi_1.$$

继续同样的讨论可得

$$(K^2 f)(x) = \int_a^x k_3(x,\xi_1) f(\xi_1) \mathrm{d}\xi_1,$$

其中

$$k_3(x,\xi_1) \triangleq \int_{\xi_1}^x k(x,\xi) k_2(\xi,\xi_1) \mathrm{d}\xi.$$

一般地, 有

$$(K^n f)(x) = \int_a^x k_n(x,\xi_1) f(\xi_1) \mathrm{d}\xi_1,$$

其中

$$k_n(x,\xi_1) \triangleq \int_{\xi_1}^x k(x,\xi) k_{n-1}(\xi,\xi_1) \mathrm{d}\xi.$$

核 $k_1 = k, k_2, k_3, \cdots$ 称为**迭代核**, 而 Neumann 级数 (3.4.41) 成为

$$\begin{aligned} y(x) &= f(x) + \lambda \sum_{i=1}^{\infty} \lambda^{i-1} \int_a^x k_i(x,\xi) f(\xi) \mathrm{d}\xi \\ &= f(x) + \lambda \int_a^x \left(\sum_{i=1}^{\infty} \lambda^{i-1} k_i(x,\xi) \right) f(\xi) \mathrm{d}\xi \\ &= f(x) + \lambda \int_a^x \Gamma(x,\xi,\lambda) f(\xi) \mathrm{d}\xi, \end{aligned} \qquad (3.4.43)$$

其中

$$\Gamma(x,\xi,\lambda) = \sum_{i=1}^{\infty} \lambda^{i-1} k_i(x,\xi)$$

称为**预解核**.

某些 Volterra 方程有特别类型的积分核, 此时可能直接求解. 例如所谓**卷积型** Volterra 方程

$$y(x) = f(x) + \lambda \int_0^x k(x-\xi) y(\xi) \mathrm{d}\xi, \qquad (3.4.44)$$

即可利用 Laplace 变换进行求解. 显然 (3.4.44) 右端的积分就是卷积 $k * y$, 因此对 (3.4.44) 的两边 Laplace 变换得

$$\mathcal{L}[y] = \mathcal{L}[f] + \lambda \mathcal{L}[k] \mathcal{L}[y],$$

3.4 积分方程

于是有
$$\mathcal{L}[y] = \frac{\mathcal{L}[f]}{1 - \lambda \mathcal{L}[k]}.$$

从而 (3.4.44) 的解为
$$y(x) = \mathcal{L}^{-1}\left\{\frac{\mathcal{L}[f]}{1 - \lambda \mathcal{L}[k]}\right\}, \quad \lambda \mathcal{L}[k] \neq 1.$$

例 3.4.15 利用 Laplace 方法求解方程
$$y(x) = x - \int_0^x (x - \xi) y(\xi) \mathrm{d}\xi.$$

显然 $f(x) = x$, $k(x) = x$, 又有 $\mathcal{L}[x] = 1/s^2$. 因此对方程进行 Laplace 变换即得
$$\mathcal{L}[y] = 1/s^2 - 1/s^2 \mathcal{L}[y],$$

或者
$$\mathcal{L}[y] = \frac{1}{1 + s^2}.$$

由此即得
$$y(x) = \mathcal{L}^{-1}\left\{\frac{1}{1 + s^2}\right\} = \sin x.$$

一个积分方程称为**奇异**的, 如果它的核是奇异的或者积分区间为无限区间. 下面通过给出一些积分方程的例子来说明可能出现的各种各样的现象.

例 3.4.16 考虑方程
$$y(x) = \lambda \int_0^\infty \sin x\xi \, y(\xi) \mathrm{d}\xi. \tag{3.4.45}$$

若 $\lambda = \sqrt{\dfrac{2}{\pi}}$, 则
$$y_\alpha(x) = \sqrt{\frac{2}{\pi}} \mathrm{e}^{-\alpha x} + \frac{x}{\alpha^2 + x^2}, \quad x > 0 \tag{3.4.46}$$

对任何 $\alpha > 0$ 都是 (3.4.45) 的解, 因此 $\lambda = \sqrt{\dfrac{2}{\pi}}$ 是个无限多重的特征值, 并注意到 (3.4.45) 右端的积分是一个对 y 的 Fourier 正弦变换.

例 3.4.17 积分方程

$$y(x) = \lambda \int_0^\infty \mathrm{e}^{-x\xi} y(\xi) \mathrm{d}\xi$$

的特征值不是离散的,而是形成连续统构造. 实际上它们是

$$\lambda = \sqrt{\frac{\sin \alpha \pi}{\pi}}, \quad 0 < \alpha < 1.$$

因此 $0 < \lambda < \dfrac{1}{\sqrt{\pi}}$,其相应的特征函数为

$$y_\alpha(x) = \sqrt{\Gamma(1-\alpha)} x^{\alpha-1} + \sqrt{\Gamma(\alpha)} x^{-\alpha},$$

其中 $\Gamma(x)$ 为伽马 (Gamma) 函数.

例 3.4.18 在例 3.4.1 中,我们遇到了方程

$$y(x) = \int_0^\infty y(\xi)/\sqrt{x-\xi} \mathrm{d}\xi. \tag{3.4.47}$$

这个方程称为**阿贝尔** (N. Abel, 1802—1829) **方程**, 它出现在许多应用中. 由于它是卷积型的,因此可以利用 Laplace 变换法求解. 但在此,我们将采用另一个初等办法求解. 将 (3.4.47) 两边乘以 $(s-x)^{-1/2}$, 并从 0 到 s 对 x 积分得

$$\int_0^s \frac{f(x)}{\sqrt{s-x}} \mathrm{d}x = \int_0^s \int_0^x \frac{y(\xi)}{\sqrt{s-x}\sqrt{x-\xi}} \mathrm{d}\xi \mathrm{d}x$$

$$= \int_0^s \int_\xi^s \frac{y(\xi)}{\sqrt{s-x}\sqrt{x-\xi}} \mathrm{d}x \mathrm{d}\xi,$$

其中变换了积分顺序. 可以证明

$$\int_\xi^s [(s-x)(x-\xi)]^{-1/2} \mathrm{d}x = \pi, \tag{3.4.48}$$

因此

$$\int_\xi^s (s-x)^{-1/2} f(x) \mathrm{d}x = \pi \int_0^s y(\xi) \mathrm{d}\xi.$$

两边对 s 求导得

$$y(s) = \frac{1}{\pi} \frac{\mathrm{d}}{\mathrm{d}s} \int_0^s (s-x)^{-1/2} f(x) \mathrm{d}x.$$

这就是 (3.4.47) 的解.

3.4 积分方程

练　习

1. 将初值问题

$$y'' + \lambda y = 0, \quad x > 0, \quad \lambda \text{ 为常数},$$
$$y(0) = 1, \quad y'(0) = 0$$

化成 Volterra 积分方程.

2. 将第一类 Volterra 积分方程

$$f(x) = \lambda \int_0^x k(x,\xi) y(\xi) d\xi, \quad K(x,x) \neq 0$$

化成第二类 Volterra 积分方程.

3. 求出下列方程的特征值:

(a) $y(x) = \lambda \int_0^1 y(\xi) d\xi$;

(c) $y(x) = \lambda \int_0^1 (x^2 + \xi^2) y(\xi) d\xi$;

(b) $y(x) = \lambda \int_0^1 x\xi y(\xi) d\xi$;

(d) $y(x) = \lambda \int_0^1 e^{x+\xi} y(\xi) d\xi$.

4. 证明方程 $y(x) = \lambda \int_0^\pi \sin x \sin(2\xi) y(\xi) d\xi$ 无解.

5. 求解积分方程

$$y(x) = 1 + \lambda \int_{-\pi}^{\pi} e^{i\omega(x-\xi)} y(\xi) d\xi.$$

6. 求解方程

$$y(x) = f(x) + \lambda \int_0^{2\pi} \sin(x+\xi) y(\xi) d\xi.$$

当 λ 为特征值时, $f(x)$ 应满足什么条件方程才能有解? 当 $f(x) = \sin x$ 时, 求出上面方程的解.

7. 求解方程

$$y(x) = x + \lambda \int_0^1 (\xi x^2 + x\xi^2) y(\xi) d\xi.$$

8. 证明积分方程

$$y(x) = f(x) + \lambda \int_0^1 x e^\xi y(\xi) d\xi, \quad \lambda \neq 1$$

的解为
$$y(x) = f(x) + \frac{\lambda}{1-\lambda} \int_0^1 x e^\xi y(\xi) \mathrm{d}\xi.$$

若 $\lambda = 1$ 呢？

9. 求出 Volterra 方程
$$y(x) = f(x) + \lambda \int_0^x \mathrm{e}^{(x+\xi)} y(\xi) \mathrm{d}\xi$$

的迭代核 $k_1 = k, k_2, k_3, \cdots$，并求出预解核及 (3.4.43) 形式的解.

10. 利用 Laplace 变换求解下列方程:

(a) $y(x) = f(x) + \lambda \int_0^x \mathrm{e}^{(x-\xi)} y(\xi) \mathrm{d}\xi$;

(b) $x = \int_0^x \mathrm{e}^{(x-\xi)} y(\xi) \mathrm{d}\xi$.

11. 求出下面方程的预解核并求出它的解:
$$y(x) = f(x) + \lambda \int_0^x y(\xi) \mathrm{d}\xi.$$

12. 求解方程
$$x = \int_0^x \frac{y(\xi)}{\sqrt{x-\xi}} \mathrm{d}\xi.$$

第 4 章　连续系统中的波动现象

扩散和波的传播是自然界中两个基本过程. 前面讨论过的热传导方程就是支配线性扩散过程的典型方程, 它是一个抛物型的偏微分方程. 本章将研究波动现象, 首先在简单模型的背景下讨论波的传播方程, 然后在连续介质力学中推导出支配波的传播方程. 支配这种现象的发展方程是双曲型偏微分方程, 它在本质上不同于扩散过程的抛物型方程和支配平衡状态的椭圆型方程.

4.1　波 的 传 播

4.1.1　波

所谓波就是介质中携带能量随时间传播的可识别信号或者扰动. 电磁波、水面波、声波以及地震时出现的在固体中的应力波, 就是一些我们熟悉的有关波的例子. 物质或材料不必随波而流动, 它只是受到携带能量的扰动, 这就是**传播**. 本节研究一些出现在波动现象中的模型方程, 并指出在研究波的传播时遇到的一些基本特点.

波的一个简单数学模型就是函数

$$u(x,t) = f(x-ct), \tag{4.1.1}$$

它表示一个以不变速度 c 向右移动的不变形的行波. 坐标 x 表示位置, t 为时间, u 为扰动强度. 在 $t=0$ 时的波截面为 $u=f(x)$, 而在 $t>0$ 个时间单位时, 扰动已经向右移动了 ct 个长度单位 (图 4.1). 特别重要的是由 (4.1.1) 所描述的波截面是没有变形的移动. 不是所有的波都具有这种性质, 只有线性波, 或者波截面是线性偏微分方程的解才有这种特性. 另一方面, 波产生变形和破裂是非线性波的特性.

为了找出一个由 (4.1.1) 所描述过程的偏微分方程, 求出 u_t 和 u_x:

$$u_t = -cf'(x-ct), \quad u_x = f'(x-ct).$$

由此即得

$$u_t + cu_x = 0. \tag{4.1.2}$$

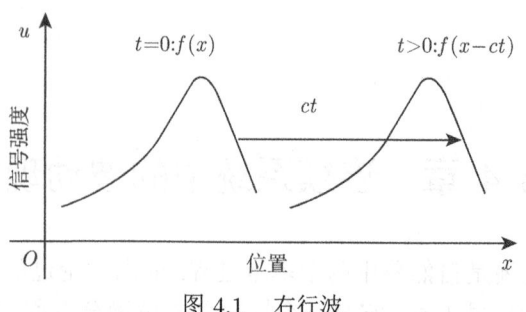

图 4.1　右行波

方程 (4.1.2) 是一阶线性偏微分方程, 它在上述意义下是最简单的波动方程. (4.1.2) 就称为**迁移方程**, (4.1.1) 就称为它的通解, 其中 f 为任意函数. 这个名称来自由 (4.1.2) 所描述的如下事实: 若将染料注入一条以速度 c 运动的水流, 则彩色将不变形地向下游流动. 类似地, 形式如 $u = f(x+ct)$ 的行波是一个向左移动的波, 它是线性偏微分方程 $u_t - cu_x = 0$ 的解.

另外一种在许多分析中有用的波是周期的, 或称为**正弦波**. 这种行波可用如下表达式来表示 (图 4.2):

$$u = A\cos(kx - \omega t), \tag{4.1.3}$$

其中正数 A 称为**振幅**, k 为**波数** (在一个固定时刻观察到的 2π 个单位距离中的振动数目), 而 ω 为**角频率** (在固定位置 ω 处进行观察时, 每 2π 个单位时间所看到的振动次数). 数 $\lambda = 2\pi/k$ 称为**波长**, 而 $P = 2\pi/\omega$ 为**时间周期**.

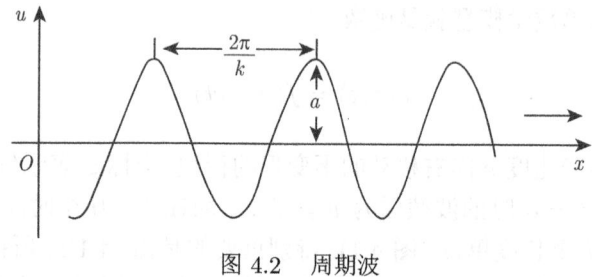

图 4.2　周期波

波长是测量两个相继波峰之间的距离, 而时间周期是一个位于固定位置 x 处的观察者看到一个重复波形的时间. 如果把 (4.1.3) 写成

$$u = A\cos k\left(x - \frac{\omega}{k}t\right),$$

则 (4.1.3) 就表示一个以速度 $c = \omega/k$ 向右运动的行波. c 就称为**相速度**, 它就是一个观察者为了保持在行波上同一点处所必需的移动速度. 为了分析计算上的方

便,往往不用 (4.1.3) 的形式,而利用如下的复指数形式:

$$u = A \exp\{\mathrm{i}(kx - \omega t)\}. \tag{4.1.4}$$

利用公式 (4.1.4) 进行含有求导的计算较为方便,而且在利用**欧拉** (L. Euler, 1707—1783) **公式**

$$\exp(\mathrm{i}\theta) = \cos\theta + \mathrm{i}\sin\theta$$

之后,实部和虚部都可以用来得到问题的实解. 再一次强调,类型 (4.1.3) 或者 (4.1.4) 的波是线性过程和线性方程的特性.

并非所有的波都是采用使得它们的波截面保持不变或者不变形的方法来进行传播的,海洋的水面波就是一个明显例子. 固体中传播的应力波和气体中传播的压力波大家可能不太熟悉,但也与通常的波一样,它们在传播时会发生畸变. 为了确定起见并说明非线性性质是如何影响波形的,我们考虑在金属棒中传播的应力波,它是由棒的一端加力而产生的. 波截面的变形是由于大多数材料的性质所产生的,即传递信号的速度是随着压力的增加而增加的. 因此在介质中传播的应力波将逐渐变形,直至它变成不连续的扰动或者激波来进行传播. 图 4.3 显示了一个在材料中传播的应力波逐步演变成破裂的过程. 由于当压力较高时其信号或扰动运行较快,因此随着时间的增长,波形变得陡峭. 点 A 移动比点 B 快. 于是伴随着压力而形成激波,诸如密度、质点速度、温度、能量等其他的流动参数也会出现不连续的跳跃. 我们在此考虑的是有限振幅波,而不是小振幅波,后者可看成线性波的传播.

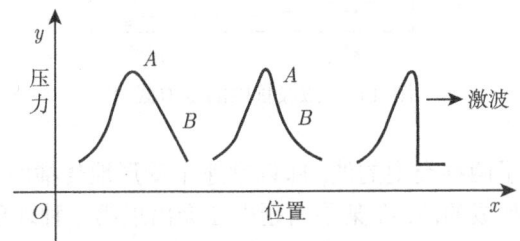

图 4.3　波畸变成激波

实际上,激波不是严格不连续的,而是在一个极窄的区域,在该区域中系统状态急剧变化. 激波的宽度是很小的,通常只有几个分子的自由路程,或者几个分子碰撞平均距离的量阶. 在激波中存在两种对立的效应,它们就是使这个区域很窄的原因. 材料的非线性性质致使激波形成,而耗散效应 (例如黏性) 是趋于把波摊平. 通常这两种效应相互抵消,以致达到前面设想的不随时间变化的形状.

与因压力波形逐渐变陡而成为激波的原理相同,亦即信号的传递速度随着压力增大而加快, 这也是形成低压**稀疏波**的机理. 图 4.4 说明稀疏波的传播. 这时较高压力的点 A 向右运动比点 B 要快, 因此将波摊平.

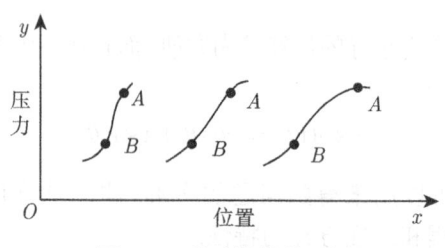

图 4.4 稀疏波的截面图

既形成激波又形成稀疏波的一个简单例子是激波管. 它是一根圆柱形的管子, 管中既含有高压的气体, 也含有低压的气体, 中间用一片很薄的隔膜分开. 图 4.5 表示在打破隔膜之后压力截面随时间的变化, 并指出激波和稀疏波两者都会出现.

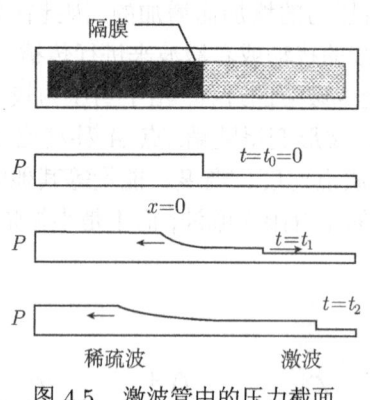

图 4.5 激波管中的压力截面

现在已经谈到了两种类型的波, 即以常速不变形地传播的波和由于传播速度依赖于波的振幅而形成的波. 在某些问题中还会出现第三种现象, 即**色散波**. 在这些情况中, 传播速度依赖于所讨论波的波长. 因此较长的波可能比较短的波走得更快. 于是一个在位置 x_0 处的观察者与一个在位置 x_1 的观察者将看到不同的波形. 色散波在线性和非线性方程中都会出现.

4.1.2 线性波

前段中介绍了最简单的波动方程, 即迁移方程

$$u_t + cu_x = 0, \quad x \in \mathbf{R}, \quad t > 0, \tag{4.1.5}$$

4.1 波的传播

其通解为不变速度 c 传播的右行波,即

$$u = f(x - ct), \tag{4.1.6}$$

其中 f 为任意函数. 如果加上初始条件

$$u(x,0) = \varphi(x), \quad x \in \mathbf{R}, \tag{4.1.7}$$

则可得到 $f(x) = \varphi(x)$,因此初值问题 (4.1.5)—(4.1.7) 的解为

$$u(x,t) = \varphi(x - ct), \quad x \in \mathbf{R}, \quad t > 0. \tag{4.1.8}$$

在这个问题中,直线 "$x - ct = $ 常数" 起了特殊作用,初值沿着这些直线以不变的值传播. 将它们看成是在时空中一些携带信号的直线 (图 4.6). 此外,沿着这些直线,偏微分方程 (4.1.5) 就简化成常微分方程 $\mathrm{d}u/\mathrm{d}t = 0$. 也就是说,如果对于某常数 k,Γ 为直线 $x = ct + k$,则 u 沿此线的方向导数为

$$\frac{\mathrm{d}u}{\mathrm{d}t}(x(t),t) = u_x(x(t),t)\frac{\mathrm{d}x}{\mathrm{d}t} + u_t(x(t),t) = u_x(x(t),t)c + u_t(x(t),t),$$

这就是 (4.1.5) 的左端沿 Γ 的取值. 称直线族 $x - ct = k$ (k 为常数) 为这个问题的**特征线**. 注意到速度 c 是在 xt 坐标系下特征线斜率的倒数.

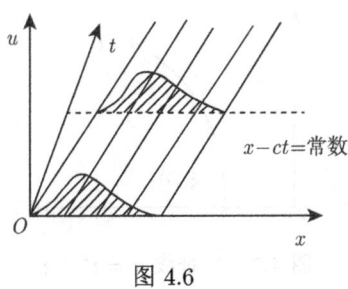

图 4.6

现在用自变量 x 和 t 的函数来替代常数 c,并考虑初值问题

$$\begin{cases} u_t + c(x,t)u_x = 0, & x \in \mathbf{R}, \ t > 0, \\ u(x,0) = \varphi(x), & x \in \mathbf{R}, \end{cases} \tag{4.1.9}$$

其中 $c(x,t)$ 为给定的函数. 令 Γ 为由常微分方程

$$\frac{\mathrm{d}x}{\mathrm{d}t} = c(x,t) \tag{4.1.10}$$

所确定的曲线族, 则沿着 Γ 中的任一曲线有

$$\frac{\mathrm{d}u}{\mathrm{d}t} = u_x \frac{\mathrm{d}x}{\mathrm{d}t} + u_t = u_x c(x,t) + u_t = 0.$$

因此 u 在 Γ 的每一根曲线上为常数. 由 (4.1.10) 所确定的曲线 Γ 就称为**特征曲线**.

例 4.1.1 考虑初值问题

$$\begin{cases} u_t + 2t u_x = 0, & x \in \mathbf{R}, t > 0, \\ u(x,0) = \exp(-x^2), & x \in \mathbf{R}. \end{cases}$$

特征线由方程 $\mathrm{d}x/\mathrm{d}t = 2t$ 确定. 求解得 $x = t^2 + k$, k 为常数. 由此可知特征线为抛物线族. 由于已知 u 在这些特征线上的值为常数, 因此就能找到上述初值问题的解. 为此令 (x,t) 是满足 $t > 0$ 的任一点, 则过点 (x,t) 的特征线应通过某一点 $(\xi, 0)$, 于是这根特征线的方程为 $x = t^2 + \xi$ (图 4.7). 由于 u 在此曲线上为常数, 故有

$$u(x,t) = \exp(-\xi^2) = \exp\{-(x-t^2)^2\}.$$

这就是所论初值问题的唯一解. 在点 (x,t) 处信号的传播速度为 $2t$, 这与 t 有关. 一般来说, 方程 (4.1.9) 以 $c(x,t)$ 的速度传播信号. 在目前的例子中, 波速随时间 $t > 0$ 的增加而增大, 但其波形仍保持初始的样子.

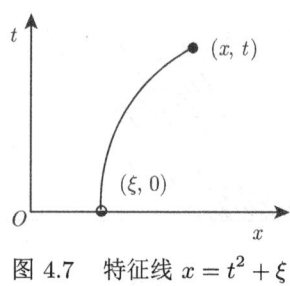

图 4.7 特征线 $x = t^2 + \xi$

根据例 4.1.1 同样的推理, 可以将初值问题 (4.1.9) 的解写成 $u(x,t) = \varphi(k)$, 其中 $a(x,t) = k$ 是由 (4.1.10) 的解所确定的特征线. 偏微分方程 (4.1.9) 有通解 $u(x,t) = f(a(x,t))$, 这里 f 为任意函数.

4.1.3 非线性波

4.1.2 节讨论了两个简单的波动模型方程 $u_t + c u_x = 0$ 和 $u_t + c(x,t) u_x = 0$, 两个都是一阶线性方程. 现在研究同样类型, 但是非线性的方程, 特别考虑方程

$$u_t + c(u) u_x = 0, \quad x \in \mathbf{R}, \quad t > 0, \tag{4.1.11}$$

其中 $c(u) > 0$, 而初始条件为

$$u(x,0) = \varphi(x), \quad x \in \mathbf{R}. \tag{4.1.12}$$

利用前面例子的办法, 用微分方程

$$\frac{\mathrm{d}x}{\mathrm{d}t} = c(u) \tag{4.1.13}$$

的解 $(x(t), t)$ 来定义 (4.1.11) 的**特征线**. 于是沿着一根特定的这种曲线, 我们有

$$\frac{\mathrm{d}u}{\mathrm{d}t}(x(t), t) = u_x(x(t),t)c(u(x(t),t) + u_t(x(t),t)) = 0, \quad t > 0.$$

因此沿着特征线, u 是常数. 从而特征线是直线, 这是因为

$$\frac{\mathrm{d}^2 x}{\mathrm{d}^2 t} = \frac{\mathrm{d}}{\mathrm{d}t}\left(\frac{\mathrm{d}x}{\mathrm{d}t}\right) = \frac{\mathrm{d}}{\mathrm{d}t}c(u(x(t),t)) = c'(u)\frac{\mathrm{d}u}{\mathrm{d}t} = 0.$$

然而在非线性情况下, 由 (4.1.13) 所决定的特征线速度是依赖于解 u 在给定点的值. 为了求出过点 (x, t) 的特征线方程, 注意到它的速度为 (图 4.8)

$$\frac{\mathrm{d}x}{\mathrm{d}t} = c(u(\xi, 0)) = c(\varphi(\xi)),$$

这是由 (4.1.13) 在点 $(\xi, 0)$ 处得到的. 因此积分即得

$$x = c(\varphi(\xi))t + \xi, \tag{4.1.14}$$

这就是过点 (x, t) 的特征线方程. 方程 (4.1.14) 确定了一个 x 和 t 的隐函数 $\xi = \xi(t)$. 于是初值问题 (4.1.11)—(4.1.12) 的解为

$$u(x, t) = \varphi(\xi(x, t)). \tag{4.1.15}$$

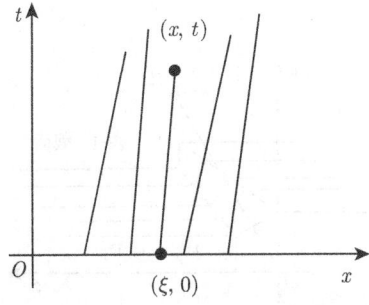

图 4.8 $u_t + c(u)u_x$ 的特征线

例 4.1.2 考虑初值问题

$$u_t + c(u)u_x = 0, \quad x \in \mathbf{R}, \ t > 0,$$

$$u(x,0) = \varphi(x) = \begin{cases} 2, & x < 0, \\ 2-x, & 0 \leqslant x \leqslant 1, \\ 1, & x > 1. \end{cases}$$

初始曲线如图 4.9 所示. 由于 $c(u) = u$, 因此特征线是从 $(\xi, 0)$ 以速度 $c(\varphi(\xi)) = \varphi(\xi)$ 出发的直线, 其图形如图 4.10 所示. 对于 $x < 0$, 直线有速度 2; 对于 $x > 1$, 直线的速度为 1; 对于 $0 \leqslant x \leqslant 1$, 直线有速度 $2-x$, 而且这些直线都在点 $(2,1)$ 处相交. 容易看出, 对于 $t > 1$ 解不可能存在, 因为 u 取不同常数时, 数值的特征线相交. 图 4.11 画出了几个正在变陡的波截面. 在 $t = 1$ 处波出现破裂, 此时解出现跳跃. 为了求出 $t < 1$ 时的解, 首先注意到当 $x < 2t$ 时, 有 $u(x,t) = 2$. 而当 $x > 1 + t$ 时, 有 $u(x,t) = 1$. 对于 $2t < x < t + 1$, 方程 (4.1.14) 成为 $x = (2-\xi)t + \xi$. 由此得出 $\xi = \dfrac{x - 2t}{1 - t}$. 于是方程 (4.1.15) 变成

$$u(x,t) = \frac{x - 2t}{1 - t}, \quad 2t < x < t+1, \quad t < 1.$$

解的这个表达式也说明在破裂时刻 $t = 1$ 时的困难.

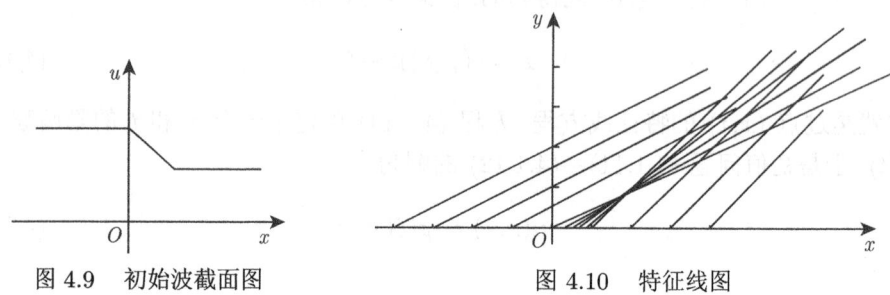

图 4.9 初始波截面图　　　　图 4.10 特征线图

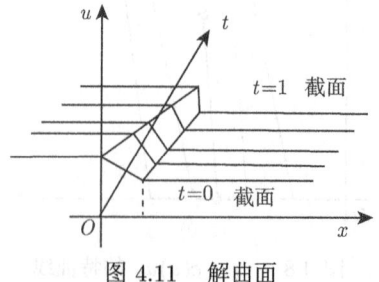

图 4.11 解曲面

一般来说, 初值问题 (4.1.11)—(4.1.12) 只可能在有限时刻 t_b 以内有解, 这个时刻 t_b 就称为破裂时刻. 除了 $c'(u) > 0$ 假设外, 我们还要求初始的波截面满足条件

$$\varphi(x) \geqslant 0, \quad \varphi'(x) < 0.$$

在出现断裂的时刻, 梯度 u_x 将变成无穷. 为了计算 u_x, 将 (4.1.14) 对 x 进行隐式求导即得

$$\xi_x = \frac{1}{1+c'(\varphi(\xi))\varphi'(\xi)t}.$$

于是由 (4.1.15) 即得

$$u_x = \frac{\varphi'(\xi)}{1+c'(\varphi(\xi))\varphi'(\xi)t}.$$

由此可见在使得分母为零的 t 的最小值, 梯度 u_x 将出现突变. 因此有

$$t_b = \min_{\xi} \frac{-1}{1+c'(\varphi(\xi))\varphi'(\xi)}, \quad t_b \geqslant 0.$$

在例 4.1.2 中, 有 $c(u) = u$ 和 $\varphi(\xi) = 2-\xi$, 因此 $c'(\varphi(\xi))\varphi'(\xi) = -1$, 因此当 $t_b = 1$ 时, 就出现波破裂的时刻.

总之, 我们已经看到非线性偏微分方程

$$u_t + c(u)u_x = 0, \quad c'(u) > 0$$

以速度 $c(u)$ 传播初始波截面, 而 $c(u)$ 是依赖于解 u 在给定点的值. 由于 $c'(u) > 0$, 因此较大的 u 值要比较小 u 的值传播得快, 从而波截面必然会出现变形. 这与前面已经注意到的实际事物本质上是一致的, 即在材料中由于高应力或压力信号转移较快的介质性质, 波就要变形并发展成激波. 数学上, 变形和激波的发展或不连续解是由于上面方程中的项 $c(u)u_x$ 所产生的非线性现象.

直到目前为止, 所讨论的波动方程都是在无限区域 $-\infty < x < \infty$ 上. 下面研究在有限区域上的问题. 为了说明问题的实质, 这里仅研究简单的迁移方程

$$u_t + cu_x = 0, \quad 0 < x < 1, \quad t > 0, \quad c > 0$$

及初始条件

$$u(x,0) = f(x), \quad 0 < x < 1.$$

这个问题在区间 $(-\infty, \infty)$ 上的解是单向的右行波 $u = f(x-ct)$, 而在有界区间 $[0,1]$ 上, 可以在 $x = 0$ 和 $x = 1$ 加上什么边界条件呢? 参照图 4.12 所示, u 在边界上线段 A 的值是由初始线段 $t = 0, 0 < x < 1$ 上初始条件 $f(x)$ 的数据给出, 因

此不能任意给定, 这是因为特征线 $x-ct=$ 常数把这些初始数据带到线段 A 上. 沿直线 $x=0$ 可以加上边界数据, 因为这些数据沿着向前走的特征线被带到边界 $x=1$ 的线段上. 因此沿 B 不能预先加上任何边界条件. 于是问题

$$\begin{cases} u_t+cu_x=0, & 0<x<1,\ t>0,\ c>0, \\ u(x,0)=f(x), & 0<x<1, \\ u(0,t)=g(t), & t>0 \end{cases}$$

在存在唯一解的意义下显然是适定的. 此问题中不存在向后走的特征线, 因此也就不存在左行波. 于是也没有从边界 $x=1$ 上反射的波. 总之, 对于像上面讨论的单向波方程, 应当十分小心才能正确地提出它的边值问题. 对于如 $u_{tt}-u_{xx}=0$ 的二阶双曲型偏微分方程, 将看到情况有很大不同. 这时向前和向后的特征线都存在, 因此就可能有左行波, 以及从边界上反射波的情况存在.

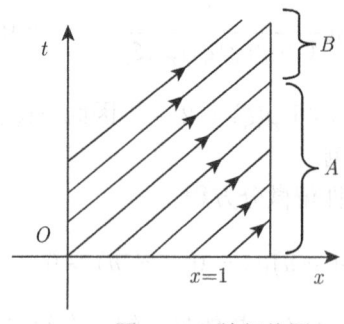

图 4.12 特征线图

4.1.4 Burgers 方程

研究偏微分方程的一个办法是考察某些模型方程, 从中了解方程中各项所起的作用以及这些项与主要实际过程之间的关系, 在前面已经看到迁移方程

$$u_t+cu_x=0 \tag{4.1.16}$$

以速度 c 传播初始扰动或信号, 而且准确地保持信号的形式. 另一方面, 非线性方程

$$u_t+uu_x=0 \tag{4.1.17}$$

传播信号时使得信号截面发生变形, 亦即非线性**对流项** uu_x 产生了激波或稀疏波效应. 前面也讨论过热传导方程

$$u_t+\gamma u_{xx}=0,\quad \gamma>0, \tag{4.1.18}$$

它含有扩散项 γu_{xx}. 利用找出的行波解

$$u = f(x - ct), \tag{4.1.19}$$

或者复指数谐波解

$$u = A\exp\{\mathrm{i}(kx - \omega t)\} \tag{4.1.20}$$

往往可以看清发展方程中各项的实质, 其中 A 为振幅, k 为波数, 而 ω 为频率.

例 4.1.3 考虑偏微分方程

$$u_t + cu_x - \gamma u_{xx} = 0, \quad \gamma > 0. \tag{4.1.21}$$

这个方程含有线性对流项 cu_x 和扩散项 γu_{xx}. 若将 (4.1.20) 代入 (4.1.21), 经简化之后可得

$$\omega = ck - \mathrm{i}\gamma k^2.$$

因此对任意 k, 方程 (4.1.21) 有如下形式的解:

$$u = A\exp(-\gamma k^2 t)\exp\{\mathrm{i}k(x - ct)\},$$

其中因子 $\exp\{\mathrm{i}k(x-ct)\}$ 表示以 k 为波数的调和右行波, 而因子 $A\exp(-\gamma k^2 t)$ 表示衰减的振幅. 由此可得到两个定性上的结论:

(i) 对于波长不变的波 (k 为常数) 来说, 波的衰减是随着 $\gamma > 0$ 的增大而增快, 因此 γ 是扩散的测量;

(ii) 对于 γ 不变, 当 k 增大时衰减增快, 因此短波长要比长波长衰减得快.

例 4.1.4 考虑非线性方程

$$u_t + uu_x - \gamma u_{xx} = 0, \quad \gamma > 0. \tag{4.1.22}$$

这就是熟知的**伯格斯** (J. Burgers, 1886—1966) **方程**. 项 uu_x 有使得波产生破裂的激波效应, 而项 γu_{xx} 正如它出现在热传导方程 (4.1.18) 和在方程 (4.1.21) 那样是一个**扩散项**. 我们来求 (4.1.22) 形状为

$$u = f(x - ct) \tag{4.1.23}$$

的行波解, 其中 f 和 c 待定. 将 (4.1.23) 代入 (4.1.22) 可得

$$-cf'(s) + f(s)f'(s) - \gamma f''(s) = 0,$$

其中 $s = x - ct$. 注意到 $ff' = \dfrac{1}{2}\dfrac{\mathrm{d}}{\mathrm{d}s}(f^2)$, 并进行一次积分即得

$$-cf + \frac{1}{2}f^2 - \gamma f' = B,$$

其中 B 为积分常数. 于是有

$$\frac{\mathrm{d}f}{\mathrm{d}s} = \frac{1}{2\gamma}(f-f_1)(f-f_2), \tag{4.1.24}$$

其中

$$f_1 = c - \sqrt{c^2 + 2B}, \quad f_2 = c + \sqrt{c^2 + 2B}.$$

假设 $c^2 > -2B$, 因此 $f_2 > f_1$. 对 (4.1.24) 进行分离变量, 并再一次积分即得

$$\frac{s}{2\gamma} = \int \frac{\mathrm{d}f}{(f-f_1)(f-f_2)} = \frac{1}{f_2-f_1}\ln\frac{f_2-f}{f-f_1}, \quad f_1 < f < f_2.$$

解出 f 可得

$$f(s) = \frac{f_2 + f_1 \mathrm{e}^{ks}}{1 + \mathrm{e}^{ks}}, \tag{4.1.25}$$

其中

$$k = \frac{1}{2\gamma}(f_2 - f_1) > 0.$$

对于充分大的 $N > 0$, 当 $s \geqslant N$ 时, $f(s) \sim f(1)$; 当 $s \leqslant -N$ 时, $f(s) \sim f(2)$. 容易看出对所有 s, 有 $f'(s) < 0$, 以及 $f(0) = \dfrac{1}{2}(f_1 + f_2)$. 对不同 γ 值, f 的图像如图 4.13 所示. 较弱的扩散效应 (小 γ) 对应着比较陡的 f 梯度. (4.1.22) 的行波解为

$$u(x,t) = \frac{f_2 + f_1 \mathrm{e}^{k(x-ct)}}{1 + \mathrm{e}^{k(x-ct)}},$$

其中由 f_1 和 f_2 的定义而确定的速度为

$$c = \frac{1}{2}(f_1 + f_2).$$

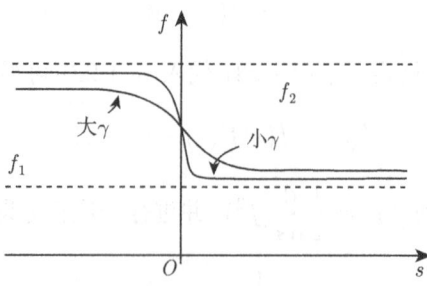

图 4.13 Burgers 方程的行波解

4.1 波的传播

从图上来看, 行波解就是图 4.13 中的截面 $f(s)$ 以速度 c 向右运动. 由于 Burgers 方程的解与实际的激波截面十分相似, 因此也称它为**激波结构解**. 它把渐近态 f_1 和 f_2 连接起来. 若没有 γu_{xx} 项, 则 (4.1.22) 的解将突然跳跃或趋于破裂. 扩散项的存在抵消了非线性项 uu_x 而阻止了破裂效应. 在非线性项 uu_x 与扩散项 $-\gamma u_{xx}$ 之间的效果是对立的和均衡的. 这与实际激波是出现在一个梯度陡峭的很窄区域中十分相像. 从激波的角度来看, $-\gamma u_{xx}$ 项可以看成是**黏性项**.

4.1.5 KdV 方程

到现在为止, 我们已经看到可以用简单的偏微分方程来模拟对流、扩散和非线性变形的效应. 另外还有一个称为**色散**的效应, 它在许多实际过程中起到了重要的作用. 色散系统是由具有解形式 (4.1.20) 的偏微分方程所描写, 其中频率 ω 为波数 k 的确定的实函数, 亦即

$$\omega = \omega(k),$$

这个关系称为**色散关系**. 早在 (4.1.21) 后面就得到过这种关系:

$$\omega = ck - \mathrm{i}\gamma k^2,$$

这里 ω 是 k 的复值函数. 一般当 $\omega(k)$ 为复值时, 就称波 (4.1.20) 是**扩散**的.

例 4.1.5 考虑偏微分方程

$$u_{tt} - \gamma u_{xxxx} = 0, \quad \gamma > 0, \tag{4.1.26}$$

在研究梁的横向振动时可得到这个方程. 将 (4.1.20) 代入 (4.1.26), 即得色散关系

$$\omega = \pm\sqrt{\gamma}k^2,$$

因此 (4.1.26) 有色散波解.

在色散波的情况下, 相速度为

$$\frac{\omega(k)}{k}.$$

这就是为了保持在波峰上所必需的移动速度. 对于色散波, 我们还要加上如下条件: $\dfrac{\omega(k)}{k}$ 不为常数且依赖于 k. 这就意味着不同波长或波数的波将以不同的速度传播, 即它们是**色散**的. 一般的定义是: 若 $\omega(k)$ 是实值的, 而且 $\omega''(k) \neq 0$, 则 (4.1.20) 就表示一个**色散波**. 最熟悉的色散波例子就是海洋波或水波. 其他色散系统还有梁的振动和在绝缘体中电磁波的传播.

例 4.1.6 对于支配浅水中长波的方程的摄动分析将导致应用数学中另一个基本方程, 即 KdV 方程

$$u_t + uu_x + ku_{xxx} = 0, \quad k > 0, \tag{4.1.27}$$

这是一个非线性色散过程的模型方程. uu_x 项产生激波效应, 在 Burgers 方程中这个效应是由扩散项 $-\gamma u_{xx}$ 来平衡的, 从而得出激波结构解. 现在用可以看作色散项的 ku_{xxx} 来代替它. KdV 方程和它的稍微变形的方程出现在许多实际问题中. 下面采用在确定 Burgers 方程的行波解时那样的推理, 亦即假设有如下形式的解:

$$u = f(s), \quad s = x - ct, \tag{4.1.28}$$

其中波形和波速均为待定. 将 (4.1.28) 代入 (4.1.27) 得

$$-cf' + \frac{1}{2}\frac{\mathrm{d}}{\mathrm{d}s}(f^2) + kf''' = 0,$$

积分一次给出

$$-cf + \frac{1}{2}(f^2) + kf'' = A, \quad A \text{ 为常数}.$$

两边乘 f', 并再一次积分

$$-\frac{c}{2}f^2 + \frac{1}{6}f^3 + \frac{1}{2}k(f')^2 = Af + B, \quad B \text{ 为常数}.$$

由此可得

$$\frac{\mathrm{d}f}{\mathrm{d}s} = \pm\sqrt{\frac{1}{3k}}\,\varphi(f)^{\frac{1}{2}}, \tag{4.1.29}$$

其中 $\varphi(f) = -f^3 + 3cf^2 + 6Af + 6B$.

由于 $\varphi(f)$ 为三次多项式, 因此必须考虑五种可能性:

(i) φ 有一个实根 α;

(ii) φ 有三个不同实根 $\gamma < \beta < \alpha$;

(iii) φ 有三个满足 $\gamma = \beta < \alpha$ 的实根;

(iv) φ 有三个满足 $\gamma < \beta = \alpha$ 的实根;

(v) φ 有三重根 γ.

显然, 若 α 为 φ 的实根, 则 $f = \alpha$ 为 (4.1.29) 的常数解. 只有当 $\varphi(f) \geqslant 0$ 时, 所要找的实的非常数有界解才可能存在. 根据 (4.1.29) 确定的方向量不难看出, 在情形 (i) 和 (iv) 情况, (4.1.29) 只有无界解. 我们把情形 (v) 和 (ii) 留给读者作为练习, 其中情形 (ii) 将导致**雅可比** (C. Jacobi, 1804—1851) **椭圆函数波**的情况.

现在讨论情形 (iii), 这时出现一类所谓孤立子的解. 在此情况下, (4.1.29) 成为

$$\frac{\mathrm{d}s}{\sqrt{3k}} = \frac{\mathrm{d}f}{(f-\gamma)\sqrt{\alpha - f}}. \tag{4.1.30}$$

令 $f = \gamma + (\alpha - \gamma)\mathrm{sech}^2\omega$, 并注意到 $\mathrm{d}f = -2(\alpha-\gamma)\mathrm{sech}^2\omega\tanh\omega\mathrm{d}\omega$ 之后, 即可把 (4.1.30) 写成

$$\frac{\mathrm{d}s}{\sqrt{3k}} = \frac{-2(\alpha-\gamma)\mathrm{sech}^2\omega\tanh\omega\mathrm{d}\omega}{(\alpha-\gamma)\mathrm{sech}^2\omega\sqrt{(\alpha-\gamma)-(\alpha-\gamma)\mathrm{sech}^2\omega}} = \frac{-2\mathrm{d}\omega}{\sqrt{\alpha-\gamma}},$$

积分即得

$$\omega = -\sqrt{\frac{\alpha-\gamma}{12k}}\,s.$$

因此 (4.1.30) 的一个解为

$$f(s) = \gamma + (\alpha-\gamma)\mathrm{sech}^2\left(\sqrt{\frac{\alpha-\gamma}{12k}}\,s\right). \tag{4.1.31}$$

显然当 $s \to \pm\infty$ 时 $f(s) \to \gamma$. 波形 f 的图像如图 4.14 所示. 用原来的参数 α 和 γ 来表示根是有用的. 为此有

$$\varphi(f) = -f^3 + 3cf^2 + 6Af + 6B$$
$$= (f-\gamma)^2(\alpha - f)$$
$$= -f^3 + (\alpha + 2\gamma)f^2 - (2\alpha\gamma + \gamma^2)f + \alpha\gamma^2,$$

于是波速为

$$c = \frac{\alpha + 2\gamma}{3},$$

以及可将解写成

$$u(x,t) = \gamma + a\,\mathrm{sech}^2\left\{\sqrt{\frac{a}{12k}}\left[x - \left(\gamma + \frac{a}{3}\right)t\right]\right\},$$

$$a \triangleq \alpha - \gamma.$$

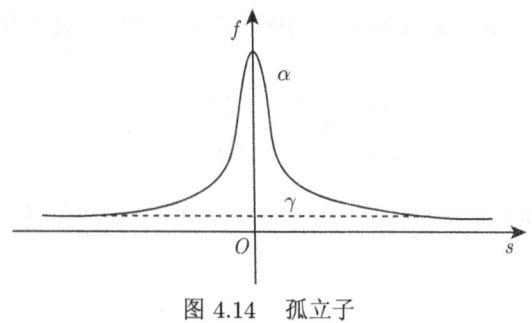

图 4.14 孤立子

我们注意到这个行波解有几个特点. 关于在无穷远处 $\pm\infty$ 的渐近状态的速度与振幅 a 成比例. 由 $\sqrt{12k/a}$ 确定的波宽随着 k 的增加而增加, 即波是色散的. 最后, 振幅 a 与在 $\pm\infty$ 处的渐近状态无关. 这种波形就是熟知的孤立子, 许多重要的数学物理方程都有类似孤立子的解. 在实际应用中, 若脉冲信号是作为孤立子在运行, 则包含在脉冲中的信息可以被携带到很长的距离而不变形或降低强度. 孤立子或者孤立波已经在各种河道和水渠中可以观察到.

4.1.6 守恒律

考虑一阶偏微分方程

$$u_t + F_x(u) = 0, \quad x \in \mathbf{R}, \quad t > 0, \tag{4.1.32}$$

其中 F 为给定的一次连续可微函数. 由于下面的原因, 这种形式的方程称为**守恒律**. 若对 (4.1.32) 从 $x = a$ 到 $x = b$ 进行积分, 即得

$$\frac{\mathrm{d}}{\mathrm{d}t} \int_a^b u(x,t)\mathrm{d}x + \int_a^b F_x(u)\mathrm{d}x = 0. \tag{4.1.33}$$

由微积分基本定理有

$$\int_a^b F_x(u)\mathrm{d}x = F(u(b,t)) - F(u(a,t)).$$

因此, (4.1.33) 可写成

$$\frac{\mathrm{d}}{\mathrm{d}t} \int_a^b u(x,t)\mathrm{d}x = F(u(a,t)) - F(u(b,t)). \tag{4.1.34}$$

若 u 为每单位长度的数量, 则 (4.1.34) 的左边就是在整个区间 $[a,b]$ 上总数量对时间的变化率. 如果 $F(u(x,t))$ 为经过 x 处的通量, 即在时刻 t 每单位时间正向

地流经 x 的数量, 则 (4.1.34) 就是说: 在 $[a,b]$ 上总数量对时间的变化率就等于在 $x=a$ 处流入的通量减去经过 $x=b$ 流出的通量. 于是 (4.1.34) 就是关于 u 守恒的表示. 若 u 充分光滑, 例如属于 C^1, 则从 (4.1.32) 到 (4.1.34) 的步骤是可逆的. 因此 (4.1.32) 也可以看成守恒律的表示, 因为它等价于 (4.1.34). 但是值得注意的重要事实是即使 u 不光滑, (4.1.34) 仍然成立. 称 (4.1.34) 为**守恒律的积分形式**, 而 (4.1.32) 为**微分形式**. (4.1.32) 的光滑解 $u(x,t)$ 称为**真解**或**古典解**.

例 4.1.7 非线性模型方程

$$u_t + uu_x = 0$$

可以写成守恒律形式

$$u_t + \left(\frac{1}{2}u^2\right)_x = 0,$$

其中通量函数为 $F(u) = \frac{1}{2}u^2$.

一般来说, 可将 (4.1.32) 写成

$$u_t + c(u)u_x = 0, \tag{4.1.35}$$

其中 $c(u) = F'(u)$.

早就注意到方程 (4.1.32) 的初值问题并非对一切 $t > 0$ 都有解, 我们已经证明了 u 在给出的特征线上为常数, 以及初始条件

$$u(x,0) = f(x) \tag{4.1.36}$$

是以速度 $c(u)$ 沿直线传播. 若 $c'(u) > 0$ 和 $f'(u) < 0$, 则从在 x 轴两点 ξ_1 和 ξ_2, $\xi_1 < \xi_2$ 出发的特征线分别具有速度 $c(f(\xi_1))$ 和 $c(f(\xi_2))$. 由此即知 $c(f(\xi_1)) > c(f(\xi_2))$, 因此这两条特征线必定相交 (图 4.15). 由于 u 在特征线上是常数, 因此解在交点的 t 值没有意义. 前面曾把第一个这样的时刻称为破裂时刻, 并记作 t_b. 光滑解只在小于 t_b 的时间上存在. 但当时间大于 t_b 时是否有别的形式解存在呢? 问题的关键在于 $t > t_b$ 时如何延拓解. 这可以从应力波在实际的连续介质中传播的情况得到启示. 此时在一定条件下, 一个光滑的波截面发展成为激波. 因此有理由期待当 $t > t_b$ 时存在和传播这个不连续解. 这种不连续解不可能满足守恒律的微分形式 (4.1.32), 但积分形式 (4.1.34) 却仍然有效. 因此我们就转到研究这种解的最简单类型, 并努力求出在不连续处所满足的条件.

令 F 处处连续可微, 而 $x = s(t)$ 是一条当 (x,t) 经过它时, u 为不连续的光滑曲线. 假设 u 在这条曲线的每一边中都光滑 (图 4.16). 选 a 和 b 使得在时刻 t,

点 $x = s(t)$ 位于 $[a,b]$ 中，令 u_0 和 u_1 分别记 u 在 $x = s(t)$ 上的右极限和左极限，亦即

$$u_0 = \lim_{x \to s(t)^+} u(x,t), \quad u_1 = \lim_{x \to s(t)^-} u(x,t),$$

由守恒律 (4.1.34) 以及对积分的求导规则，即得

$$F(u(a,t)) - F(u(b,t)) = \frac{\mathrm{d}}{\mathrm{d}t} \int_a^{s(t)} u(x,t)\mathrm{d}t + \frac{\mathrm{d}}{\mathrm{d}t} \int_{s(t)}^b u(x,t)\mathrm{d}t$$

$$= \int_a^{s(t)} u_t(x,t)\mathrm{d}t + u_1 \frac{\mathrm{d}s}{\mathrm{d}t} + \int_{s(t)}^b u_t(x,t)\mathrm{d}t - u_0 \frac{\mathrm{d}s}{\mathrm{d}t}.$$

由于 u_t 分别在 $[a, s(t)]$ 和 $[s(t), b]$ 的每一个区间上都有界，因此上面的两个积分当 $a \to s(t)^+$ 和 $b \to s(t)^+$ 时其极限均趋于零，所以有

$$F(u_1) - F(u_2) = (u_1 - u_2)\frac{\mathrm{d}s}{\mathrm{d}t}. \tag{4.1.37}$$

方程 (4.1.37) 就是有关 u 和通量 F 在不连续曲线的左边和右边的值与不连续曲线的速度 $\mathrm{d}s/\mathrm{d}t$ 之间的**跳跃条件**. 守恒律的积分形式给出了一个在穿过简单不连续曲线时可能跳跃的限制. 方程 (4.1.37) 习惯写成

$$[F(u)] = [u]\frac{\mathrm{d}s}{\mathrm{d}t},$$

其中 $[*]$ 表示从左向右穿过不连续曲线时的跳跃数量.

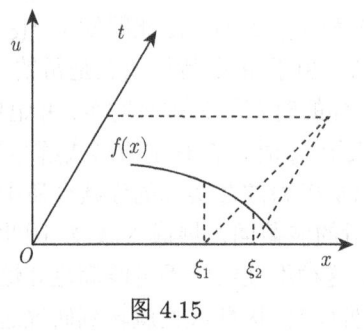

图 4.15

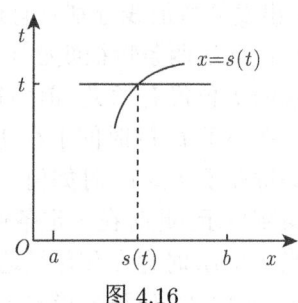

图 4.16

例 4.1.8 令

$$u_t + \left(\frac{1}{2}u^2\right)_x = 0, \quad x \in \mathbf{R}, \quad t > 0,$$

$$u(x,0) = f(x) = \begin{cases} 1, & x \leqslant 0, \\ 1-x, & 0 < x < 1, \\ 0, & x \geqslant 1. \end{cases}$$

特征线图如图 4.17 所示. 从 x 轴上出发的特征线有速度 $c(f(x)) = f(x)$. 从几何上看显然有 $t_b = 1$. 从而单值解只对 $t < 1$ 存在. 对于 $t > 1$, 我们来找出从点 $(1,1)$ 开始的激波或不连续性曲线, 它把在它左边取状态 $u_1 = 1$ 的和它右边取状态 $u_0 = 0$ 的分隔开. 于是

$$[u] = 1 - 0 = 1, \quad [F] = \frac{1}{2}u_1^2 - \frac{1}{2}u_0^2 = \frac{1}{2}.$$

因此不连续性曲线有速度 $s'(t) = [F]/[u] = \dfrac{1}{2}$, 得到的特征线图和解如图 4.18 所示. 这就是所需要的在 $t > 0$ 时满足守恒律的解.

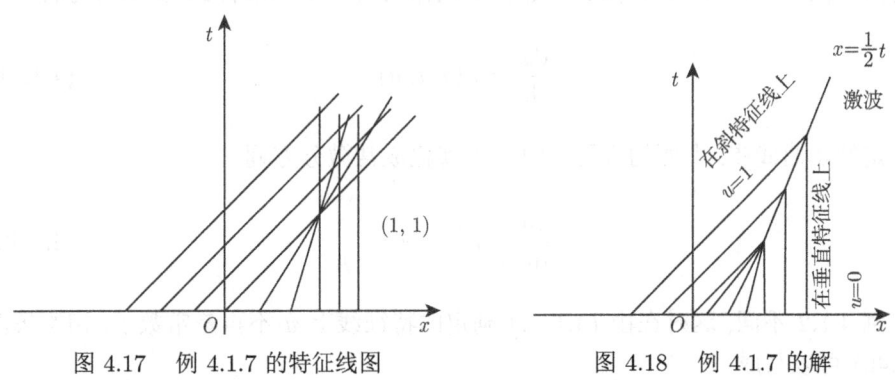

图 4.17 例 4.1.7 的特征线图　　图 4.18 例 4.1.7 的解

推导跳跃条件 (4.1.37) 的另一个常用方法是设想一个观察者骑在不连续性曲线上 (图 4.19). 观察者在每一时刻所看到进入的物质数量应等于出去的数量. 进入的数量是 $s'(t)u_0$(由于观察者的运动) 物质的通量 $-F(u_0)$(因为当物质向右运动时, 通量是正的, 所以出现负号). 类似地, 离开的数量为 $s'(t)u_1 - F(u_1)$. 因此有

$$s'(t)u_0 - F(u_0) = s'(t)u_1 - F(u_1),$$

由此即可得 (4.1.37).

4.1.7 拟线性方程

至今讨论了一些满足初始条件的一阶偏微分方程, 下面考虑一般的拟线性波动方程:

$$a(x,t,u)u_x + b(x,t,u)u_t = c(x,t,u), \tag{4.1.38}$$

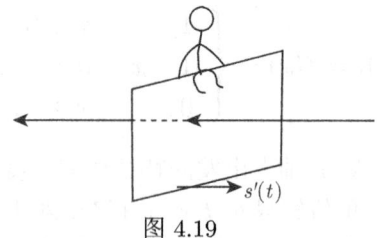

图 4.19

并研究初值问题以及通解的概念. 假设 $a, b, c \in C^1(D)$, 其中 $D \in \mathbf{R}^3$ 中的某个开连通集, 而 $a^2 + b^2 + c^2 \neq 0$. 首先集中讨论初值问题. 为了简单起见, 首先考虑问题

$$a(x,t,u)u_x + u_t = c(x,t,u), \quad x \in \mathbf{R}, \quad t > 0, \qquad (4.1.39)$$

$$u(x,0) = f(x), \quad x \in \mathbf{R}. \qquad (4.1.40)$$

像前面的例子那样, 我们寻找那些起特征线作用的曲线. 此时沿着由微分方程

$$\frac{\mathrm{d}x}{\mathrm{d}t} = a(x,t,u) \qquad (4.1.41)$$

所确定的解曲线族. 上面的方程 (4.1.39) 就化成常微分方程

$$\frac{\mathrm{d}u}{\mathrm{d}t} = c(x,t,u). \qquad (4.1.42)$$

它与例 4.1.2 不同, 这时在由 (4.1.41) 确定的特征线上 u 不再是常数了. 初始条件 (4.1.40) 可以写成

$$x = \xi, \quad u = f(\xi), \quad t = 0. \qquad (4.1.43)$$

方程 (4.1.41)—(4.1.42) 表示有两个关于 x 和 u 的微分方程组成的非定常系统, 其中 x 和 u 初值在 (4.1.43) 中给出. 于是 (4.1.41)—(4.1.42) 的通解含有两个任意常数, 从而有如下形式:

$$x = F(t; c_1, c_2), \quad u = G(t; c_1, c_2),$$

其中常数可从初始条件 (4.1.43) 算出, 并设定它们为 $c_1 = c_1(\xi)$, $c_2 = c_2(\xi)$. 于是方程 (4.1.39)—(4.1.40) 的解可以明显地求出为

$$x = F(t; c_1(\xi), c_2(\xi)), \qquad (4.1.44\mathrm{a})$$

$$u = G(t; c_1(\xi), c_2(\xi)). \qquad (4.1.44\mathrm{b})$$

4.1 波的传播

原则上来说, 可从 (4.1.44a) 解出 $\xi = \xi(x,t)$, 将此代入 (4.1.44b), 即得用 x 和 t 将 u 明显地表示出来.

例 4.1.9 考虑初值问题

$$\begin{cases} u_t + uu_x = 0, & x \in \mathbf{R}, \quad t > 0, \\ u(x,0) = -\dfrac{x}{2}, & x \in \mathbf{R}. \end{cases} \tag{4.1.45}$$

这个问题等价于

$$\frac{\mathrm{d}u}{\mathrm{d}t} = -u, \quad \frac{\mathrm{d}x}{\mathrm{d}t} = u \tag{4.1.46}$$

及条件

$$x = \xi, \quad u = -\frac{\xi}{2}, \quad t = 0.$$

(4.1.46) 的通解为

$$x = -c_1 \mathrm{e}^{-t} + c_2, \quad u = c_1 \mathrm{e}^{-t}.$$

利用初始条件即得

$$x = \frac{\xi}{2}\mathrm{e}^{-t} + \frac{\xi}{2}, \quad u = -\frac{\xi}{2}\mathrm{e}^{-t}.$$

因此有 $\xi = 2x/(1+\mathrm{e}^{-t})$, 从而有

$$u(x,t) = \frac{-x\mathrm{e}^{-t}}{1+\mathrm{e}^{-t}}.$$

这就是 (4.1.45) 对一切 $t > 0$ 和 $x \in \mathbf{R}$ 的解.

在某些情况下需要拟线性方程 (4.1.38) 的通解. 直观上猜想通解的表达式应含有一个任意函数. 为了得到通解, 从几何上着手, 首先注意到偏微分方程 (4.1.38) 可以写成两个向量的数量积形式

$$\langle a, b, c \rangle \cdot \langle u_t, u_x, -1 \rangle = 0.$$

若 $u = u(x,t)$ 为 (4.1.38) 的**积分曲面**或者解, 则在给定点处曲面的法向量 $\langle u_x, u_t, -1 \rangle$ 在该点垂直于向量 $\langle a, b, c \rangle$. 由此即知向量 $\langle a, b, c \rangle$ 必须与曲面相切, 从而这个积分曲面必由向量场 $\langle a, b, c \rangle$ 的积分曲线所组成. 而**积分曲线**就是常微分方程组

$$\frac{\mathrm{d}x}{\mathrm{d}\xi} = a(x,t,u), \quad \frac{\mathrm{d}t}{\mathrm{d}\xi} = b(x,t,u), \quad \frac{\mathrm{d}u}{\mathrm{d}\xi} = c(x,t,u) \tag{4.1.47}$$

的解, 其中 ξ 为沿曲线的参数 (图 4.20). 参数 ξ 可以不写出来, 而把 (4.1.47) 写成

$$\frac{\mathrm{d}x}{a(x,t,u)} = \frac{\mathrm{d}t}{b(x,t,u)} = \frac{\mathrm{d}u}{c(x,t,u)}. \tag{4.1.48}$$

方程组 (4.1.47) 或 (4.1.48) 成为 (4.1.38) 的特征方程组. 可参见图 4.20 中的积分曲面.

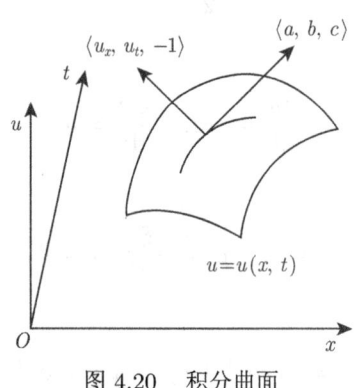

图 4.20 积分曲面

如果沿 (4.1.48) 的任一积分曲线 $\varphi(x,t,u)$ 均为常数, 则形为 $\varphi(x,t,u) = c$ 的关系式就成为方程 (4.1.48) 的**首次积分**. 在下面引理的意义下, 证明 (4.1.48) 的通解由两个独立的首次积分所组成.

引理 4.1.1 令 $\varphi, \psi \in C^1(D)$, 并假设

$$\varphi(x,t,u) = c_1, \quad \psi(x,t,u) = c_2 \tag{4.1.49}$$

为 (4.1.48) 的两个满足下列独立条件

$$\mathrm{grad}\varphi \times \mathrm{grad}\psi \neq 0, \quad 在 D 中$$

的首次积分, 若 Γ 为 (4.1.48) 的任一积分曲线, 则必存在常数 c_1 和 c_2 使得 (4.1.49) 中两个曲面的交线就是曲线 Γ.

证明 令 p_0 为 Γ 上的一个点, 取 $c_1 = \varphi(p_0), c_2 = \psi(p_0)$. 利用 c_1 和 c_2 两个值, 令 Γ' 为 (4.1.49) 中两个曲面的交线. 由于 $\langle a,b,c \rangle$ 在 Γ' 上的每一点处与 Γ' 相切, 此 Γ' 就是 (4.1.48) 的一条积分曲线. 因而 Γ 和 Γ' 两者都是积分曲线, 且有公共点 p_0, 于是由常微分方程解的唯一性定理即知曲线 Γ 和 Γ' 必须重合.(上面的独立条件保证了 $\mathrm{grad}\varphi$ 和 $\mathrm{grad}\psi$ 不平行, 因此 (4.1.49) 中的两个曲面有交线.)

由引理 4.1.1 可知 (4.1.48) 的积分曲线形成了一个由 $\varphi = c_1$ 和 $\psi = c_2$ 的相交线构成双参数曲线方程, 其中 φ 和 ψ 为 (4.1.48) 的独立首次积分. 下面将看到, (4.1.48) 的任一个首次积分都保证给定的偏微分方程 (4.1.38) 存在一个解.

引理 4.1.2 如果 $\varphi(x,t,u) \in C^1(D)$ 为 (4.1.48) 的首次积分, 则有
$$a\varphi_x + b\varphi_t + c\varphi_u = 0, \tag{4.1.50}$$
而且若 $\varphi_u \neq 0$, 则由 $\varphi(x,t,u) = 0$ 求出的函数 $u = u(x,t)$ 就是 (4.1.38) 的一个解.

证明 沿积分曲线 $(x(\xi), t(\xi), u(\xi))$, 有
$$\varphi(x(\xi), t(\xi), u(\xi)) = k,$$
其中 k 为常数, 对 ξ 求导即得
$$\frac{\mathrm{d}\varphi}{\mathrm{d}\xi} = a\varphi_x + b\varphi_t + c\varphi_u = 0.$$
这就是 (4.1.50). 由于 $\varphi_u \neq 0$, 因此可从方程 $\varphi(x,t,u) = 0$ 局部地解出 $u = u(x,t)$. 于是由复合函数求导有
$$\varphi_x + \varphi_u u_x = 0, \quad \varphi_t + \varphi_u u_t = 0,$$
于是由 (4.1.50) 即知 $u = u(x,t)$ 为 (4.1.38) 的解.

现在叙述有关 (4.1.48) 的独立首次积分与 (4.1.38) 的通解之间联系的主要结果. 从几何上来看, 它们之间应当存在联系是很明显的. (4.1.48) 的任意两个独立的单参数族首次积分相交成 (4.1.48) 的一个双参数积分曲线族, 任何积分曲面均由积分曲线所组成, 亦即积分曲面必须通过这些积分曲线的一族.

定理 4.1.1 令 $\varphi(x,t,u),\ \psi(x,t,u) \in C^1(D)$ 为特征方程组 (4.1.48) 的两个独立的首次积分, 且在 D 中有 $\varphi_x^2 + \varphi_u^2 \neq 0$. 那么 (4.1.38) 的通解就由
$$H(\varphi(x,t,u), \psi(x,t,u)) = 0 \tag{4.1.51}$$
给出, 其中 H 为任意函数.

证明 由引理 4.1.2 可得
$$a\varphi_x + b\varphi_t + c\varphi_u = 0, \quad a\psi_x + b\psi_t + c\psi_u = 0.$$
设 $f(x,t,u) = 0$ 为 (4.1.38) 的任一积分曲面, 则有
$$af_x + bf_t + cf_u = 0.$$
由于 $a^2 + b^2 + c^2 \neq 0$, 因此即得
$$\det\begin{pmatrix} \varphi_x & \varphi_t & \varphi_u \\ \psi_x & \psi_t & \psi_u \\ f_x & f_t & f_u \end{pmatrix} = 0$$

于是有 φ, ψ 和 f 是相关 (不独立) 的函数, 从而存在着函数 H 使得 $f = H(\varphi, \psi)$.

这条定理说明积分曲面 (4.1.51) 可由单参数积分曲线子族求出, 而这个子族可用如下关系:

$$H(c_1, c_2) = 0 \tag{4.1.52}$$

来限制 c_1 和 c_2 的值而得到, 其中 $c_1 = \varphi, c_2 = \psi$. 根据这些信息不难看出, 原则上应该知道如何求解这些初值问题

$$\begin{cases} a(x,t,u)u_x + b(x,t,u)u_t = c(x,t,u), & x \in \mathbf{R}, \quad t > 0, \\ u(x,0) = f(x), \quad x \in \mathbf{R}. \end{cases} \tag{4.1.53}$$

这个问题是等价于求解初值问题

$$\frac{\mathrm{d}x}{a(x,t,u)} = \frac{\mathrm{d}t}{b(x,t,u)} = \frac{\mathrm{d}u}{c(x,t,u)},$$

$$x = \xi, \quad t = 0, \quad u = f(x), \quad \xi \in \mathbf{R}.$$

若 $c_1 = \varphi, c_2 = \psi$ 为独立的首次积分, 则参数 c_1 和 c_2 为

$$c_1 = \varphi(\xi, 0, f(\xi)), \quad c_2 = \psi(\xi, 0, f(\xi)).$$

如果从这两个方程中消去 ξ, 即可得形为 (4.1.52) 的关系式 H. 因此初值问题的解就由 (4.1.51) 的隐函数给出.

例 4.1.10 考虑初值问题

$$\begin{cases} (t + 2xu)u_x - (x + 2tu)u_t = \frac{1}{2}(x^2 - t^2), & x \in \mathbf{R}, t > 0, \\ u(x,0) = x, \quad x \in \mathbf{R}. \end{cases}$$

其特征方程组为

$$\frac{\mathrm{d}x}{t + 2xu} = \frac{\mathrm{d}t}{-(x + 2tu)} = \frac{\mathrm{d}u}{(1/2)(x^2 - t^2)}.$$

它有如下独立的首次积分:

$$\varphi = x^2 + t^2 - 4u^2 = c_1, \quad \psi = xt + 2u = c_2.$$

初始条件可写成如下独立的参数形式:

$$x = \xi, \quad t = 0, \quad u = f(x), \quad \xi \in \mathbf{R}.$$

于是可得
$$c_1 = -3\xi^2, \quad c_2 = 2\xi.$$

由此得到
$$H(c_1, c_2) \triangleq c_1 + \frac{3}{4}c_2^2.$$

因此所要求的解就由方程
$$\frac{3}{4}(xt+2u)^2 + x^2 + t^2 - 4u^2 = 0$$

的隐函数给出, 求出这个隐函数
$$u = \frac{3}{2}xt + \sqrt{3x^2t^2 + x^2 + t^2}.$$

这个解是对一切 $x \in \mathbf{R}$, $t > 0$ 唯一确定的.

至今还没有得到关于初值问题 (4.1.53) 解的存在性. 显然, 概括在 (4.1.53) 后面的讨论步骤不一定总是有效的, 或者不一定总是可以完成的. 我们不加证明地叙述如下的存在唯一性定理.

定理 4.1.2 考虑初值问题 (4.1.53), 其中 a, b 和 c 都在 $\mathbf{R}^3$ 中连续可微, 而 f 在 $\mathbf{R}$ 上连续可微, 如果 $b(x_0, 0, f(x_0)) \neq 0$, 则在 $(x_0, 0)$ 的邻域中, (4.1.53) 存在唯一解 $u = u(x, t)$.

从这个定理可以推出, 只要 a, c 和 f 都连续可微, 则初值问题 (4.1.39)—(4.1.40) 在整个 x 轴的邻域中存在唯一解. 几何条件 $b(x_0, 0, f(x_0)) \neq 0$ 容易理解, 它保证向量场 $\langle a, b, c \rangle$ 在 $P_0: (x_0, 0, f(x_0))$ 处沿 t 轴方向有分量, 因此经过 P_0, 并且必定含有积分曲线的积分曲面对 $t > 0$ 有定义. 否则若 $b(x_0, 0, f(x_0)) = 0$, 过 P_0 的积分曲线不一定对所有的 $t > 0$ 有定义, 因此它在 P_0 处的切向沿 t 轴方向的分量为零 (图 4.21). 我们早已看到, 即使一个解在很短时刻局部地存在, 它也不必对一切 $t > 0$ 都存在.

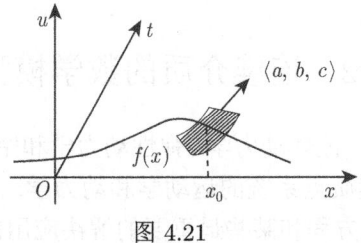

图 4.21

练 习

1. 在 $x \in \mathbf{R}$, $t > 0$ 上求解下列初值问题, 并画出其特征曲线:
   (a) $u_t + 3u_x = 0, u(x,0) = \sin x$;
   (b) $u_t + xu_x = 0, u(x,0) = \exp(-x)$;
   (c) $u_t - x^2 t u_x = 0, u(x,0) = x + 1$.

2. 考虑信号问题

$$\begin{cases} u_t + c(u)u_x = 0, & t > 0, \ x > 0, \\ u(0,t) = g(t), & t > 0, \\ u(x,0) = u_0, & x > 0, \end{cases}$$

其中 c 和 g 均为给定函数, u_0 为正常数, 若 $c'(u) > 0$, 应在信号 g 上加什么条件, 才不会出现激波? 在这种情况下, 求出它在区域 $t > 0$, $x > 0$ 上的解.

3. 求解初值问题

$$\begin{cases} u_t + u^2 u_x = 0, & x \in \mathbf{R}, \ t > 0, \\ u(x,0) = x, & x \in \mathbf{R}. \end{cases}$$

4. 求解初值问题

$$\begin{cases} u_t + uu_x + \alpha u^2 = 0, & x \in \mathbf{R}, \ t > 0, \ \alpha > 0, \\ u(x,0) = 1, & x \in \mathbf{R}. \end{cases}$$

5. 求出下列拟线性方程的通解:
   (a) $tu_t + (u+t)u_x = x - t$; (b) $t^2 u_t + x^2 u_x = 2xt$;
   (c) $2tuu_t + 2xuu_x = u^2 - x^2 - t^2$; (d) $uu_t = -t$;
   (e) $tu_t + uu_x = x$; (f) $-uu_t + uu_x = t - x$;
   (g) $tu_t + xu_x = xt(u^2 + 1)$.

6. 求出下列方程的色散关系和相速度:
   (a) $u_t + cu_x + ku_{xxx} = 0$;
   (b) $u_{tt} - c^2 u_{xx} = 0$.

4.2 连续介质的数学模型

连续介质的数学模型 (流体动力学、弹性动力学和空气动力学等) 是研究诸如流体、固体和气体等连续质点系统的运动学和动力学. 从这些对象中提出了某些最重要的数学物理偏微分方程和某些最重要的解决应用问题的方法. 例如, 奇异摄

4.2 连续介质的数学模型

动理论就是来自空气绕着机翼或舵机流动的研究，许多分支理论的问题也是来自流体力学。即使从许多工程和物理的其他领域来看，连续介质力学仍然不失为发展应用数学的实例和方法的典范 ([15]).

连续介质力学的场方程或支配方程是一组关于密度、压力、位移、质点速度等诸如此类未知量的偏微分方程。它们描述了连续介质在任一时刻的状态。像对热传导方程那样，这些方程是由诸如质量、动量和能量守恒等守恒律以及所谓本构关系或状态方程的有关连续介质结构的假设下推导出来的。在一定情况下，例如当波的振幅很小时，这些方程可以简化为应用数学中较为简单的方程，例如一维波动方程等。

这些方程是在所研究的材料为连续介质的假设下发展起来的，亦即无论如何细分，材料都显示出均匀的结构。这种发展给出了一种模型，其中流体参数在它们一切有定义的点上都是时间和空间的连续函数，而材料的分子团就完全与连续介质模型无关了。可以想象到，当所考虑的连续介质区域的大小是与分子结构的特征量同样量阶时，这种模型将失效。对于气体，这个量阶为 10^{-7} 米，即自由路程的平均值；而对流体来说，它是 10^{-10} 米量阶，即一般分子之间的间隔。因此连续介质模型只在极端的情况下才受到破坏。

4.2.1 运动学

我们用一维的连续介质作为应用一般思想的基本物理模型，它可以看成是一根正在流动着流体的圆柱形管子。流体可以是液体或者气体，而管子的侧壁假设对流动参数没有任何影响。在整个运动过程中，假设每一个截面都保持平面，而且沿着柱体的轴向运动，以及任何流动参数在任一截面上都是不变的。流体唯一的变动就是沿着管子纵向地运动，就是这个假设描述了一维连续介质的特性 (图 4.22)，这种情况与前面讨论过的一维热传导模型十分相似。

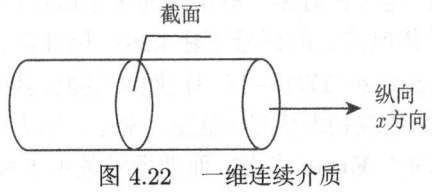

图 4.22 一维连续介质

为了理解在一维连续介质模型中如何确定物理量，我们考虑如下的实验。观察流体的密度与其分子结构是如何联系的。在时刻 t，我们考察一个中心在 x_0，宽度为 α，且其截面积为 A 的流盘 D (图 4.23)。流盘 D 的平均密度 $\rho_\alpha = M_\alpha/(\alpha A)$，这里 M_α 为流盘 D 的质量。为了确定密度 $\rho(x_0,t)$，看一下当 α 趋于零时，ρ_α 是如何变化的。图 4.24 记录了这个实验的结果。在区域 II 中，由于在 D 中存在许

多质点 (分子), 因此平均密度 ρ_α 变动很小. 但是若 α 为分子间距离的量阶, 例如 10^{-9} 米, 则在 D 中可能只有几个分子, 因而即使 α 变化很小, ρ_α 也会有很大的波动. 这种急速波动如图 4.24 的区域 I 所示. 由此看出, 利用当 $\alpha \to 0$ 时 ρ_α 的极限值来定义 $\rho(x_0, t)$ 几乎是不可能的, $\rho(x_0, t)$ 应当定义为

$$\rho(x_0, t) = \lim_{\alpha \to \alpha^*} \rho_\alpha,$$

其中 α^* 是使得密度的非一致性开始出现的 α 值, 例如在此取 $\alpha^* = 10^{-9}$ 米. 类似地, 其他的物理量也可看成是连续分布材料的点函数, 而不是其分子或原子结构的函数. 这种连续性假设往往叙述如下: 流体是由很小的部分或者**流体元素**所组成. 这种元素可以理想化地看成点, 使得各流动变量都是位置和时间的连续函数, 但它们不能太小, 以致在元素内这些量出现可辨别的波动.

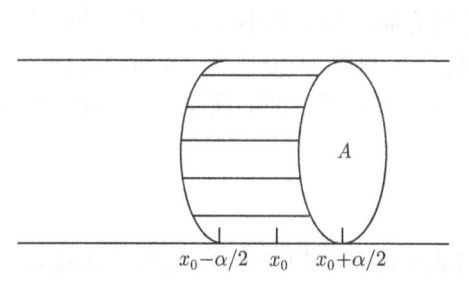

图 4.23 中心在 x_0 的流盘截面

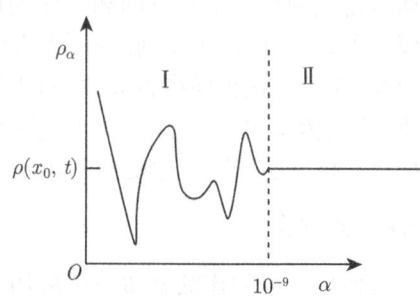

图 4.24 平均密度 ρ_α 的图像

现在考虑流体运动的运动学. 在一维的运动流体中有用来记录运动轨迹的两种坐标系. 例如, 假设水正在一条小河中流动, 而人们希望测出河水的温度. 一种是站在河岸从某参考位置 $x = 0$ 起算的固定点 x 处, 将温度计放入河中, 因此测得的温度是时间和固定位置 x 的函数 (图 4.25). 另一方面, 也可以从一条随河水流动的小船上测量温度. 这时在时刻 $t = 0$ 时的每个质点都标上记号 h, 而且每个质点当它向下游流动时都保持它的标号 (图 4.26). 因此测得的温度 $\Theta(h, t)$ 是时间和**拉格朗日** (J-L. Lagrange, 1736—1813) **坐标**或**物质坐标** h 的函数. 变量 x 为固定的空间变量, 把场函数或物理变量 (温度、密度、压力等等) 表示成 t 和 x 的函数时, 就称为流体运动的 **Euler 描述**; 而把场函数用 t 和物质变量 h 表示时就称其为流体运动的 **Lagrange 描述**. 用 Euler 坐标描述的物理量, 我们将用小写字母表示, 而用大写字母表示 Lagrange 坐标描述的物理量. 于是 $f(x, t)$ 表示用 Euler 坐标测量的物理量, 而 $F(h, t)$ 表示用 Lagrange 坐标测量的同一个物理量.

令 I 是一个表示沿着流体运动圆柱体轴线的一维区域的区间. 在时刻 $t = 0$, 我们用 Lagrange 坐标 h 对所有质点 (在一维连续介质中, **质点**这个词与**截面**是同义的, 因此今后将相互替代地使用它们) 标上记号使得在 $t = 0$, $x = h$, 其中

4.2 连续介质的数学模型

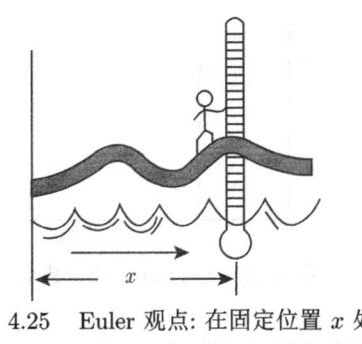

图 4.25 Euler 观点: 在固定位置 x 处测量温度 $\theta(x,t)$

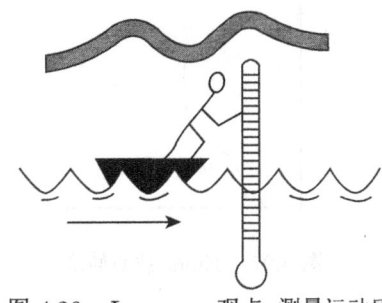

图 4.26 Lagrange 观点: 测量运动质点 h 的温度 $\Theta(h,t)$

x 是在 I 中的固定 Euler 坐标. 所谓**流体运动**或者**流**是一个二次连续可微映射 $\varphi : I \times [0, t_1] \to I$, 定义为

$$x = \varphi(h, t). \tag{4.2.1}$$

对于每一个 $t \in [0, t_1]$, 这个函数在 I 上是可逆的. 我们往往不把 (4.2.1) 中的函数写成 φ, 而是利用 x 将 (4.2.1) 记作

$$x = x(h, t). \tag{4.2.2}$$

利用 x, 既表示坐标又表示函数是一个通常的习惯, 除非出现混淆才用 (4.2.1) 那样表示函数. 换句话说, 方程 (4.2.2) 给出了标号为 h 的质点或截面在时刻 t 的位置 x. 对于固定的 $h = h_0$, 曲线

$$x = x(h_0, t), \quad 0 \leqslant t \leqslant t_1$$

确定了标号为 h_0 的**质点轨道**. 质点轨道的时空图通常如图 4.27 和图 4.28 所示. 关于 φ 的可逆性假设保证了 (4.2.2) 可对 h 解出

$$h = h(x, t), \tag{4.2.3}$$

这个方程确定了在时刻 t 位于 x 处的质点或截面. 由于 (4.2.2) 和 (4.2.3) 互为反函数, 因此有

$$x \equiv x(h(x, t), t), \tag{4.2.4}$$

以及

$$h \equiv h(x(x, t), t). \tag{4.2.5}$$

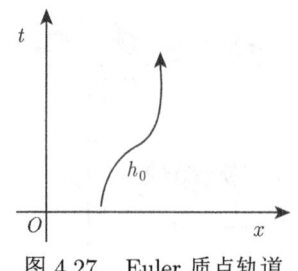
图 4.27 Euler 质点轨道

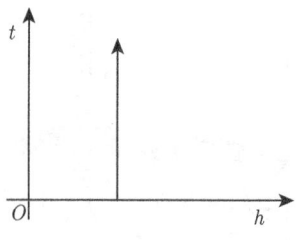
图 4.28 Lagrange 质点轨道

于是若 $f(x, t)$ 是一个用 Euler 形式表示的物理量, 则

$$F(h, t) = f(x(h, t), t) \tag{4.2.6}$$

就是该物理量的 Lagrange 描述. 反之, 若 $F(h, t)$ 为 Lagrange 量, 则

$$f(h, t) = F(h(h, t), t) \tag{4.2.7}$$

就给出该物理量的 Euler 形式描述. (4.2.6) 和 (4.2.7) 的对偶性表示是有实际意义的, 例如 (4.2.7) 就是说: 由某观察者在时刻 t 于 x 处作出的 Euler 测量 f 与一个随质点 h 运动的观察者在时刻 t 当 h 在 x 处时所作出的测量 F 是完全一样的. 利用复合函数求导规则, 容易证明有如下的导函数关系:

$$F_h(h, t) = f_x(x(h, t), t) x_h(h, t) \tag{4.2.8}$$

以及

$$F_h(h, t) = f_t(x(h, t), t) + f_x(x(h, t), t) x_t(h, t), \tag{4.2.9}$$

其中例如 $f_x(x(h, t), t)$ 是表示 $f_x(x, t)$ 在 $x = x(h, t)$ 处取值. 在此我们已明确指出导函数取值的点. 在流体力学中好的记号是实质性的. 有时简略可能导致混淆和难于对表达式与方程的理解, 因此详细地写出一般公式至少可以避免不少混淆.

像在经典力学那样, 把**截面** h 或**质点速度**定义为其位移对时间的变化率, 即

$$V(h, t) = x_t(h, t),$$

于是, 速度的 Euler 形式定义为

$$v(x, t) = V(h(x, t), t),$$

这就给出了时刻 t 在 x 处质点的速度. 标号 h 的**质点加速度**为

$$A(h, t) = V_t(h, t) = x_{tt}(h, t),$$

4.2 连续介质的数学模型

因此时刻 t 在 x 处质点加速度的 Euler 形式为

$$a(x,\ t) = V_t(h(x,\ t),\ t) \triangleq V_t(h,\ t)_{h=h(x,\ t)}, \tag{4.2.10}$$

由 (4.2.9) 即得

$$a(x,\ t) = v_t(x,\ t) + v(x,\ t)v_x(x,\ t),$$

像在 (4.2.10) 式的右端那样,跟随一个截面或质点 h 的物理量在位于 x 处对时间的变化率称为该物理量的物质导数. 确切地说, $f(x,\ t)$ 的**物质**或**迁移导数**定义为

$$\frac{\mathrm{D}f}{\mathrm{D}t}(x,\ t) \triangleq F_t(h(x,\ t),\ t) \triangleq F_t(h,\ t)_{h=h(x,\ t)}, \tag{4.2.11}$$

其中明确注意到上式的右端是先对 t 求偏导,然后再在 $h(x,\ t)$ 处求值. 量 $\mathrm{D}f/\mathrm{D}t$ 可以看成跟随质点 h 的量 F 对时间导数在时刻 t 于 x 处冻结 h 的值. 从 (4.2.9) 容易得出

$$\frac{\mathrm{D}f}{\mathrm{D}t} \triangleq f_t + vf_x. \tag{4.2.12}$$

因此在 Euler 坐标之下,加速度可写成 $a = \dfrac{\mathrm{D}f}{\mathrm{D}t}$.

在推导支配流体运动的方程时,一个附加的运动关系将起重要的作用,这就是一个关于定义流体运动映射 φ 的 Jacobi 行列式对时间变化率的有关公式. **Jacobi 行列式**定义为

$$J(h,\ t) \triangleq x_h(h,\ t).$$

因此

$$J_t(h,\ t) = \frac{\partial}{\partial h}x_t(h,\ t) = V_h(h,\ t) = v_x(x(h,\ t))x_h(h,\ t),$$

或者

$$J_t(h,\ t) = v_x(x(h,\ t))J(h,\ t), \tag{4.2.13}$$

方程 (4.2.13) 就是 Lagrange 坐标下的 **Euler 展开式**. 为了得到 Euler 坐标下的表达式,令 $h = h(x,\ t)$ 即得

$$\frac{\mathrm{D}j}{\mathrm{D}t}(x,\ t) = v_x(x(h,\ t),\ t)j(h,\ t),$$

其中

$$j(h,\ t) = J(h(x,\ t),\ t).$$

4.2.2 质量守恒

现在来导出支配一维连续介质运动的**场方程**. 这些方程表示了质量守恒、动量守恒和能量守恒. 而且在对任意介质都有效的意义下, 它们是通用的. 场方程的推导是在 Lagrange 坐标或物质方法的基础上进行的. 首先找出圆柱体中任一物质部分的质量当该物质部分随时间运动时不变的解析关系. 在时刻 $t = 0$, 考虑 $x = a$ 和 $x = b$ 之间的流体部分 (图 4.29). 在时间 t 之后假设这部分流体已经移动到 $x = a(t) \equiv x(a, t)$ 与 $x = b(t) \equiv x(b, t)$ 之间的区域. 若以 $\rho(x, t)$ 记流体的 Euler 密度, 则在 $a(t)$ 与 $b(t)$ 之间流体的数量为

$$\int_{a(t)}^{b(t)} \rho(x, t) A \mathrm{d}x.$$

于是质量守恒的假设就是要求

$$\frac{\mathrm{d}}{\mathrm{d}t} \int_{a(t)}^{b(t)} \rho(x, t) A \mathrm{d}x \equiv 0. \tag{4.2.14}$$

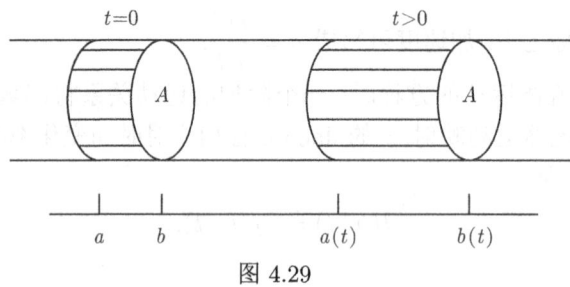

图 4.29

我们可以利用变动上下限的积分进行求导的 Leibniz 公式直接对 (4.2.14) 的左端进行计算. 不过在此采用一个容易推广到高维的方法, 它更符合流体动力学的思维习惯. 根据 $x = x(h, t)$ 对 (4.2.14) 进行变量替换, 于是有 $\mathrm{d}x = J(h, t)\mathrm{d}h$, 从而 (4.2.14) 成为

$$\frac{\mathrm{d}}{\mathrm{d}t} \int_a^b \Delta(h, t) J(h, t) \mathrm{d}h = 0, \tag{4.2.15}$$

其中 $\Delta(h, t) = \rho(x(h, t), t)$ 为 Lagrange 密度. 注意到已将 (4.2.14) 变成一个上下积分限均为常数的积分, 因此由 Δ 和 J 的连续可微性, 即知 (4.2.15) 左端的求导可在积分号下直接进行, 所以有

$$\int_a^b (\Delta J_t + J \Delta_t) \mathrm{d}h = \int_a^b [\Delta(h, t) v_x(x(h, t), t) + \Delta_t(h, t)] J \, \mathrm{d}h = 0,$$

其中利用了 Euler 展开式 (4.2.13). 由于 a, b 的任意性以及 J 不为 0, 因此推出

$$\Delta(h, t)v_x(x(h, t), t) + \Delta_t(h, t) = 0. \quad (4.2.16)$$

由此即得

$$\Delta_t + \frac{\Delta}{J}V_h = 0. \quad (4.2.17)$$

这就是 Lagrange 形式下的**质量守恒律**. 直接将 $h = h(x, t)$ 代入 (4.2.16) 中即可得到相应的 Euler 形式, 亦即

$$\frac{\mathrm{D}\rho}{\mathrm{D}t} + \rho v_x = 0, \quad (4.2.18)$$

或者写成

$$\rho_t + v\rho_x + \rho v_x = 0. \quad (4.2.19)$$

方程 (4.2.18) 或 (4.2.19) 就是熟知的**连续性方程**, 它是一维流的基本方程之一. 这是一个关于密度 ρ 和速度 v 的一阶非线性偏微分方程. 如果 $\dfrac{\mathrm{D}\rho}{\mathrm{D}t} = 0$ 或者 $\Delta_t = 0$, 就称该流体运动是**不可压缩**的. 若 ρ 和 v 均与 t 无关, 则称该流体运动是**稳态**的.

4.2.3 动量守恒

在经典力学中, 一个质量为 m 且有速度 v 的质点, 其线动量为 mv. 根据 Newton 第二定律, 质点动量对时间的变化率就等于作用在它上面的纯外力. 为了将这条定律推广到一维连续介质, 我们提出**线动量平衡原理**, 即流体任何部分的线动量对时间的变化率等于作用在该部分上的外力总和. 在时刻 t 与物质区域 $a(t) \leqslant x \leqslant b(t)$ 中以 $\rho(x, t)$ 为密度的物质所具有的线动量为

$$i A \int_{a(t)}^{b(t)} \rho(x, t)v(x, t)\mathrm{d}x,$$

其中 i 为沿 x 轴正向的单位向量, $v(x, t)$ 为速度, 而 A 为横截面的面积.

作用在连续介质的一个物质区域上的力的准确描述是从 Newton、Euler 和 Cauchy 的工作发展起来的思想成果. 作用在物质区域上的力, 基本上是两种类型, 即体积力和表面积力. 体积力是像重力、电场力或磁力等. 这种力是作用在区域的每个截面上, 它可表示成

$$\boldsymbol{f}(x, t) = f(x, t)\boldsymbol{i}.$$

f 的单位是每单位质量的力, 因此作用在区域 $a(t) \leqslant x \leqslant b(t)$ 上全部体积力为

$$i A \int_{a(t)}^{b(t)} \rho(x, t)f(x, t)\mathrm{d}x.$$

表面力是像压力那样作用在流动介质横截面上的力. 更明确地说, 考虑一个在时刻 t, 位于 x 处的截面. 我们用 $\sigma(x,\ t,\ i)$ 表示截面右 (正) 边的物质作用在截面左 (负) 边物质上每单位面积的力. 类似地, 用 $\sigma(x,\ t,\ -i)$ 表示截面左边的物质作用在截面右边物质上每单位面积的力. 习惯上, σ 中的第三个变量, 在此为 i 或者 $-i$, 是力作用点处曲面的单位外法向量. 向量 $\sigma(x,\ t,\ i)$ 和 $\sigma(x,\ t,\ -i)$ 称为**表面引力向量**或者**应力向量**.

图 4.30 是这些概念的几何表示. 在没有指出截面 x 之前, 没有定义任何应力. 但是一旦指定了截面 x, 则分别作用在阴影和无阴影部分上的力 $A\sigma(x,\ t,\ i)$ 和 $A\sigma(x,\ t,\ -i)$ 就确定了. 在图 4.30 中, 我们已把这两个力画成大小相等, 方向相反. 这将在下面给予证明, 但目前实际上还不知道这两个力指向哪个方向. 要强调的是 σ 中的第三个变量, 即 i 或者 $-i$, 并非表示应力的方向, 而只是指出作用点处曲面的外法线方向而已.

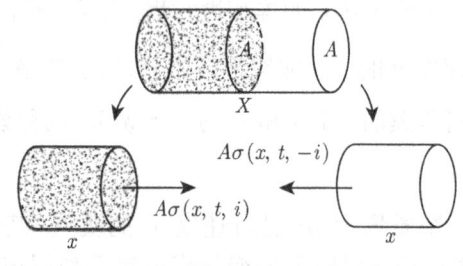

图 4.30

现在可以对物质区域 $a(t) \leqslant x \leqslant b(t)$ 的线动量平衡原理进行定量描述.

$$iA \int_{a(t)}^{b(t)} \rho(x,\ t) v(x,\ t) \mathrm{d}x = iA \int_{a(t)}^{b(t)} \rho(x,\ t) f(x,\ t) \mathrm{d}x$$
$$+ A\sigma(b(t),\ t,\ i) + A\sigma(a(t),\ t,\ -i). \quad (4.2.20)$$

总之, 这就是说, 物质区域 $[a(t),\ b(t)]$ 的动量对时间的变化率等于作用在 $[a(t),\ b(t)]$ 上的全部体积力加上表面力. 力的作用草图如图 4.31 所示. 为了把 (4.2.20) 变成更加便于分析的形式, 我们利用类似于 4.2.2 节中对质量守恒方程的积分形式所使用的变量替换方法对 (4.2.20) 的左端进行求导. 将积分变量变成 Lagrange 坐标 h, 并利用 Euler 展开式即得

$$\frac{\mathrm{d}}{\mathrm{d}t} \int_{a(t)}^{b(t)} \rho v \mathrm{d}x = \frac{\mathrm{d}}{\mathrm{d}t} \int_{a}^{b} \Delta V J \mathrm{d}h = \int_{a}^{b} \left(J \frac{\partial}{\partial t}(\Delta V) + \Delta V J_t \right) \mathrm{d}h$$
$$= \int_{a}^{b} \left(\frac{\partial}{\partial t}(\Delta V) + \Delta V v_x \right) J \mathrm{d}h = \int_{a(t)}^{b(t)} \left(\frac{\mathrm{D}}{\mathrm{D}t}(\rho v) + \rho v v_x \right) \mathrm{d}x.$$

4.2 连续介质的数学模型

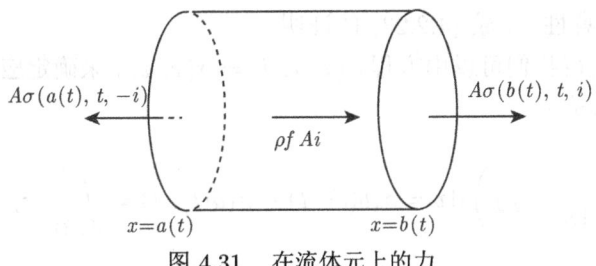

图 4.31 在流体元上的力

根据质量守恒方程 (4.2.18), 即得

$$\frac{D}{Dt}(\rho v) = \rho \frac{Dv}{Dt} + v\frac{D\rho}{Dt} = \rho \frac{Dv}{Dt} - v\rho v_x.$$

因此有

$$\frac{d}{dt}\int_{a(t)}^{b(t)} \rho v dx = \int_{a(t)}^{b(t)} \rho \frac{Dv}{Dt} dx. \tag{4.2.21}$$

从而 (4.2.20) 可写成

$$i\int_{a(t)}^{b(t)} \left(\rho \frac{Dv}{Dt} - \rho f\right) dx = \sigma(b(t), t, i) + \sigma(a(t), t, -i). \tag{4.2.22}$$

下面的引理是 Newton 第三定律所表示的作用与反作用原理在连续介质力学中的表示, 利用这条引理可将方程 (4.2.22) 进一步简化.

引理 4.2.1 由 (4.2.22) 所表示的线动量平衡原理推出, 对任意截面 x 有

$$-\sigma(x, t, i) = \sigma(x, t, -i). \tag{4.2.23}$$

证明 令 x_0 为任一满足 $a(t) < x_0 < b(t)$ 的点. 将 (4.2.22) 应用于 $a(t)$ 和 x_0 之间的区域和 x_0 与 $b(t)$ 之间的区域即得

$$i\int_{a(t)}^{x_0} \left(\rho \frac{Dv}{Dt} - \rho f\right) dx = \sigma(x_0, t, i) + \sigma(a(t), t, -i)$$

和

$$i\int_{x_0}^{b(t)} \left(\rho \frac{Dv}{Dt} - \rho f\right) dx = \sigma(b(t), t, i) + \sigma(x_0, t, -i),$$

将这两个方程相加, 并将所得结果减去 (4.2.22) 可得

$$\sigma(x, t, i) + \sigma(x, t, -i) = 0.$$

于是由 x_0 的任意性, 完成 (4.2.23) 的证明.

这个结果使得我们可以由方程 $\sigma(x, t, i) = \sigma(x, t) i$ 来确定**应力分量** $\sigma(x, t)$, 因此 (4.2.22) 就成为

$$\int_{a(t)}^{b(t)} \left(\rho \frac{\mathrm{D}v}{\mathrm{D}t} - \rho f\right) \mathrm{d}x = \sigma(b(t), t) - \sigma(a(t), t) = \int_{a(t)}^{b(t)} \sigma_x(x, t) \mathrm{d}x,$$

由于区间 $[a(t), b(t)]$ 的任意性, 故有

$$\rho \frac{\mathrm{D}v}{\mathrm{D}t} = \rho f + \sigma_x. \tag{4.2.24}$$

这就是表示线动量平衡的 Euler 形式的偏微分方程. 要是我们定义压力 p 为 $p(x, t) = -\sigma(x, t)$, 则方程 (4.2.24) 可以写成如下形式:

$$v_t + v v_x + \frac{p_x}{\rho} = f. \tag{4.2.25}$$

4.2.4 热力学和能量守恒

总之, 在没有体积力作用下一维连续介质的 Euler 运动方程为

$$\rho_t + v\rho_x + \rho v_x = 0, \tag{4.2.26}$$

$$v_t + v v_x + \frac{p_x}{\rho} = 0. \tag{4.2.27}$$

这是关于三个未知量 ρ, v 和 p 的两个一阶非线性偏微分方程, 直觉告诉我们还需要有第三个方程. 进一步反映对介质特定物理性质的判断应起作用, 而这种性质是不包括在 (4.2.26) 和 (4.2.27) 之中的. 而且反映这种判断的方程应当非常一般以及对任何连续介质都成立. 这种说明介质性质的方程就是所谓**状态方程**或者**本构方程**. 这种方程给出了可观察效果与物质内部结构之间的关系, 它们一般可用诸如密度、压力、能量、熵、温度等热力学变量来表示.

例 4.2.1 一个简单的状态方程是压力只依赖于密度的方程, 即

$$p = F(\rho), \tag{4.2.28}$$

其中 F 是一个给定的可微函数, 而且 $F'(\rho) > 0$. 方程 (4.2.28) 就是所谓的**正压** (bar tropic) 状态方程, 由此可将 (4.2.27) 中的压力消去而得到的方程

$$v_t + v v_x + \frac{F'(\rho)}{\rho} \rho_x = 0, \tag{4.2.29}$$

因此 (4.2.26) 和 (4.2.29) 就是支配压热流的方程, 它们是关于两个未知量 ρ 和 v 的完全方程组. 但 (4.2.28) 中隐含着关于其他热力学变量不出现的假设, 在一般的流体运动中, 方程 (4.2.28) 可能无效.

与 (4.2.28) 相反, 更加经常出现的情况是状态方程还含有问题中的其他未知变量, 例如温度、内能或者熵. 因此还需要有另外的方程, 这是来自能量守恒的讨论. 对于一般的流体运动, 其完全的场方程组通常是质量、动量和能量守恒方程, 以及一个或几个本构关系所构成.

能量守恒的讨论自然需要平衡热力学中的某些基本概念. 古典热力学是处理均匀物质的平衡状态与支配这些状态的变化规律之间的关系, 其中隐含地假设变动发生得如此缓慢, 以致在每一时刻对任何热力学的量都不存在空间梯度. 亦即变动是通过一系列均匀的平衡状态而出现的. 虽然流体的运动并不这样慢, 不过人们发现只要是考虑瞬时的局部热力学状态, 经典热力学的通常结果均可直接应用. 因此每一个热力学量, 例如温度、压力等等, 都可认为是位置和时间的函数, 而每个热力学关系都可假设是局部成立的. 为了说明这个原理, 设想考察一个容器中的气体, 令 P, Δ 和 Θ 分别表示它的压力、密度和温度. 从实际观察知道, 其压力对密度的比值与温度成正比, 即

$$\frac{P}{\Delta} = R\Theta, \tag{4.2.30}$$

其中 R 为有关气体特性的比例常数. 由于 (4.2.30) 是对气体的物质容积成立, 因此它是 Lagrange 形式. 局部热力学平衡的假设使得可以假定

$$\frac{p}{\rho} = R\theta,$$

其中 p, ρ 和温度 θ 为局部 Euler 量, 亦即它们都是 x 和 t 的函数.(也可以设想过程发生得如此之快, 以致局部流体元素不可能建立起瞬时平衡, 这种过程属于非平衡流体动力学的研究范围.)

例 4.2.2 (理想气体) 在通常条件下, 大多数气体满足理想气体规律

$$p = R\rho\theta, \tag{4.2.31}$$

$$e = c_v\theta + 常数, \tag{4.2.32}$$

其中 p 为压力, ρ 为密度, θ 为温度, 而 e 为每单位质量的内能. 常数 c_v 为定容比热, R 是**气体常数**, 对于不同的气体, 气体常数不是恒定的参数. 满足 (4.2.31) 和 (4.2.32) 的气体称为**理想气体**, 许多实际有用的可压缩流都可以近似地作为理想气体进行处理. 因此 (4.2.31) 和 (4.2.32) 描述了流体动力学中广泛一类现象. 但是

它们与 (4.2.26) 和 (4.2.27) 联立起来也只有四个方程, 却有五个未知量 p, v, ρ, θ 和 e, 因此显然还需要另一个方程.

热力学第一定律的一般形式是: 若把热量考虑在内, 则能量是守恒的. 于是热力学第一定律与能量守恒定律的说法完全一致. 这就提出了当对物质的单位质量增加很小的热量 q 并使得在每一步都保持平衡时其结果会如何的问题. 此时热量 q 的一部分将用于使得给定体积 $1/\rho$, 膨胀 $d(1/\rho)$ 而做功 $pd(1/\rho)$, 剩下的部分用于把内能从 e 增加到 $e + de$. 准确的关系为

$$q = de + pd\rho^{-1}, \qquad (4.2.33)$$

其中 q 为所增加的热量. 对于一个平衡过程来说, 方程 (4.2.33) 就是**热力学第一定律**. 一般来说, 微分形式 q 并不是全微分, 亦即不存在状态函数 Q 使得 $q = dQ$. 若 $q = 0$, 则过程就成为**绝热**的.

例 4.2.3 对于由方程 (4.2.31) 和 (4.2.32) 所描述的理想气体, 有

$$q = de + pd\rho^{-1} = c_v d\theta + R\theta d(\ln \rho^{-1}), \qquad (4.2.34)$$

由此即见 θ^{-1} 为微分形式 q 的积分因子, 因此有

$$\theta^{-1} q = d(c_v \ln \theta + R\theta \ln \rho^{-1}) = ds,$$

其中

$$s = c_v \ln \theta + R\theta \ln \rho^{-1} + 常数 \qquad (4.2.35)$$

称为**熵**. 因而对理想气体来说, 热力学第一定律取如下形式:

$$de = \theta ds - pd\rho^{-1}. \qquad (4.2.36)$$

方程 (4.2.35) 也可以利用压力 p 写成

$$p = k\rho^\gamma \exp\left(\frac{s}{c_v}\right), \qquad (4.2.37)$$

其中

$$\gamma \equiv 1 + \frac{R}{c_v},$$

而 k 为常数. 将此与 (4.2.31), (4.2.32) 联立起来, 即得状态方程的另一形式

$$e = \frac{p}{(\gamma - 1)\rho} + 常数. \qquad (4.2.38)$$

最后, 引进由 $h \triangleq e + p/\rho$ 定义的**焓** h 对某些问题是有用的. 对理想气体来说, $h = c_p \theta$, 这里 $c_p = R + c_v$ 为**定压比热**, 因此 $\gamma = c_p/c_v$ 就是比热的比值. 对于空气, $\gamma = 1.4$, 而单原子气体, $\gamma = \dfrac{5}{3}$, 一般地, 有 $\gamma > 1$.

阿贝尔 (N. Abel, 1802—1829) **状态方程**或**克劳修斯** (R. Claudius, 1822—1888) **状态方程**

$$p\left(\frac{1}{\rho} - \alpha\right) = R\theta, \quad \alpha 为常数$$

引进常数 α 来说明分子的大小.

为了进一步说明分子之间的力, **范德瓦耳斯** (van der Waals) **状态方程**

$$(p + \beta\rho^2)\left(\frac{1}{\rho} - \alpha\right) = R\theta, \quad \alpha, \beta 为常数$$

含有项 $\beta\rho^2$.

泰特 (P. Tait, 1831—1901) **状态方程**

$$\frac{p + B}{p} = \left(\frac{\rho}{\rho_0}\right)^{\bar{\gamma}}$$

中的常数 $\bar{\gamma}$ 和 B 是用来模拟流体在高压下的性质. 有关物质重要性更详细的讨论, 可参看 Thompson 的可压缩流体动力学一书 ([14]), 或者参考 White 的著作 ([15]).

现在着手建立支配系统中能量流的偏微分方程. 我们首先采用一个与前面以积分形式给出的平衡原理相一致的方法. 像上面那样令 $[a(t), b(t)]$ 是一个以 A 为截面积的一维物质区域. 我们用 $A\int_{a(t)}^{b(t)} \dfrac{1}{2}\rho v^2 \mathrm{d}x$ 定义这个区域中流体的动能, 而定义这个区域流体的内能为 $A\int_{a(t)}^{b(t)} \rho e \mathrm{d}x$. 由一般的能量守恒原理, 全部能量对时间的变化率应等于外力在这个区域上所做的功率加上流入这个区域的热通量 (即每单位时间的热量). 在此区域上作用着两种力, 即作用在这个区域每一个截面上的体积力 $f(x, t)$ 和作用在两个端点处的应力 $\sigma(x, t)$. 由于力乘以速度就等于功率, 因此外力在这个区域上所做的全部功率为

$$A\int_{a(t)}^{b(t)} \rho f v \mathrm{d}x - A\sigma(a(t), t)v(a(t), t) + A\sigma(b(t), t)v(b(t), t).$$

流入这个区域的热通量为 $A\varphi(a(t), t) - A\varphi(b(t), t)$, 其中 $\varphi(x, t)$ 为每单位面积的热通量. 因此我们所需要的能量平衡定律为

$$\frac{\mathrm{d}}{\mathrm{d}t}\int_{a(t)}^{b(t)} \left(\frac{1}{2}\rho v^2 + \rho e\right) \mathrm{d}x = \int_{a(t)}^{b(t)} \rho f v \mathrm{d}x - \sigma(a(t), t)v(a(t), t)$$

$$+ \sigma(b(t), t)v(b(t), t) + \varphi(a(t), t) - \varphi(b(t), t)$$

或者

$$\frac{\mathrm{d}}{\mathrm{d}t} \int_{a(t)}^{b(t)} \left(\frac{1}{2}\rho v^2 + \rho e\right) \mathrm{d}x = \int_{a(t)}^{b(t)} (\rho f v + (\sigma v)_x - \varphi_x) \mathrm{d}x.$$

假设状态变量充分光滑，并利用区间 $[a(t), b(t)]$ 的任意性，即得如下的能量守恒律的 Euler 微分形式：

$$\frac{1}{2}\rho \frac{\mathrm{D}(v^2)}{\mathrm{D}t} + \rho \frac{\mathrm{D}e}{\mathrm{D}t} = \rho f v + (\sigma v)_x - \varphi_x. \tag{4.2.39}$$

方程 (4.2.39) 可以写成各种形式. 首先将动量平衡方程 (4.2.24) 两边乘以 v 即得

$$\frac{1}{2}\rho \frac{\mathrm{D}(v^2)}{\mathrm{D}t} = \rho f v + v \sigma_x,$$

其次把 (4.2.39) 减去这个式子，即得内能变化率方程

$$\rho \frac{\mathrm{D}e}{\mathrm{D}t} = \sigma v_x - \varphi_x. \tag{4.2.40}$$

能量守恒的另一个表示方法是来自热力学第一定律 (4.2.33). 热力学第二定律说, 一般微分形式 q 有积分因子 θ^{-1}, 即 $\theta^{-1}q = \mathrm{d}s$, 其中 s 称为**熵**, 而 θ 是绝对温度, 于是由 (4.2.33) 有

$$\theta \mathrm{d}s = \mathrm{d}e + p \mathrm{d}\rho^{-1}.$$

热力学第一和第二定律的这个组合形式可以重新写成一个偏微分方程. 由于它涉及一个给定的物质区域, 因此假设

$$\theta \frac{\mathrm{D}s}{\mathrm{D}t} = \frac{\mathrm{D}e}{\mathrm{D}t} + \rho \frac{\mathrm{D}(\rho^{-1})}{\mathrm{D}t}, \tag{4.2.41}$$

这就是能量守恒原理的另一个局部形式. 注意到 $\mathrm{D}\frac{\mathrm{D}(\rho^{-1})}{\mathrm{D}t} = -\frac{1}{\rho^2}\frac{\mathrm{D}\rho}{\mathrm{D}t} = \frac{v_x}{\rho}$, 并令 $\sigma = -p$. 于是由 (4.2.40), 可得 (4.2.41) 为

$$\theta \frac{\mathrm{D}s}{\mathrm{D}t} = -\frac{\varphi_x}{\rho}.$$

这就把熵的变化与热通量联系了起来. 若假设**本构关系**为 Fourier 定律 $\varphi = -k\theta_x$, 则能量方程 (4.2.41) 可表示成

$$\frac{\mathrm{D}e}{\mathrm{D}t} + \rho \frac{\mathrm{D}(\rho^{-1})}{\mathrm{D}t} = \frac{1}{\rho}(k\theta_x)_x. \tag{4.2.42}$$

例 4.2.4 (绝热流) 在绝热流中有 $\theta(\mathrm{D}s/\mathrm{D}t)=0$, 故能量方程 (4.2.41) 成为

$$\frac{\mathrm{D}e}{\mathrm{D}t} + \rho\frac{\mathrm{D}(\rho^{-1})}{\mathrm{D}t} = 0. \tag{4.2.43}$$

方程 (4.2.26), (4.2.27), (4.2.43) 与热力学状态方程 $p = p(\rho, \theta)$ 和热能状态方程 $e = e(\rho, \theta)$ 一起给出了关于未知量 ρ, v, p, e 和 θ 的五个方程的方程组.

例 4.2.5 (理想气体) 对于理想气体的绝热流, 将能量表达式 (4.2.38) 代入 (4.2.43) 即得

$$\frac{\mathrm{D}p}{\mathrm{D}t} - \frac{\gamma p}{\rho}\frac{\mathrm{D}p}{\mathrm{D}t} = 0. \tag{4.2.44}$$

方程 (4.2.26), (4.2.27) 和 (4.2.44) 就给出了 ρ, v 和 p 三个未知量的三个方程. 由于 $(\mathrm{D}s)/(\mathrm{D}t) = 0$, 故熵在给定流体质点 (截面) 上位为常数. 这说明在 Lagrange 形式之下有 $S = S(h)$. 这时支配绝热流的方程往往写成

$$\frac{\mathrm{D}\rho}{\mathrm{D}t} + \rho v_x = 0, \quad \rho\frac{\mathrm{D}v}{\mathrm{D}t} + p_x = 0, \quad \frac{\mathrm{D}s}{\mathrm{D}t} = 0,$$

以及给出 $p = p(s, t)$ 的状态方程 (4.2.37). 如果一开始熵就不变, 即对一切 h 有 $S(h, 0) = s_0$. 则 $s(x, t) = s_0$, 对所有 x 和 t 都成立. 这样的绝热流称为**等熵**. 于是就变成了在例 4.2.1 中讨论的正压流.

一般来说, 对于非绝热流有包含 ρ, v, p, e 和 θ 五个未知量的五个方程 (4.2.26), (4.2.27) 和 (4.2.42), 以及热分子和热能的状态方程. 如果没有运动 ($v = 0$) 和常数 $s = c_v \ln\theta +$ 常数, 则 (4.2.42) 就简化成古典的扩散方程

$$\rho c_v \theta_t = (k\theta_x)_x.$$

4.2.5 声学近似方程

由于支配绝热流的方程是非线性的, 因此一般无法求解, 只有在特殊情况下才可能求解. 最简单的情形就是声学, 这时假设各未知量离开不变的平衡状态 $v = 0$, $\rho = \rho_0$ 和 $p = p_0$ 的偏差很小, 因此考虑等熵方程

$$\rho_t + v\rho_x + \rho v_x = 0, \tag{4.2.45}$$

$$\rho v_t + \rho v v_x + p_x = 0, \tag{4.2.46}$$

以及正压状态方程

$$p = F(\rho).$$

在声学中通常引进由 $\delta \triangleq (\rho - \rho_0)/\rho_0$ 定义的**凝聚** (condensation) δ, 这是密度 ρ 对于不变状态 ρ_0 的相对变动. 假设 v, δ 和它们的所有导数与 1 相比都很小, 则状态方程可展成如下的 Taylor 级数

$$p = F(\rho_0) + F'(\rho_0)(\rho - \rho_0) + \frac{1}{2}F''(\rho_0)(\rho - \rho_0)^2 + O((\rho - \rho_0)^3)$$
$$= F(\rho_0) + \rho_0 F'(\rho_0)\delta + \frac{1}{2}\rho_0^2 F''(\rho_0)\delta^2 + O(\delta^3),$$

因此

$$p_x = \rho_0 F'(\rho_0)\delta_x + O(\delta^2).$$

因而 (4.2.45) 和 (4.2.46) 就成为

$$\delta_t + v\delta_x + (1+\delta)v_x = 0,$$

$$(1+\delta)v_t + (1+\delta)vv_x + F'(\rho_0)\delta_x + O(\delta^2) = 0.$$

略去小项的乘积, 即得小偏差 δ 和 v 的线性化方程组

$$\delta_t + v_x = 0, \tag{4.2.47}$$

$$v_t + F'(\rho_0)\delta_x = 0. \tag{4.2.48}$$

这些方程就是所谓的**声学近似方程**. 从 (4.2.47), (4.2.48) 中消去 v 即得

$$\delta_{tt} - c_0^2 \delta_{xx} = 0, \tag{4.2.49}$$

其中

$$c_0^2 = F'(\rho_0). \tag{4.2.50}$$

(4.2.49) 是一个二阶线性的偏微分方程, 它就是熟知的**波动方程**. 我们将在下一节对它进行讨论. (4.2.50) 中的量 c_0 为声波的传播速度. 对于等熵的理想气体来说, 由于 $p = F(\rho) = k\rho^\gamma$, 因此 $c_0 = (\gamma p_0/\rho_0)^{1/2}$ 为小振幅信号在理想气体中传播时的速度. 若从 (4.2.47) 和 (4.2.48) 中消去 δ, 即可看出小振幅的速度 v 也满足波动方程.

声学是研究与声音传播有关的流体运动的科学, 其基本方程就是作为小振幅信号而近似得到的波动方程. 因此值得考察一下声学近似方程以便确定其有效性范围. 令 U 和 Γ 分别记成速度 v 和凝聚 δ 的特征尺度, 从第 1 章就知道, 这样的尺度可由该量的最大值来确定, 例如取 $U = \max|v|$ 和 $\Gamma = \max|\delta|$. 若记 l 和 τ

为问题中的长度和时间尺度, 则 (4.2.47) 中的两项和 (4.2.48) 中两项的平衡就要求分别有

$$\Gamma\tau^{-1} \approx Ul^{-1}, \quad U\tau^{-1} \approx c_0^2 \Gamma l^{-1}.$$

因此有 $c_0 \approx l\tau^{-1}$. 在此近似中我们假设迁移项 vv_x 比 v_t 小得多, 于是对声学有

$$U^2 l^{-1} < U^2 \tau^{-1} \quad \text{或者} \quad U \ll c_0, \tag{4.2.51}$$

亦即声学近似方程可以证明是正确的, 只要质点的最大速度与声波在介质中的传播速度 c_0 相比较而言是很小的. 比值 U/c_0 称为**马赫** (E. Mach, 1838—1916) **数** M, 因此当 $M \ll 1$ 时声学近似方程是有效的. 包括通常可听声音在内, 这个近似是非常成功的. 但是在由高速飞机所产生的流动中, 就需要用完全非线性方程 (4.2.45) 和 (4.2.46) 来进行描述. 在**非线性声学**理论中, 就要求在前面的 (4.2.47) 和 (4.2.48) 的摄动方程中保留一些, 但不是全部的非线性项. 物理声学的一个介绍性讨论可在前面提到的 Thompson 的书中找到 ([14]).

4.2.6 固体中的应力波

连续介质守恒律的另一个应用方向就是固体力学. 在这种介质中我们将支配方程写成 (见 (4.2.19) 和 (4.2.24))

$$\rho_t + v\rho_x + \rho v_x = 0, \tag{4.2.52}$$

$$v_t + vv_x = f + \frac{1}{\rho}\sigma_x. \tag{4.2.53}$$

我们的实际模型是一根圆柱形的杆, 并且寻找描述其纵向振动, 即杆的截面运动的数学模型. 此时的状态方程或本构关系通常是在变形之间的关系, 这种压缩或伸长变形是杆在外力作用下出现的. 为了确定变形, 考虑杆在时刻 $t = 0$ 位于 h 和 $h + \Delta h$ 之间的小部分. 在时刻 $t > 0$ 时, 这部分材料位于 $x(h, t)$ 与 $x(h + \Delta h, t)$ 之间. 于是**变形**就是如下的相对变动:

$$\text{变形} = (\text{新的长度} - \text{原来的长度})/\text{原来的长度}$$

$$= \frac{x(h + \Delta h, t) - x(h, t) - \Delta h}{\Delta h}$$

$$= \frac{\partial x}{\partial h}(h, t) - 1 + O(\Delta h).$$

我们定义**应变** E 为上面变形的最低阶近似, 亦即

$$E = \frac{\partial x}{\partial h}(h, t) - 1.$$

若记 $U(h, t)$ 为截面 h 在时刻 t 的位移. 则 $x(h, t) = h + U(h, t)$, 且有

$$E = \frac{\partial U}{\partial h}(h, t). \tag{4.2.54}$$

本构关系就是一个给出 Lagrange 应力 $\Sigma(h, t)$ 作为应变 $E(h, t)$ 的一个确定函数的方程. 一般来说, 应力与应变之间的函数关系如图 4.32 中的实线所示. 但是如果只考虑到很小的应变时, 则可以用直线 (图 4.32 中的虚线) 来近似代替曲线, 这时直线的方程为

$$\Sigma(h, t) = Y(h)E(h, t), \tag{4.2.55}$$

其中比例因子 $Y(h)$ 称为**杨氏模量**或**刚度**. 而线性的应力-应变关系 (4.2.55) 就称为 **Hooke 定律**. 在 Euler 坐标下, (4.2.55) 成为

$$\sigma(x, t) = y(x, t)\varepsilon(x, t), \tag{4.2.56}$$

其中 $\sigma(x, t) = \Sigma(h(x, t), t)$, $y(x, t) = Y(h(x, t))$, 而 $\varepsilon(x, t) = E(h(x, t), t)$. 利用关系

$$\left.\frac{\partial U}{\partial h}\right|_{h=h(x, t)} = \frac{u_x}{1 - u_x},$$

这里 u 为 Euler 位移, 则本构关系 (4.2.56) 可写成

$$\sigma(x, t) = y(x, t)\frac{u_x(x, t)}{1 - u_x(x, t)}, \tag{4.2.57}$$

于是可从动量方程 (4.2.53) 中消去 σ, 即得

$$\rho v_t + \rho v v_x = \rho f + \frac{\partial}{\partial x}\left(\frac{y u_x}{1 - u_x}\right). \tag{4.2.58}$$

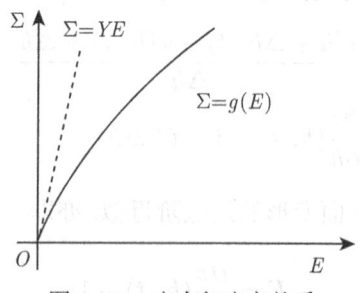

图 4.32 应力与应变关系

4.2 连续介质的数学模型

因此利用本构关系 (4.2.55), 我们已经得到关于未知量 v, u 和 ρ 的两个方程 (4.2.52) 和 (4.2.58). 第三个方程为 u 与 v 之间的确定关系

$$v = \frac{\mathrm{D}u}{\mathrm{D}t} = u_t + vu_x. \tag{4.2.59}$$

显然, 方程 (4.2.52), (4.2.58) 和 (4.2.59) 都是非线性的. 因此不能用分析方法求解. 然而像在声学近似方程那样, 可以得到小位移的线性理论. 考虑初始密度和初始刚度分别为 $\rho_0(x)$ 和 $y_0(x)$ 的杆. 对小位移理论来说, 我们假设 u 和它的导数都比 1 小得多. 由方程 (4.2.59), 有

$$v = u_t(1 - u_x)^{-1} = u_t(1 + u_x + u_x^2 + \cdots) = u_t + O(u^2),$$

以及

$$v_t = u_{tt} + O(u^2).$$

令 $\bar{\rho}(x, t)$ 为 $\rho(x, t)$ 与初始密度 $\rho_0(x)$ 的偏差, 亦即

$$\rho(x, t) = \rho_0(x) + \bar{\rho}(x, t).$$

于是引进 Lagrange 密度Δ, 并利用中值定理即得

$$|\bar{\rho}(x, t)| = |\rho(x, t) - \rho_0(x)| = |\Delta(x-u, t) - \Delta(x, 0)| \leqslant |\Delta_h(\tilde{x}, \tilde{t})u| + |\Delta_t(\tilde{x}, \tilde{t})|t,$$

其中 $0 < \tilde{t} < t$ 和 $x < \tilde{x} < x - u$. 因此只要 u 和 t 都很小, 且导数 Δ_h 和 Δ_t 有界, 则偏差 $\bar{\rho}$ 就很小. 类似地计算说明, 若 $y(x, t) = y_0(x) + \bar{y}(x, t)$, 则偏差 $\bar{y}(x, t)$ 满足等式 $|\bar{y}(x, t)| = |Y_h(\tilde{x})u|$. 因此只要 u 很小和 Y_h 有界, 则 $\bar{y}$ 就很小.

利用这些结论, 动量方程 (4.2.58) 可以写成 (取 $f = 0$)

$$(\rho_0 + \bar{\rho})(u_{tt} + O(u^2)) + (\rho_0 + \bar{\rho})(vv_x) = \frac{\partial}{\partial x}[(y_0 + \bar{y})u_x(1 + u_x + O(u^2))].$$

只保留最低阶的项, 即得线性化的小位移方程

$$\rho_0(x)u_{tt} = \frac{\partial}{\partial x}(y_0(x)u_x). \tag{4.2.60}$$

在上一段可获得的小位移假设下, 我们可以期待方程 (4.2.60) 就是支配一根密度为 $\rho_0(x)$ 和刚度为 $y_0(x)$ 的杆的小纵向振动方程.

我们注意到在推出 (4.2.60) 时将 (4.2.58) 中的未知密度丢掉了, 而且用初始密度 $\rho_0(x)$ 来代替它. 因此 (4.2.60) 就成了只有一个未知量 u 的方程. 可以证明

这与质量守恒方程 (4.2.52) 是相容的. 若 $\rho_0(x) = \rho_0$, $y_0(x) = y_0$, 这里 ρ_0, y_0 为常数, 则 (4.2.60) 就简化成波动方程

$$u_{tt} - c_0^2 u_{xx} = 0, \quad c_0^2 = y_0/\rho_0.$$

通常一根杆是有限长的, 因此将在其端点处加上边界条件, 例如在 $x = 0$ 和 $x = l$ 处. 为了确定起见, 我们集中在端点 $x = l$ 处. 显然若端点保持固定, 则有

$$u(l, t) = 0, \quad t > 0 \text{ (固定端点)}.$$

若端点是自由的, 或者没有任何外力作用在 $x = l$ 的面上, 则有 $\Sigma(l, t) = 0$ 或 $Y(l)E(l, t) = 0$. 因此

$$Y(l)\frac{\partial U}{\partial h}(l, t) = 0, \quad t > 0 \text{ (自由端点)},$$

或者写成 Euler 变量

$$y(l, t) - \frac{u_x(l, t)}{1 - u_x(l, t)} = 0, \quad t > 0 \text{ (自由端点)}.$$

一个确定长度为 l, 密度为 $\rho_0(x)$, 刚度为 $y_0(x)$ 的杆的小位移 $u(x, t)$ 的适定问题是由偏微分方程 (4.2.60) 在 $x = 0$ 和 $x = l$ 的边界条件以及如下形式的初始条件

$$u(x, 0) = u_0(x), \quad u_t(x, 0) = v_0(x), \quad 0 < x < l$$

所组成的, 其中 $u_0(x)$ 和 $v_0(x)$ 分别为给定的初始位移和速度.

练 习

1. 称 Lagrange 密度 Δ 的倒数 $W = 1/\Delta$ 为**比容**, 若在 $t = 0$ 时的密度为 ρ_0, 证明质量和动量守恒可表示成

$$W_t - \rho_0^{-1} V_h = 0, \quad V_t + \rho_0^{-1} P_h = 0.$$

2. 对于充分光滑的函数, 证明

$$\frac{d}{dt}\int_{a(t)}^{b(t)} \rho(x, t) g(x, t) dx = \int_{a(t)}^{b(t)} \rho(x, t) \frac{Dg}{Dt}(x, t) dx,$$

其中 $a(t) \leqslant x \leqslant b(t)$ 为物质区域.

3. 令 $F = F(h, t)$, 用 Euler 变量写出方程 $F_t + F^2 F_h = 0$.

4. 推导出在变动截面面积 $A(h, t)$ 的圆柱体中一维流的质量和动量守恒方程. 这里记 $A(h, t)$ 在时刻 t 有 Lagrange 标号 h 的截面面积, 且假设对一切 $t > 0$ 有 $A(h, t) = A(h, 0)$.

5. 利用直接计算积分 $\dfrac{\mathrm{d}}{\mathrm{d}t}\displaystyle\int_{a(t)}^{b(t)} \rho(x, t)\mathrm{d}x$ 来推导出连续性方程 (4.2.19).

4.3 波动方程

4.3.1 D'Alembert 解

我们已经看到, 在声学和杆的小振动中自然地提出了一维波动方程

$$u_{tt} - c^2 u_{xx} = 0. \tag{4.3.1}$$

还有许多其他的实际问题都可导出这个重要方程. 电磁学就是其中重要的一个. 本节将讨论这个方程的各个方面以及它的解, 我们知道这个方程是属于抛物型的. 可以看出波动方程的通解

$$u(x, t) = f(x + ct) + g(x - ct), \tag{4.3.2}$$

其中 f 和 g 均为任意函数. 因此一般来说, 方程 (4.3.1) 的解是以速度 c 运动的右行波和左行波的叠加. 函数 f 和 g 是由初始和边界数据来确定的, 虽然这在具体情况下并不容易做到.

波动方程的初值问题为

$$\begin{cases} u_{tt} - c^2 u_{xx} = 0, & x \in \mathbf{R}, \quad t > 0, \\ u(x, 0) = F(x), \quad u_t(x, 0) = G(x), & x \in \mathbf{R}, \end{cases} \tag{4.3.3}$$

其中 F 和 G 为给定函数. 这个问题可由**达朗贝尔** (J. D'Alembert, 1717—1783) **解**精确求解.

定理 4.3.1 在 (4.3.3) 中设 $F \in C^2(\mathbf{R}), G \in C^1(\mathbf{R})$, 则 (4.3.3) 的解为

$$u(x, t) = \frac{1}{2}[F(x + ct) + F(x - ct)] + \frac{1}{2c}\int_{x-ct}^{x+ct} G(y)\mathrm{d}y. \tag{4.3.4}$$

证明 应用初始条件来确定 (4.3.2) 中的任意函数 f 和 g, 从而直接导出公式 (4.3.4). 我们有

$$u(x, 0) = f(x) + g(x) = F(x), \tag{4.3.5}$$

$$u_t(x, 0) = cf'(x) - cg'(x) = G(x). \tag{4.3.6}$$

用 (4.3.6) 除以 c, 然后积分即得

$$f(x) - g(x) = \frac{1}{c}\int_0^x G(y)\mathrm{d}y + A, \tag{4.3.7}$$

其中 A 为积分常数. 加减 (4.3.5) 和 (4.3.7) 即得如下二式:

$$f(x) = \frac{1}{2}F(x) + \frac{1}{2c}\int_0^x G(y)\mathrm{d}y + \frac{1}{2}A,$$

$$g(x) = \frac{1}{2}F(x) - \frac{1}{2c}\int_0^x G(y)\mathrm{d}y - \frac{1}{2}A.$$

由此即得 (4.3.4). 由于 $F \in C^2$, $G \in C^1$, 故有 $u \in C^2$ 且满足波动方程.

为了更深刻地理解, 考虑一个简单的初值问题

$$\begin{cases} u_{tt} - c^2 u_{xx} = 0, & x \in \mathbf{R},\ t > 0, \\ u(x, 0) = F(x), & u_t(x,\ 0) = 0,\ x \in \mathbf{R}. \end{cases}$$

由 (4.3.4) 可得这个问题的解为

$$u(x,\ t) = \frac{1}{2}[F(x+ct) + F(x-ct)].$$

为了确定起见, 假设 $F(x)$ 为如图 4.33 所表示的初始信号. 注意到在时刻 $t > 0$, u 为 $F(x-ct)$ 和 $F(x+ct)$ 的平均值, 这两个信号正好是由 $F(x)$ 向左平移 ct 个单位和向右平移 ct 个单位得到的. 图 4.34 大致地表示在三个时刻 $t_1 < t_2 < t_3$, 如何取两个信号 $F(x-ct)$ 和 $F(x+ct)$ 的平均值而得出 u. 于是初值信号分裂成两个均以速度 c 推出, 但以相反方向运动的信号. 向左运动的信号沿特征线 $x + ct =$ 常数进行, 而向右运动的信号沿特征线 $x - ct =$ 常数进行, 因此扰动沿着两族特征线传播.

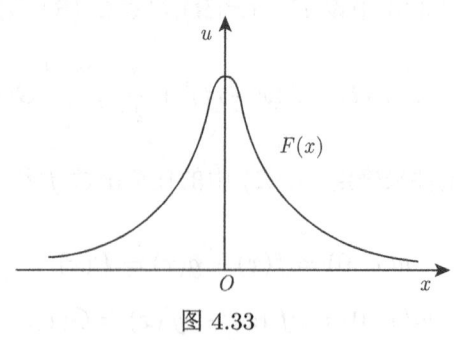

图 4.33

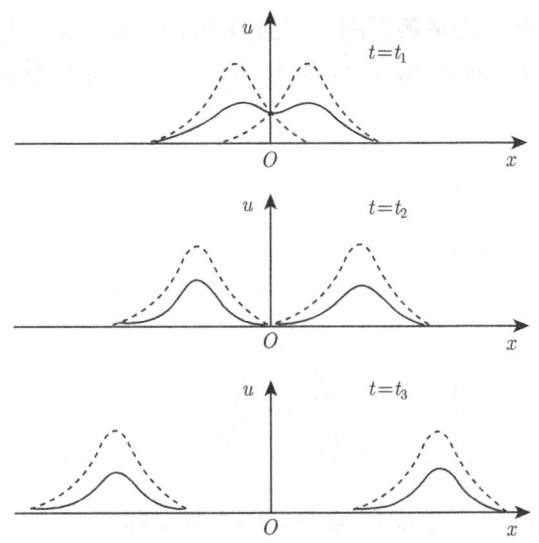

图 4.34 作为 $F(x-ct)$ 和 $F(x+ct)$ 的平均值 $u(x,t)$

如果 (4.3.3) 中初值函数 F 和 G 只在 x 轴的区间 I 上不为零, 那么 u 在 xt 平面上的值受 I 中扰动影响的区域就称为 I 的**影响域** (图 4.35). 这个区域分别以从 I 的左端点和右端点出发的两条特征线 $x+ct=$ 常数和 $x-ct=$ 常数作为它的两侧边界. 在 I 中的信号绝不可能影响解在区域 R 外的值. 换句话说, 若初值只在 I 中不为零, 则解只在 R 中不为零. 这些结论均可直接推出.

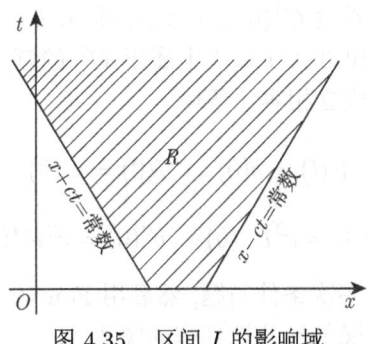

图 4.35 区间 I 的影响域

我们还可以提出哪些初值影响 u 在给定点 (x_0, t_0) 处的值的问题, 由 D'Alembert 解有

$$u(x_0, t_0) = \frac{1}{2}[F(x_0 - ct_0) + F(x_0 + ct_0)] + \frac{1}{2c}\int_{x_0-ct_0}^{x_0+ct_0} G(y)\mathrm{d}y.$$

于是由于积分项, 可见 u 的值只依赖于初值函数在区间 J: $[x_0 - ct_0,\ x_0 + ct_0]$

上的值. 这个区间就称为**依赖区间**. 它的两个端点 $x_0 - ct_0$ 与 $x_0 + ct_0$ 就是过 (x_0, t_0) 的特征线 $x + ct = x_0 + ct_0$ 和 $x - ct = x_0 - ct_0$ 向后延长与初始线 $t = 0$ 的交点 (图 4.36).

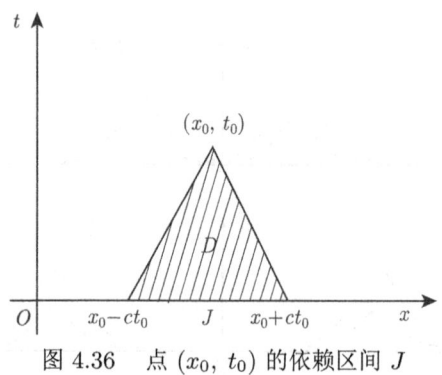

图 4.36 点 (x_0, t_0) 的依赖区间 J

如果还提出边界条件, 则问题就更加复杂, 因为这时波还要从边界上反射. 例如考虑如下的混合初边值问题:

$$\begin{cases} u_{tt} - c^2 u_{xx} = 0, & 0 < x < l, \quad t > 0, \\ u(x, 0) = F(x), \quad u_t(x, 0) = G(x), & 0 < x < l, \\ u(0, t) = a(t), \quad u(l, t) = b(t), & t > 0, \end{cases} \qquad (4.3.8)$$

其中 $F \in C^2(0 \leqslant x \leqslant l), G \in C^1(0 \leqslant x \leqslant l)$, 而 $a, b \in C^2([0, \infty))$. 如果要求的是问题 (4.3.8) 在 $t \geqslant 0$ 和 $0 \leqslant x \leqslant l$ 上属于 C^2 的解 $u(x, t)$, 则还必须在角点 $x = 0$, $x = l$ 和 $t = 0$ 处成立相容性条件

$$F(0) = a(0), \quad F(l) = b(0), \quad G(0) = a'(0), \quad G(l) = b'(0),$$

$$a''(0) = c^2 F''(0), \quad b''(0) = c^2 F''(l).$$

这个问题可以转变成一个齐次条件问题, 然后用 Fourier 方法求解. 基于下面引理解的几何结构能使我们更深刻地认识到解的实质.

引理 4.3.1 令 $u(x, t)$ 为在 $t > 0$ 和 $x \in \mathbf{R}$ 上属于 C^3 类的函数, 那么 u 满足波动方程 (4.3.1) 当且仅当对一切 $h, k > 0$, 满足差分方程

$$u(x - ck, \, t - h) + u(x + ck, \, t + h) = u(x - ch, \, t - k) + u(x + ch, \, t + k). \qquad (4.3.9)$$

证明 由波动方程的通解 (4.3.2) 以及向前和向后行进波 $F(x + ct)$ 和 $G(x - ct)$ 都满足差分方程, 即得必要性. 反之, 若 u 满足差分方程, 则先令 $h = 0$, 然后

两边加上 $-2u(x,\ t)$ 并除以 c^2k^2 即得

$$\frac{u(x-ck,\ t)+u(x+ck,\ t)-2u(x,\ t)}{c^2k^2}=\frac{u(x,\ t-k)+u(x,\ t+k)-2u(x,\ t)}{c^2k^2}.\tag{4.3.10}$$

另一方面由 Taylor 公式有

$$u(x\pm ck,\ t)=u(x,\ t)\pm u_x(x,\ t)ck+\frac{1}{2}u_{xx}(x,\ t)c^2k^2+o(k^2);$$

$$u(x,\ t\pm ck)=u(x,\ t)\pm u_t(x,\ t)k+\frac{1}{2}u_{tt}(x,\ t)k^2+o(k^2).$$

将此代入 (4.3.10) 可得

$$u_{xx}(x,\ t)=\frac{1}{c^2}u_{tt}(x,\ t)+\frac{1}{k^2}o(k^2),$$

令 $k\to 0$ 即可见 u 满足波动方程 (4.3.1),从而完成证明.

从几何上看,点 $A:(x-ck,\ t-h)$, $B:(x+ch,\ t+k)$, $C:(x+ck,\ t+h)$ 及 $D:(x-ch,\ t-k)$ 为**特征平行四边形** $ABCD$ 的顶点,$\square ABCD$ 是由一对向前行进的和一对向后行进的两对特征线作出的. 于是可将 (4.3.9) 写成

$$u(A)+u(C)=u(B)+u(D).$$

这个方程可以用来从几何上构造问题 (4.3.8) 的解. 为此将区域 $0<x<l,\ t>0$ 如图 4.37 所示分成区域 I, II, III, IV, $\cdots$,先从下面两个角点 $(0,\ 0)$ 和 $(l,\ 0)$ 画出特征线,而后从边界不断地进行反射. 在区域 I 中的解完全由 D'Alembert 解 (4.3.4) 所确定. 为了求出解在区域 II 中任一点 R 处的值,画出特征平行四边形 $PQRS$,并利用引理 4.3.1 得到 $u(R)=u(S)+u(Q)-u(P)$. 量 $u(S)$ 由在 $x=0$ 的边界条件确定,而 $u(P)$ 和 $u(Q)$ 由解在区域 I 中的值得到. 对区域 III 可类似地进行. 为了确定解在区域 IV 中任一点 M 处的值,首先如图 4.37 所示,做出特征平行四边形 $KLMN$,然后利用引理 4.3.1 得到 $u(M)=u(L)+u(N)-u(K)$. 显然右边这三个量均已知道,因此可以进行下一步,继续下去可得 u 在整个区域 $0<x<l,\ t>0$ 的值.

有关波动方程的进一步性质可参看 Smoller 的专著 ([16]) 或者 [17].

4.3.2 散射及其逆问题

本节考虑波传播理论的一个应用,这就是散射及其逆问题. 所谓散射问题就是考虑在某个介质中的一个称为**散射体**的物质,当**入射波**射到散射体时,就产生

反射波和**透射波** (图 4.38). 所谓**正散射问题**就是当已知入射波和散射体的性质时, 要求确定反射波和透射波 (振幅、波数、频率). 所谓**逆散射问题**是当给定入射反射和透射波时, 要求确定散射体的性质. 许多实际问题都提出了逆散射问题. 例如在雷达或者声呐理论中, 利用已知的入射波和接收到的反射波去探测飞行体或海中物体的性质. 在医学上利用 X 射线和声波去探测密度变化来确定是否出现肿瘤及其性质, 这时入射、反射和透射波均为已知. 在地质勘探中, 地球表面的爆炸所产生的波从地层反射回来时, 可能预测油层的存在或者对我们有用的地质结构. 逆散射理论是目前应用数学研究的活跃领域.

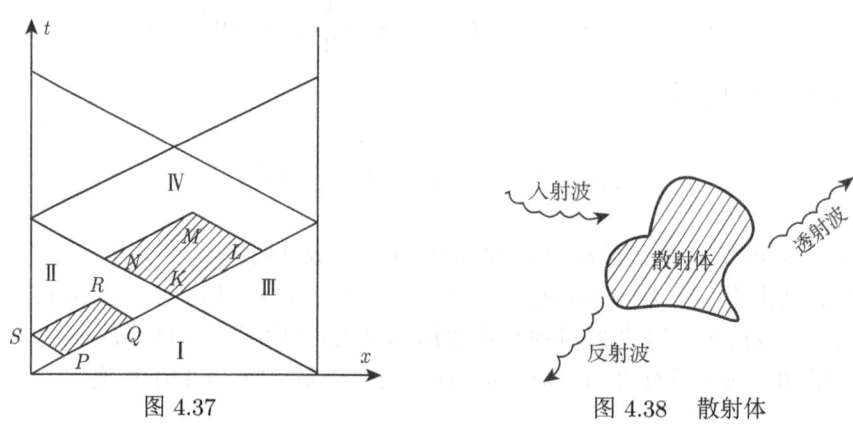

图 4.37   图 4.38 散射体

下面建立和解决一个包含波动方程的简单逆问题. 假设无限长的杆 $-\infty < x < \infty$ 是由在 $x = 0$ 处的分界面分开的两种均匀材料所组成. 在区域 I$(x < 0)$ 中的材料有不变密度 ρ_1 和刚度 (杨氏模量)y_1, 而在区域 II$(x > 0)$ 中的另一种材料有不变密度 ρ_2 和刚度 y_2. 在区域 I 和区域 II 中的波速分别为 c_1 和 c_2, 于是有 $c_i^2 = y_i/\rho_i$, $i = 1, 2$. 这时逆散射问题可叙述如下: 假设观察者在 $x = -\infty$ 处发出一个单位振幅和单位波数的入射右行波 $\exp\{i(x - c_i t)\}$. 当这个波射到分界面时, 产生了一个反射回区域 I 的波和一个透射进区域 II 的波 (图 4.39). 如果区域 I 的材料性质 ρ_1 和 y_1 已知, 是否可以用测量反射波的振幅和波数来确定区域 II 的性质 ρ_2 和 y_2 呢?

我们从小位移理论的角度来讨论这个问题, 此时以 u_1 和 u_2 分别记区域 I 和区域 II 中的位移, 它们都满足一维波动方程

$$u_{tt} - c^2 u_{xx} = 0. \tag{4.3.11}$$

由于假设两个区域组成一个整体, 因此在分界面 $x = 0$ 处位移必须连续. 从而有

$$u_1(0^-, t) = u_2(0^+, t), \quad t > 0, \tag{4.3.12}$$

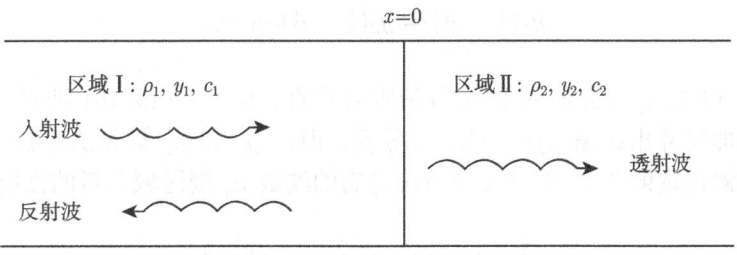

图 4.39 作为散射体的二材料分界面

其中 $u_1(0^-, t)$ 定义为当 $x \to 0^-$ 时 $u_1(x, t)$ 的极限, 而 $u_2(0^+, t)$ 定义为当 $x \to 0^+$ 时 $u_2(x, t)$ 的极限. 此外还要求在经过交界面时的力也是连续的, 即

$$y_1 \frac{\partial u_1}{\partial x}(0^-, t) = y_2 \frac{\partial u_2}{\partial x}(0^+, t), \quad t > 0. \tag{4.3.13}$$

方程 (4.3.12)—(4.3.13) 称为**交界条件**, 我们需要求满足方程 (4.3.11) 和条件 (4.3.12)—(4.3.13) 的解 u_1 和 u_2. 从直观上上看, 有理由假设 u_1 为入射波与反射波的叠加, 而 u_2 就是透射波. 因此可试求如下形式的解:

$$u_1 = \exp\{\mathrm{i}(x - c_1 t)\} + A \exp\{\mathrm{i}\alpha(x + c_1 t)\},$$

$$u_2 = B \exp\{\mathrm{i}\beta(x - c_2 t)\},$$

其中量 A 和 α 表示在区域 I 中以速度 c_1 向左运动的反射波的振幅和波数, 而 B 和 β 表示在区域 II 中以速度 c_2 向右运动的透射波的振幅和波数. 显然 u_1 和 u_2 分别为满足取 $c_1^2 = y_1/\rho_1$ 和 $c_2^2 = y_2/\rho_2$ 的波动方程. 于是逆散射问题可用分析的语言叙述如下: 给定 A, α, ρ_1 和 y_1, 由此是否可以确定 ρ_2 和 y_2?

由交界条件 (4.3.12)—(4.3.13), 将可推出这些常数之间的关系. 由条件 (4.3.12) 可得

$$\exp(-\mathrm{i}c_1 t) + A \exp(\mathrm{i}\alpha c_1 t) = B \exp(-\mathrm{i}\beta c_2 t).$$

由此即得

$$\alpha = -1, \quad \beta = \frac{c_1}{c_2}, \quad B = 1 + A. \tag{4.3.14}$$

所以

$$u_1 = \exp[\mathrm{i}(x - c_1 t)] + A \exp[-\mathrm{i}(x + c_1 t)],$$

$$u_2 = (1 + A) \exp[\mathrm{i}(c_1/c_2)(x - c_2 t)].$$

由条件 (4.3.13) 可得

$$y_1(1-A) = y_2(1+A)(c_1/c_2). \tag{4.3.15}$$

仔细检查 (4.3.14), (4.3.15) 即可得到所需要的信息. 由 (4.3.15) 即见, 若知道了 A 和 c_1, 即可算出比值 y_2/c_2 或者 $\sqrt{y_2\rho_2}$. 但是 y_2 和 ρ_2 均无法单独求出. 因此若有办法测出透射波 c_2 的速度或者确定它的波数 β, 则区域材料的性质即可完全确定.

正散射问题有一个简单的解. 因为若所有的材料参数 ρ_1, y_1, ρ_2 和 y_2 都知道, 则关系 (4.3.14) 和 (4.3.15) 就唯一地确定了反射波和透射波.

练 习

1. 证明可将波动方程 (4.3.1) 通过变换 $\xi = x - ct$, $\eta = x + ct$ 变成偏微分方程 $\Phi_{\xi\eta} = 0$, $\Phi_{\xi\eta} = u(x, y)$. 从而证明 (4.3.2) 为 (4.3.1) 的通解.

2. 令 u_1 和 u_2 分别为初值问题

$$\begin{cases} u_{tt} - c^2 u_{xx} = 0, & x \in \mathbf{R}, \quad 0 < t < T_0, \\ u(x, 0) = F_1(x), \quad u_t(x, 0) = G_1(x), & x \in \mathbf{R} \end{cases}$$

和

$$\begin{cases} u_{tt} - c^2 u_{xx} = 0, & x \in \mathbf{R}, \quad 0 < t < T_0, \\ u(x, 0) = F_2(x), \quad u_t(x, 0) = G_2(x), & x \in \mathbf{R} \end{cases}$$

的解. 对 $\forall \varepsilon > 0$, 证明 $\exists \delta > 0$(依赖于 ε), 使得当 $x \in \mathbf{R}$ 时有 $|F_1(x) - F_2(x)| \leqslant \delta$ 和 $|G_1(x) - G_2(x)| \leqslant \delta$, 就有 $|u_1 - u_2| \leqslant \varepsilon$, 当 $x \in \mathbf{R}$, $0 < t < T_0$ 时. 亦即解连续依赖于初值.

3. 考虑初边值问题

$$\begin{cases} u_{tt} - c^2 u_{xx} = 0, & 0 < x < 1, \quad t > 0, \\ u(x, 0) = F(x), \quad u_t(x, 0) = G(x), & 0 < x < 1, \\ u(0, t) = a(t), \quad u(1, t) = b(t), & t > 0. \end{cases}$$

试将这个问题变成一个非齐次偏微分方程和齐次边界条件的问题.

4. 考虑如下的非齐次问题:

$$\begin{cases} u_{tt} - c^2 u_{xx} = 0, & x \in \mathbf{R}, \quad t > 0, \\ u(x, 0) = F(x), \quad u_t(x, 0) = G(x), & x \in \mathbf{R}. \end{cases}$$

若 D 为如图 4.36 所示的特征三角形, 试证

$$u(x_0,\,t_0)=\frac{1}{2}[F(x_0+ct_0)+F(x_0-ct_0)]+\frac{1}{2c}\int_{x_0-ct_0}^{x_0+ct_0}G(s)\mathrm{d}s+\frac{1}{2c}\iint_D\varphi(x,\,t)\mathrm{d}x\mathrm{d}t.$$

5. 考虑一根由两种材料组成的不变截面积的长杆, 对于 $-\infty<x<0$ 和 $1<x<\infty$, 材料参数为 ρ_0 和 y_0, 而对于 $0<x<1$, 参数为 ρ_1 和 y_1. 从 $-\infty$ 出发的入射波 $\exp\{\mathrm{i}(x-c_0t)\}$ 射到这个系统, 假设位移在交界面处是连续的, 试利用线性化理论求出区域中透射波的频率和波数.

4.4 气体运动学方程

4.4.1 守恒律

在 4.2 节中, 利用 Lagrange 方法得到了流体动力学的支配方程. 亦即把守恒律应用于实际物质区域的运动. 这个方法在思想上与以 Newton 第二定律作为支配定律的质点和质点系的古典力学是一样的. 下面根据 Euler 方法提出守恒律的另一种推导, 这不仅是推导方程的一般方法, 而且与扩充我们的方程知识的一般思想方法和在应用数学中可以用的建模过程也是完全一致的. 建立在从一个固定的实验窗口来观察系统的 Euler 方法在古典力学中找不到与它类似的样本, 但是其基本概念是容易理解的, 因为它是建立在如下简单观察的基础上. 在一个固定空间区域内部某种物质数量对时间的变化率必须等于该物质流进这个区域的通量减去流出的通量 (见 4.1 节中的守恒律).

像前面那样, 我们设想流体在一根截面积 A 为不变的管中流动, 而且在任一截面上的物理参数也不变. 固定两个截面 $x=a$ 和 $x=b$ (图 4.40). 第一个原则, 即质量守恒, 就是说质量既不能创造也不能消灭. 或者说在区间 $a\leqslant x\leqslant b$ 内的质量对时间的变化率应等于在 $x=a$ 处流进的质量通量减去在 $x=b$ 处流出的质量通量. 用记号可写成

$$\frac{\mathrm{d}}{\mathrm{d}t}\int_a^b A\rho(x,\,t)\mathrm{d}x=A\rho(a,\,t)v(a,\,t)-A\rho(b,\,t)v(b,\,t), \tag{4.4.1}$$

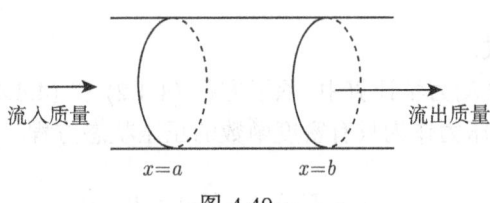

图 4.40

其中 $\rho(x,\ t)$ 为密度, 而 $v(x,\ t)$ 为速度. 注意到 $A\rho(x,\ t)v(x,\ t)$ 就是每单位时间流经 x 处的流体数量, 亦即质量通量. 方程 (4.4.1) 可写成

$$\int_a^b \rho_t(x,\ t)\mathrm{d}x = -\int_a^b [\rho(x,\ t)v(x,\ t)]_x \mathrm{d}x.$$

由于区间 $a \leqslant x \leqslant b$ 的任意性即得

$$\rho_t + (\rho v)_x = 0. \tag{4.4.2}$$

这就是连续性方程, 或者表示质量守恒的偏微分方程.

动量平衡定律是说在 $[a,\ b]$ 内部的动量对时间的变化率必须等于在 $x = a$ 和 $x = b$ 处每单位时间进入区域的动量减去每单位时间流出的动量, 再加上由作用在 a 和 b 上应 (压) 力 p 在 $[a,\ b]$ 中每单位时间创造的动量, 用式子表示就是

$$\frac{\mathrm{d}}{\mathrm{d}t}\int_a^b A\rho(x,\ t)v(x,\ t)\mathrm{d}x$$
$$= A\rho(a,\ t)v^2(a,\ t) - A\rho(b,\ t)v^2(b,\ t) + Ap(a,\ t) - Ap(b,\ t), \tag{4.4.3}$$

其中 v 为流体速度. 这里我们略去了体积力. 项 $A\rho(x,\ t)v^2(x,\ t)$ 表示在 x 处的动量与速度的乘积, 因此称它为在 x 处的**动量通量**. 根据微积分基本定理, 由 (4.4.3) 推得

$$\int_a^b [\rho(x,\ t)v(x,\ t)]_t \mathrm{d}x = -\int_a^b [\rho(x,\ t)v^2(x,\ t) + p(x,\ t)]_x \mathrm{d}x.$$

由区间 $a \leqslant x \leqslant b$ 的任意性即得

$$(\rho v)_t + (\rho v^2 + p)_x = 0. \tag{4.4.4}$$

这就是表示动量守恒的偏微分方程. 不难看出, (4.4.2) 和 (4.4.4) 均为如下形式:

$$\frac{\partial}{\partial t}[\cdots] + \frac{\partial}{\partial x}[\cdots] = 0.$$

因此称其为**守恒形式**.

在最简单的气体动力学计算中, 除了方程 (4.4.2) 和 (4.4.4) 外, 还需要补充一个方程, 它可以是把压力作为只有密度函数的正压状态方程

$$p = f(\rho),\quad f'(\rho) > 0. \tag{4.4.5}$$

理想气体的等熵流就是这种情形的例子 (见例 4.2.1 和例 4.2.5). 由声学问题 (见 4.2 节), 引进由

$$c^2 = f'(\rho) \tag{4.4.6}$$

定义的**局部声速** c. 于是 (4.4.2) 和 (4.4.4) 可写成

$$p_t + v p_x + c^2 \rho v_x = 0, \tag{4.4.7}$$

$$\rho v_t + \rho v v_x + p_x = 0, \tag{4.4.8}$$

其中在重写 (4.4.2) 时用到了 $p_x = c^2 \rho_x$ 和 $p_t = c^2 \rho_t$, 而在推导 (4.4.8) 时利用了 (4.4.2) 把 (4.4.4) 中的量 ρ_t 消去. 注意到 (4.4.8) 式与在 4.2 节中直接利用 Lagrange 方法得到的动量方程完全一样. 方程 (4.4.7) 和 (4.4.8) 与 (4.4.5) 一起就给出了气体等熵流研究的出发点.

4.4.2 Riemann 方法

至今为止还很少考虑流体是如何开始运动的. 在气体动力学或可压缩流体动力学中, 一般是设想由一个在圆柱形管道中的活塞来诱导流动. 这样的装置并不像它刚出现时那样不现实. 活塞可以代表阀门打开之后一边的流体或者表示爆炸过程中的雷管. 而在空气动力学中它可以表示一个运动进入气体的钝头物体.

于是建立和解决一个简单问题, 其求解方法称为黎曼 (G. F. B. Riemann, 1826—1866) 方法, 它在气体运动学中对于一般问题是典型的. 考虑管中的气体在初始时处于常数状态

$$v = 0, \quad \rho = \rho_0, \quad p = p_0, \quad c = c_0, \tag{4.4.9}$$

且状态方程为

$$p = k\rho^\gamma, \quad k, \gamma > 0. \tag{4.4.10}$$

初始位于 $x = 0$ 的活塞, 按照

$$x = X(t), \quad X'(t) < 0, \quad X''(t) < 0 \tag{4.4.11}$$

的规律开始缓慢拉动, 其中 $X(t)$ 为给定函数 (图 4.41). 问题是对所有 $t > 0$ 和 $X(t) < x < \infty$, 确定 v, φ, c 和 ρ. 我们可把这个问题看成是一个边值问题, 其中沿 x 正轴给定初始条件, 而沿活塞轨线 (图 4.42) 给出活塞速度 v.

解决这个问题的方法可从 4.1 节研究简单非线性模型方程 $u_t + c(u)u_x = 0$ 时得到, 此时必须确定两族特征线, 信号沿着它们传播, 而且沿着这些特征线的偏微分方程就简化成常微分方程. 在模型方程 $u_t + c(u)u_x = 0$ 的情况下, 沿着 $\mathrm{d}x/\mathrm{d}t = c(u)$ 的解曲线有 $\mathrm{d}u/\mathrm{d}t = 0$. 我们对 (4.4.7) 和 (4.4.8) 采用类似的办法,

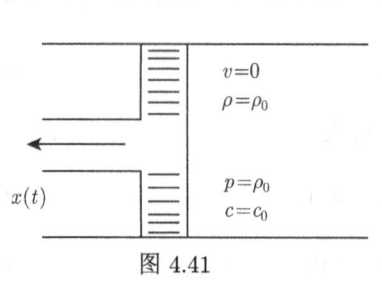
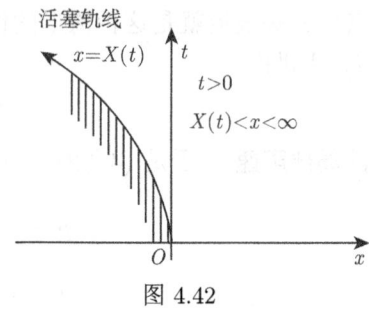

图 4.41 图 4.42

力求找出它们的特征线, 以便在这些特征线上把偏微分方程化为比较简单的常微分方程. 为此, 将 (4.4.7) 加和减 (4.4.8) 乘 c 即得

$$p_t + (v+c)p_x + pc[v_t + (v+c)v_x] = 0, \qquad (4.4.12)$$

$$p_t + (v-c)p_x - pc[v_t + (v-c)v_x] = 0. \qquad (4.4.13)$$

因此沿着由

$$C^+ : \frac{\mathrm{d}x}{\mathrm{d}t} = v+c, \qquad (4.4.14)$$

$$C^- : \frac{\mathrm{d}x}{\mathrm{d}t} = v-c \qquad (4.4.15)$$

所确定的曲线族 C^+ 和 C^-, 我们有

$$\frac{\mathrm{d}p}{\mathrm{d}t} + \rho c \frac{\mathrm{d}v}{\mathrm{d}t} = 0, \text{ 在 } C^+ \text{上}, \qquad (4.4.16)$$

$$\frac{\mathrm{d}p}{\mathrm{d}t} - \rho c \frac{\mathrm{d}v}{\mathrm{d}t} = 0, \text{ 在 } C^- \text{ 上}. \qquad (4.4.17)$$

方程 (4.4.16) 和 (4.4.17) 可重写成

$$\frac{c}{\rho}\frac{\mathrm{d}\rho}{\mathrm{d}t} \pm \frac{\mathrm{d}v}{\mathrm{d}t} = 0, \text{ 在 } C^+ \text{ 和 } C^- \text{ 上}.$$

两边对 t 积分即得

$$\int \frac{c(\rho)}{\rho}\mathrm{d}\rho + v = \text{常数}, \text{ 在 } C^+\text{上}, \qquad (4.4.18)$$

$$\int \frac{c(\rho)}{\rho}\mathrm{d}\rho - v = \text{常数}, \text{ 在 } C^- \text{ 上}. \qquad (4.4.19)$$

(4.4.18) 和 (4.4.19) 的左边都称为 **Riemann 不变量**. 沿着由 (4.4.14) 和 (4.4.15) 所确定的特征线 C^+ 和 C^-, 这两个量都是常量. 若状态方程如 (4.4.10) 所确定, 则有

$$c^2 = k\gamma\rho^{\gamma-1},$$

以及

$$\int \frac{c(\rho)}{\rho} \mathrm{d}\rho = \frac{2c}{\gamma - 1},$$

因此 Riemann 不变量为

$$\gamma_+ \cong \frac{2c}{\gamma - 1} + v = 常数, 在 C^+ 上, \tag{4.4.20}$$

$$\gamma_- \cong \frac{2c}{\gamma - 1} - v = 常数, 在 C^- 上. \tag{4.4.21}$$

从 Riemann 不变量角度看, 我们已经得到足够的信息来确定回拉活塞问题的解. 首先考虑特征线 C^-. 由于当 $v = 0$ 时 $c = c_0$, 因此在 x 轴上开始的特征线以 $-c_0$ 的速度离开. 而且在 (4.4.21) 中的常数有值 $\frac{2c_0}{\gamma - 1}$. 因此在特征线 C^- 上有

$$\frac{2c}{\gamma - 1} - v = \frac{2c_0}{\gamma - 1}. \tag{4.4.22}$$

由于方程 (4.4.22) 沿着每一根特征线 C^- 都必须成立, 因此它必须处处成立. 从而在整个区域 $t > 0, X(t) < x < \infty$ 中为常数. 特征线 C^- 上另一端点在活塞轨线上, 因为它们在活塞轨线上任一点 p 处的速度 $v_p - c_p$ 小于活塞速度 v_p (图 4.43).

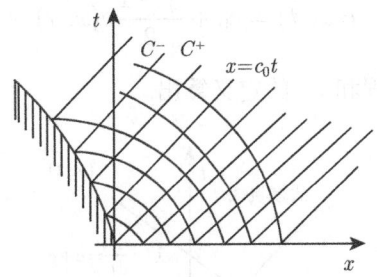

图 4.43 特征线 C^+ 和 C^-

容易看出, 特征线 C^+ 为直线, 为此将 (4.4.22) 和 (4.4.20) 相加和相减即得

$$c = 常数, \quad 在一根 C^+ 的特征线上,$$

$$v = 常数, \quad 在一根 \ C^+ \ 的特征线上,$$

其中利用了公式 (4.4.22) 处处成立的事实. 因此在 C^+ 的一根特征线上速度 $v+c$ 不变, 从而特征线为直线. 从 x 轴出发的 C^+ 特征线有速度 c_0(因为在 x 轴上 $v=0$), 并带着常数状态 $v=0, \rho=\rho_0, p=p_0, c=c_0$ 进入区域 $x > c_0 t$. 这正好就是信号 $x = c_0 t$ 前的均匀状态, 其中 $x = c_0 t$ 为从原点出发以速度 c_0 行进而进入常数状态的信号, 这个信号表明活塞开始运动了.

在活塞轨线上点 $(X(\tau), \tau)$ 处开始并经过 (x, t) 的 C^+ 特征线的方程为

$$x - X(\tau) = (c+v)(t-\tau). \tag{4.4.23}$$

速度 $v+c$ 可以计算如下. 显然 $v = X'(\tau)$, 这是活塞的速度. 由 (4.4.22) 可得

$$\frac{2c}{\gamma-1} - X'(\tau) = \frac{2c_0}{\gamma-1},$$

因此

$$c = c_0 + \frac{\gamma-1}{2} X'(\tau).$$

于是

$$x - X(\tau) = \left[c_0 + \frac{\gamma-1}{2} X'(\tau)\right](t-\tau) \tag{4.4.24}$$

就是所要的 C^+ 特征线方程 (图 4.44). 从 v, c, p 和 ρ 在 C^+ 的特征线上均为常数的事实, 即可得解

$$v(x, t) = X'(\tau),$$

其中 τ 由 (4.4.24) 隐式地给出. 显然

$$c(x, t) = c_0 + \frac{\gamma-1}{2} v(x, t).$$

数量 p 和 ρ 可由状态方程和 c^2 的定义算出.

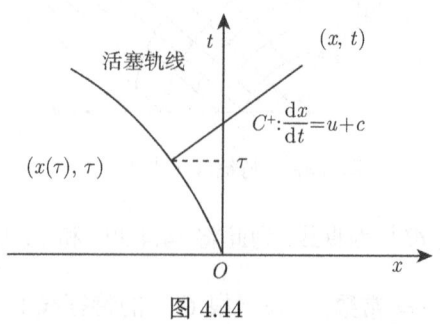

图 4.44

4.4 气体运动学方程

在定性上, 我们可把特征线 C^- 看成携带值 $\gamma_- = (2c/\gamma - 1) - v$ 从常态向后进入流, 而特征线 C^+ 携带信息从活塞向前进入流. 只要 Riemann 不变量之一在整个流上是常量, 我们就称在非均匀区域中的解为**简单波**. 可以证明, 只要解仍然光滑, 在与均匀状态相邻接的地方总存在简单波的解. 有关这方面的完整分析可参看文献 [17].

在上面讨论的回拉活塞问题中, 假设活塞轨线 $x = X(\tau)$ 满足条件 $X'(\tau) < 0$ 和 $X''(\tau) < 0$, 这就意味着活塞总是往后加速. 如果存在活塞慢下来的时刻, 即 $X''(\tau) > 0$, 则不难看出光滑解不可能对一切 $t > 0$ 都存在, 因为这时从活塞出发的两条不同 C^+ 的特征线将相交. 例如假设 τ_1 和 τ_2 为 t 在满足 $X''(t) > 0$ 的时间区间中的两个值. 特征线离开活塞后的速度为

$$v + c = c_0 + \frac{\gamma+1}{2} X'(\tau).$$

若 $\tau_1 < \tau_2$, 则 $X'(\tau_1) < X'(\tau_2)$, 从而 $v + c$ 在 τ_1 处的值比它 τ_2 在处的值小. 所以从 $(X(\tau_2), \tau_2)$ 出发的特征线要比从 $(X(\tau_1), \tau_1)$ 出发的特征线快, 于是这两条特征线必定相交 (图 4.45).

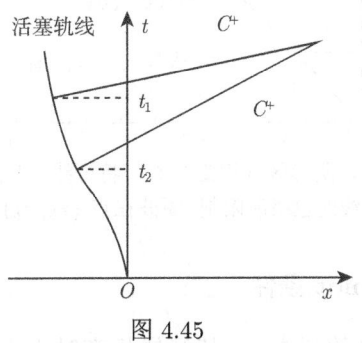

图 4.45

例 4.4.1 一个在时刻 $t = 0$ 位于 $x = 0$ 的活塞开始向前运动进入一个其状态方程由 (4.4.10) 给出, 且在均匀条件下的气体. 活塞的轨线为 $X(t) = at^2, a > 0$. 我们来确定两条特征线相交, 它是使得波破裂的第一个时刻. 对于这个问题, 前面的分析仍然有效, 从活塞出发的 C^+ 特征线有方程 (4.4.24), 它现在为

$$x - a\tau^2 = [c_0 + (\gamma+1)a\tau](t - \tau),$$

或者写成

$$F(x, t, \tau) \triangleq \gamma a \tau^2 + [c_0 - (\gamma+1)at]\tau + x - c_0 t = 0, \quad (4.4.25)$$

在这一特征线上, v 为常数, 从而 $v(x, t) = X'(\tau) = 2a\tau$, 这里 $\tau = \tau(x, t)$ 由 (4.4.25) 确定. 为了从 (4.4.25) 求出 τ, 由隐函数定理需要 $F_\tau(x, t, \tau) \neq 0$. 由于

$$F_\tau = 2\gamma a\tau + [c_0 - (\gamma+1)at],$$

因此可能从 (4.4.25) 求出 τ 的第一个时刻为

$$t_b = \min_{\tau \geqslant 0} \frac{c_0 + 2\gamma a\tau}{(\gamma+1)a} = \frac{c_0}{(\gamma+1)a}.$$

亦即间断时刻 t_b 将在使得 F_τ 的第一根特征线上出现. 在 $a = c_0 = 1$ 和 $\gamma = 3$ 的特殊情况下, 特征线图如图 4.46 所示.

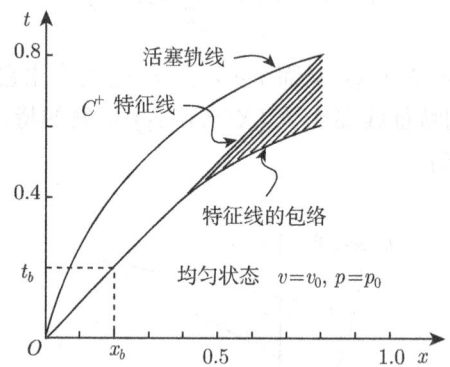

图 4.46 从活塞轨线出发并在阴影区域相交的 C^+ 特征线. 阴影区域上由直线 $x = c_0 t$ 下由特征线的包络所限制. 激波在点 (x_b, t_b) 开始

4.4.3 Rankine-Hugoniot 条件

正像上面已经注意到的那样, 当特征线相交时光滑解就会发生间断, 因为在特征线上解的值为常数. 解向前发展就成了不连续解, 它作为激波而传播. 现在来确定当穿过这样的不连续性时应满足什么条件. 为此像在 4.1 节中考虑守恒律时那样来进行.

在任何情况下, 质量守恒律的积分形式

$$\frac{\mathrm{d}}{\mathrm{d}t} \int_a^b \rho(x, t)\mathrm{d}x = -\rho(x, t)v(x, t)\big|_a^b \tag{4.4.26}$$

都成立, 即使当函数 ρ 和 v 都不光滑时也成立. 令 $x = s(t)$ 为空间-时间平面中的光滑曲线, 在时刻 t 它位于区间 $[a, b]$ 中 (图 4.47). 令 v, ρ 和 p 沿着曲线 $x = s(t)$

出现简单间断, 在其他地方 v, ρ 和 p 均为 C^1 函数, 且在 $x = s(t)$ 的每一边都存在有限的极限. 于是由 Leibniz 公式有

$$\frac{\mathrm{d}}{\mathrm{d}t} \int_a^b \rho(x,t)\mathrm{d}x = \frac{\mathrm{d}}{\mathrm{d}t} \int_a^{s(t)} \rho(x,t)\mathrm{d}x + \frac{\mathrm{d}}{\mathrm{d}t} \int_{s(t)}^b \rho(x,t)\mathrm{d}x$$

$$= \int_a^{s(t)} \rho_t(x,t)\mathrm{d}x + \rho(s(t)^-, t)s'(t)$$

$$+ \int_{s(t)}^b \rho_t(x,t)\mathrm{d}x - \rho(s(t)^+, t)s'(t).$$

当 $a \to s(t)^-$ 和 $b \to s(t)^+$ 时, 右边的两个积分都趋于零, 因此从 (4.4.26) 即可得

$$[\rho(s(t)^-, t) - \rho(s(t)^+, t)]s'(t) = -\rho(x,t)v(x,t)\big|_{s(t)^-}^{s(t)^+}. \tag{4.4.27}$$

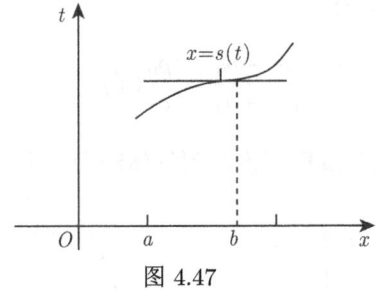

图 4.47

如果把 ρ 和 v 在 $x = s(t)$ 的右边和左边的 (单边极限) 值分别用下标 0 和 1 来表示, 亦即如

$$\rho_0 = \lim_{x \to s(t)^+} \rho(x,t), \quad \rho_1 = \lim_{x \to s(t)^-} \rho(x,t),$$

则 (4.4.27) 可写成

$$(\rho_1 - \rho_0)s'(t) = \rho_1 v_1 - \rho_0 v_0. \tag{4.4.28}$$

用类似的方法, 从动量守恒律的积分形式 (4.4.3) 可得条件

$$(\rho_1 v_1 - \rho_0 v_0)s'(t) = \rho_1 v_1^2 + p_1 - \rho_0 v_0^2 - p_0. \tag{4.4.29}$$

(4.4.28) 和 (4.4.29) 这两个条件就是所谓的**兰金-于戈尼奥 (Rankine-Hugoniot) 跳跃条件**. 它们把间断前的值 ρ_0, v_0, p_0, 间断速度 s', 以及间断后的值 ρ_1, v_1, p_1 联系起来. 如果间断前的状态是静止的, 亦即 $v_0 = 0$, 则上述条件就成为

$$(\rho_1 - \rho_0)s'(t) = \rho_1 v_1, \tag{4.4.30}$$

$$\rho_1 v_1 s' = \rho_1 v_1^2 + p_1 - p_0. \tag{4.4.31}$$

再补充上状态方程

$$p_1 = f(\rho). \tag{4.4.32}$$

于是有三个方程，但有四个未知量 ρ_1, v_1, p_1 和 s'，若这些量中的任一个已知，则其余三个即可确定.

如图 4.48 所示，在 ρp 图上画出包含在 (4.4.30)—(4.4.32) 中的信息是有用的，其中实线为状态方程 $p = f(\rho)$ 的曲线，它称为**于戈尼奥** (P-H. Hugoniot, 1851—1887) **曲线**. 而初始和最终状态都必须位于此曲线上. 连接间断前的状态 (ρ_0, p_0) 与间断后的状态 (ρ_1, p_1) 的直线就称为**瑞利** (J. Rayleigh, 1842—1919) **线**. 若利用 (4.4.30) 式将 (4.4.31) 式重写成

$$p_1 - p_0 = \rho_0 v_1 s'.$$

则显然 Rayleigh 线的斜率为

$$\frac{p_1 - p_0}{\rho_1 - \rho_0} = \frac{\rho_0}{\rho_1}(s')^2.$$

这些思想可以超出这个简单情形而推广到气体动力学中更一般的问题 ([17]).

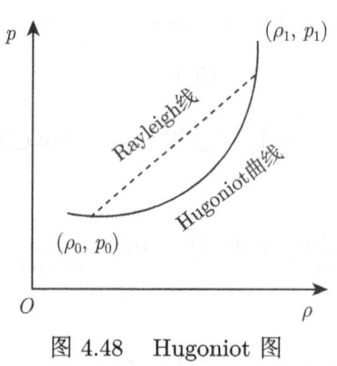

图 4.48　Hugoniot 图

练　习

1. 推导跳跃条件 (4.4.29).

2. 考虑当活塞轨线为 $x = -V_0 t$ 时的回拉活塞问题，其中 V_0 为正常数. 假设状态方程为 $p = k\rho^\gamma$，且在 $t = 0$ 时活塞前的均匀条件为 $v_0 = 0, p = p_0, \rho = \rho_0, c = c_0$.

3. 将下面的偏微分方程写成守恒律形式，亦即形式 $\frac{\partial}{\partial t}[\cdots] + \frac{\partial}{\partial x}[\cdots] = 0$.

(a) $u_t - 6uu_x + u_{xxx} = 0$;

(b) $u_t + 3u^2 u_x + uu_{xx} + u_x^2 = 0$.

4. 在 $t = 0$ 时管子 $x \geqslant 0$ 中的气体处于静止状态. 对于 $t > 0$, 位于 $x = 0$ 处的活塞开始按照规律 $x = X(t)$ 运动, 这里 $X(t)$ 很小. 试证: 在声学近似中, 气体中诱导的运动为 $v = X'\left(t - \dfrac{x}{c_0}\right)$, 并找出对应的密度振动.

4.5 $\mathbf{R}^3$ 中的流体运动

4.5.1 运动学

在本章的前几节, 我们推导了支配只有一维空间变量的流体运动方程. 显然这种限制过于严格, 因为大多数有用的流体现象都出现在高维空间的变量中. 本节将在三维空间中推导流体动力学的方程, 而二维情形是一个明显的推论.

令 Ω_0 为 $\mathbf{R}^3$ 中任一有界闭域. 设想 Ω_0 是一个在时刻 $t = 0$ 由流体所充满的区域. 所谓**流体运动**就意味着一个对包含原点的区间 I 中的所有 t 都有定义的映射: $\Omega_0 \to \Omega_t$, 它把区域 Ω_0 映入 $\Omega_t = \varphi_t(\Omega_0)$, 而 Ω_t 是在时刻 t 由同样流体充满的区域 (图 4.49). 我们假设 φ_t 由公式

$$x = x(h, t) \tag{4.5.1}$$

表示, 其中 $h = (h_1, h_2, h_3)$ 在 Ω_0 中变化, 而 $x = (x_1, x_2, x_3)$ 满足 $x(h, 0) = h$. 于是 h 为 Lagrange 坐标或者在时刻 $t = 0$ 时对每个流体质点给出的质点标号, 而 x 为表示质点 h 在时刻 t 的实际位置的 Euler 坐标. 进一步假设函数 $x(h, t)$ 在它的定义域 $\Omega_0 \times I$ 上两次连续可微, 且对每一个 $t \in I$, 映射 φ_t 有唯一的逆映射 $h = h(x, t)$. 因此有

$$x(h(x, t), t) \equiv x, \quad h(x(h, t), t) \equiv h.$$

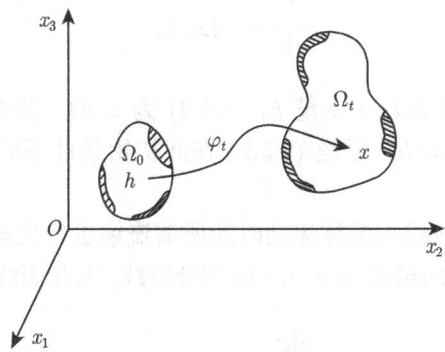

图 4.49 流体运动

习惯上，表示 Lagrange 测量结果的 h 和 t 的函数用大写字母来表示. 而表示固定实测结果的 x 和 t 的函数用小写字母来表示. 这两种测量结果用公式

$$f(x,\,t) = F(h(x,\,t),\,t), \quad F(h,\,t) = f(x(h,\,t),\,t)$$

联系起来. 以后我们经常用记号 $F|_x$ 和 $f|_h$ 来分别记这两式的右边. 对于给定的流体运动 (4.5.1)，其**流体运动速度**定义为

$$V(h,\,t) = \frac{\partial x}{\partial t}(h,\,t).$$

于是

$$v(x,\,t) = V(h(x,\,t),\,t), \quad V(h,\,t) = (V_1(x,\,t),\,V_2(x,\,t),\,V_3(x,\,t))$$

为流体质点 h 在时刻 t 的实际速度向量, 而 $v(x,\,t) = (v_1(x,\,t),\,v_2(x,\,t),\,v_3(x,\,t))$ 为一个固定观察者在位置 x 处测量得到的速度向量. 若 h_0 为 Ω_0 中的一个固定点, 则曲线 $x = x(h_0,\,t)$, $t \in I$ 称为质点 h_0 的**质点轨线**. 下面的定理说明 Euler 速度场 $v(x,\,t)$ 的信息与所有质点轨线的信息是等价的.

定理 4.5.1 如果速度向量场 $v(x,\,t)$ 已知, 则所有质点轨线均可确定, 反之亦然.

证明 首先证明逆定理. 若给定了每个质点的轨线, 则对一切 $h \in \Omega_0$, 函数 $x = x(h,\,t)$ 是已知的, 因此可以求出 $h = h(x,\,t)$ 以及算出

$$v(x,\,t) = V(h(x,\,t),\,t) = x_t(h(x,\,t),\,t).$$

假设 $v(x,\,t)$ 给定, 则有 $\dfrac{\partial x}{\partial t}(h,\,t) = v(x(h,\,t),\,t)$ 或者

$$\frac{\mathrm{d}x}{\mathrm{d}t} = v(x,\,t). \tag{4.5.2}$$

此时方程本身已明显不依赖于变量 h. (4.5.2) 为 x 的一阶常微分方程组, 其初始条件为当 $t = 0$ 时 $x = h$. 于是 (4.5.2) 在此初始条件下的解就给出了质点轨线 $x = x(h,\,t)$.

有趣的是将质点轨线与流体流动时的所谓**流线**进行比较. 流线是冻结在某个固定但任意时刻 t_0 时向量场 $v(x,\,t_0)$ 的积分曲线, 因此流线是由解方程组

$$\frac{\mathrm{d}x}{\mathrm{d}t} = v(x,\,t_0) \tag{4.5.3}$$

4.5 $\mathbf{R}^3$ 中的流体运动

求出, 其中 $x = x(s)$, 而 s 是沿流线的参数. 若 v 与 t 无关, 则这个流就称为**稳态流**. 而流线就与质点轨线相一致. 对于与时间有关的流来说, 它们就不一定相同.

例 4.5.1 考虑流体运动

$$x_1 = t + h_1, \quad x_2 = t + h_2, \quad x_3 = t + h_3, \quad t > 0.$$

于是

$$V = \left(\frac{\partial x_1}{\partial t}, \frac{\partial x_2}{\partial t}, \frac{\partial x_3}{\partial t}\right) = (1, h_2 e^t, h_1).$$

反过来, 运动表示成

$$h_1 = x_1 - t, \quad h_2 = x_2 e^{-t}, \quad h_3 = x_3 - tx_1 + t^2.$$

因此 $v = (1, x_2, x_1 - t)$, 亦即运动不是稳态的. 在时刻 t_0 的流线由 (4.5.3) 解给出, 这时 (4.5.3) 为

$$\frac{\mathrm{d}x_1}{\mathrm{d}s} = 1, \quad \frac{\mathrm{d}x_2}{\mathrm{d}s} = x_2, \quad \frac{\mathrm{d}x_3}{\mathrm{d}s} = x_1 - t_0.$$

于是

$$x_1 = s + c_1, \quad x_2 = c_2 e^s, \quad x_3 = \frac{1}{2}s^2 + (c_1 - t_0)s + c_3,$$

其中 c_1, c_2 和 c_3 均为任意常数.

像在一维空间变量的情况那样, 我们定义**迁移**或**物质导数**为

$$\frac{\mathrm{D}f}{\mathrm{D}t}(x, t) \triangleq F_t(h, t)\big|_{h = h(x, t)},$$

其中 f 和 F 分别为给定测量的 Euler 和 Lagrange 表示. 利用复合函数求导法进行直接计算可得

$$F_t(x, t) = \frac{\partial}{\partial t} f(x(h, t), t) = f_t(x(h, t), t) + \sum_{j=1}^{3} f_{x_j}(x(h, t), t) V(h, t)$$

$$= f_t(x(h, t), t) + V \cdot \mathrm{grad} f\big|_{x = x(h, t)}.$$

在 $h = h(x, t)$ 处取值得

$$\frac{\mathrm{D}f}{\mathrm{D}t} = f_x(x, t) + v(x, t) \cdot \mathrm{grad} f(x, t). \tag{4.5.4}$$

若向量函数 $f = (f_1, f_2, f_3)$,则上式按分量写成

$$\frac{\mathrm{D}f_i}{\mathrm{D}t} = \frac{\partial f_i}{\partial t} + \sum_{j=1}^{3} v_j \frac{\partial f_i}{\partial x_j}, \quad i = 1, 2, 3.$$

于是有

$$\frac{\mathrm{D}f}{\mathrm{D}t} = f_t + \sum_{j=1}^{3} v_j \frac{\partial f}{\partial x_j} \equiv f_t + (v \cdot \mathrm{grad})f,$$

其中 $v \cdot \mathrm{grad}$ 为算子 $v_1 \partial/\partial x_1 + v_2 \partial/\partial x_2 + v_3 \partial/\partial x_3$ 的特定记号. 在 (x, t) 处的迁移导数 $\mathrm{D}f/\mathrm{D}t$ 是随质点 h 运动的, 量 F 为冻结在质点位于 x 处那一瞬间对时间变化率的测量.

另一个运动学结果是 Euler 展开定理 (见本章 4.2 节) 在三维中的类似结果, 它给出了 φ_t 变换的 Jacobi 行列式 $J(h, t) = \det(\partial x_i/\partial h_j)$ 对时间的变化率. 将此结果写成如下定理.

定理 4.5.2 分别在 Lagrange 和 Euler 坐标下有

$$J_t(h, t) = J(h, t) \mathrm{div}\, v(x, t)|_{x=h},$$

$$\frac{\mathrm{D}j}{\mathrm{D}t}(x, t) = j(x, t) \mathrm{div} v(x, t),$$

其中 $j(x, t) = J(h(x, t), t)$.

定理的证明留作练习.

在一维的情况下, 许多结果的推导都依赖于一个在运动物质区域上的积分对时间导数的计算. 对于三维情况, 将此事作为一条基本定理提出来.

定理 4.5.3 (迁移定理) 若有函数 $g = g(x, t)$ 为连续可微函数, 则

$$\frac{\mathrm{d}}{\mathrm{d}t} \int_{\Omega_t} g \mathrm{d}x = \int_{\Omega_0} \left(\frac{\mathrm{D}g}{\mathrm{D}t} + g \cdot \mathrm{div}(v) \right) \mathrm{d}x. \tag{4.5.5}$$

在证明之前, 需要说明一下多元微积分中的某些记号习惯和基本结果. 在 (4.5.5) 中的体积元是 Ω_t 中的 $\mathrm{d}x = \mathrm{d}x_1 \mathrm{d}x_2 \mathrm{d}x_3$. 这里所考虑的体积总是具有光滑或有时是分段光滑的边界 $\partial\Omega_t$, 因此在边界上总有外单位法向量. 在曲面 $\partial\Omega_t$ 上的积分记作

$$\int_{\partial\Omega_t} (\cdots) \mathrm{d}\tau,$$

其中 $d\tau$ 为面积元. 一个基本结果是发散量定理, 这条定理说: 对于在体积区域 Ω 上的连续可微向量场 $f(x)$ 有

$$\int_{\Omega} \operatorname{div} f \, dx = \int_{\partial\Omega} f \cdot n \, d\tau, \tag{4.5.6}$$

其中 n 为曲面 $\partial\Omega$ 的外单位法向量.

迁移定理的证明 (4.5.5) 式右边积分的积分域 Ω_t 依赖于 t, 因此不可能直接在积分号下对时间求导. 从 Euler 坐标到 Lagrange 坐标的积分变量替换将把上述积分变成一个在固定的与时间无关的体积 Ω_0 上的积分, 这时就可以在积分号下求导并进行计算. 令 $x = x(h, t)$ 即得

$$\int_{\Omega_t} g(x, t) dx = \int_{\Omega_0} G(h, t) J(h, t) \, dh,$$

其中利用了多变量积分中变量替换的熟知公式, 因此在新体积元中乘了 Jacobi 行列式, 于是利用定理 4.5.2 可得

$$\frac{d}{dt}\int_{\Omega_t} g \, dx = \int_{\Omega_0} \frac{\partial}{\partial t}(GJ) \, dh = \int_{\Omega_0} \left(G_t + G \cdot \operatorname{div}(v)|_{x=x(h,t)}\right) J dh$$

$$= \int_{\Omega_t} \left(\frac{Dg}{Dt} + g \cdot \operatorname{div}(v)\right) dx,$$

其中最后一步我们变回到 Euler 坐标, 并利用了 (4.5.4).

于是**雷诺** (O. Reynolds, 1842—1912) **迁移定理**就成为这条定理的一个直接推论.

推论 4.5.1 成立如下公式:

$$\frac{d}{dt}\int_{\Omega_t} g dx = \int_{\Omega_t} g_t dx + \int_{\partial\Omega_t} gv \cdot n d\tau, \tag{4.5.7}$$

其中 n 为曲面 $\partial\Omega_t$ 的外单位法向量.

证明 (4.5.5) 式右端的被积函数为

$$\frac{Dg}{Dt} + g \cdot \operatorname{div}(v) = g_t + \operatorname{div}(gv).$$

于是

$$\int_{\Omega_t} \left(\frac{Dg}{Dt} + g \cdot \operatorname{div}(v)\right) dx = \int_{\Omega_t} g_t dx + \int_{\partial\Omega_t} \operatorname{div}(gv) dx.$$

对此应用发散定理 (4.5.6) 即得

$$\int_{\Omega_t} \mathrm{div}(gv)\mathrm{d}x = \int_{\partial\Omega_t} gv \cdot n\mathrm{d}\tau.$$

由此得到推论.

在向量分析中, 记得积分 $\int_{\partial\Omega_t} gv \cdot n\mathrm{d}\tau$ 是向量场 gv 通过曲面 $\partial\Omega_t$ 的通量. 因此 (4.5.7) 是说被积函数和积分区域二者均依赖于 t 的量 $\int_{\Omega_t} g\mathrm{d}x$ 对时间的变化率等于 g 对时间的变化率在冻结时间后的积分加上 g 通过边界 $\partial\Omega_t$ 的通量或迁移量. 方程 (4.5.7) 就是三维 Leibniz 公式的表示.

利用前几节发展起来的工具, 找出质量守恒的数学表达式成了简单的事. 我们把给定的一个流体物质体积当它随时间发展时具有同样的质量看成一条物理公理, 记号上为

$$\int_{\Omega_t} \rho(x,\,t)\mathrm{d}x = \int_{\Omega_0} \rho(x,\,0)\mathrm{d}x,$$

其中 $\rho(x,\,t)$ 为 Euler 密度. 于是

$$\frac{\mathrm{d}}{\mathrm{d}t}\int_{\Omega_t} \rho(x,\,t)\mathrm{d}x = 0.$$

因此取 $g = \rho$, 由定理 4.5.3 即得

$$\frac{\mathrm{D}\rho}{\mathrm{D}t} + \rho\,\mathrm{div}(v) = 0, \tag{4.5.8}$$

其中利用了体积 Ω_t 的任意性. 一阶非线性方程 (4.5.8) 称为**连续性方程**, 它是质量守恒的数学表示. 一类重要的流体运动是其物质区域的体积保持不变, 亦即如果对一切 Ω_0 有

$$\frac{\mathrm{d}}{\mathrm{d}t}\int_{\Omega_t}\mathrm{d}x = 0,$$

则称流体运动 $\varphi_t : \Omega_0 \to \Omega_t$ 为**不可压缩**的.

定理 4.5.4 下列结果是等价的:

(i) φ_t 是不可压缩的;

(ii) $\mathrm{div}(v) = 0$;

(iii) $\Delta_t = 0$;

(iv) $\dfrac{\mathrm{D}\rho}{\mathrm{D}t} = 0$,

其中 $\Delta(h, t) = \rho(x(h, t), t)$ 为 Lagrange 密度.

证明 根据定义, (iii) 和 (iv) 是等价的. 而由质量守恒 (4.5.8) 即知 (ii) 和 (iv) 是等价的. 最后在迁移定理中令 $g = 1$ 即得 (i) 和 (ii) 是等价的.

4.5.2 动力学

在 4.2 节中对一维流提出了作用在流元上力的实质性的基本动机. 这个思想在三维流中仍然是 Newton 第二定律的推广, 亦即对于一个质量为 m 的质点有 $\dfrac{\mathrm{d}p}{\mathrm{d}t} = F$, 或者动量对时间的变化率等于作用在它上面的全部外力. 对于流体的物质区域 Ω_t, 定义动量为 $\int_{\Omega_t} \rho v \, \mathrm{d}x$. 作用在流体区域上的力有两种类型, 即作用在区域每一点上的体积力和作用在区域边界上的表面力或引力. 体积力将记作 $f(x, t)$, 它表示在时刻 t 作用于点 x 处的每单位质量的力, 于是作用在 Ω_t 上的全部体积力为

$$\int_{\Omega_t} \rho f \, \mathrm{d}x.$$

在给定区域 Ω_t 的边界 $\partial \Omega_t$ 上的每一点处, 假设存在一个称为**应力向量**的向量 $\sigma(x, t; n)$, 它表示由物质外部对 Ω_t 在曲面 $\partial \Omega_t$ 的 x 处作用的每单位面积的力. 注意到在 x 处的应力依赖于曲面在 x 处于定向, 过点 x 取不同的曲面将有不同的应力 (图 4.50). σ 对曲面定向的依赖性由变量 n 表示在 $\sigma(x, t; n)$ 中, 其中 n 就是曲面在点 x 处的外单位法向量. 把 n 看成是指向产生这个应力的物质. 因此作用在区域 Ω_t 上的应力向量 σ 依赖于单位法向量 n 的图. 全部表面力或引力为

$$\int_{\partial \Omega_t} \sigma(x, t; n) \, \mathrm{d}\tau.$$

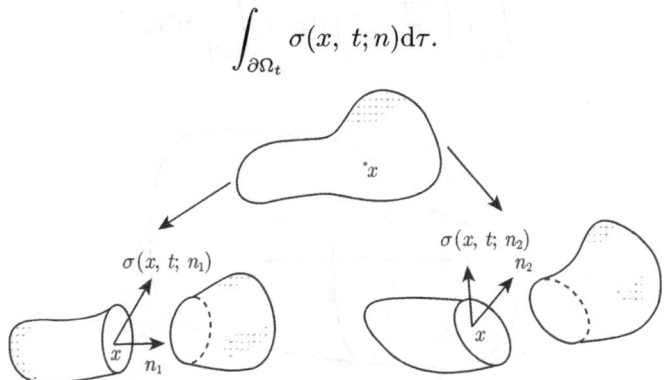

图 4.50 应力向量 σ 依赖于单位法向 n 的图

现在根据**动量平衡原理**, 或者 **Cauchy 应力原理**, 对一切物质区域 Ω_t 有

$$\frac{\mathrm{d}}{\mathrm{d}t} \int_{\Omega_t} \rho v \, \mathrm{d}x = \int_{\Omega_t} \rho f \, \mathrm{d}x + \int_{\partial \Omega_t} \sigma(x, t; n) \, \mathrm{d}\tau. \tag{4.5.9}$$

总之, 动量对时间的变化率等于全部外力. 由于

$$\frac{\mathrm{d}}{\mathrm{d}t}\int_{\Omega_t}\rho v\mathrm{d}x=\int_{\Omega_t}\rho\frac{\mathrm{D}v}{\mathrm{D}t}\mathrm{d}x,$$

因此可将 (4.5.9) 写成

$$\int_{\Omega_t}\rho\left(\frac{\partial v}{\partial t}-f\right)\mathrm{d}x=\int_{\partial\Omega_t}\sigma(x,\ t;n)\mathrm{d}\tau. \tag{4.5.10}$$

在流体中给定点 x 处的由方向 n 确定的曲面上, 由 Ω_t 内部流体产生的而作用在 Ω_t 外部流体上的应力, 与由 Ω_t 外部流体产生的而作用在 Ω_t 内部流体上的应力是大小相等但方向相反的力. 确切地说, 就是下面定理.

定理 4.5.5(作用-反作用)

$$\sigma(x,\ t;-n)=-\sigma(x,\ t;n). \tag{4.5.11}$$

证明 令 Ω_t 为一个物质区域, 并用通过 Ω_t 中任一点 x 的曲面 S 把它分成两个区域 Ω_t^1 和 Ω_t^2(图 4.51). 将 (4.5.10) 用于 Ω_t^1 和 Ω_t^2 即可得

$$\int_{\Omega_t^1}\rho\left(\frac{\partial v}{\partial t}-f\right)\mathrm{d}x=\int_{\partial\Omega_t^1}\sigma\mathrm{d}\tau; \tag{4.5.12}$$

$$\int_{\Omega_t^2}\rho\left(\frac{\partial v}{\partial t}-f\right)\mathrm{d}x=\int_{\partial\Omega_t^2}\sigma\mathrm{d}\tau. \tag{4.5.13}$$

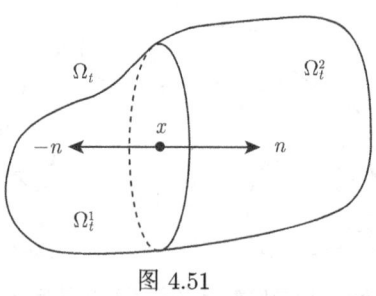

图 4.51

将 (4.5.10) 减去 (4.5.12) 与 (4.5.13) 之和得到

$$0=\int_S[\sigma(x,\ t;n)+\sigma(x,\ t;-n)]\,\mathrm{d}\tau,$$

4.5 $\mathbf{R}^3$ 中的流体运动

其中 n 为 Ω_t^1 的外单位法向量. 由积分中值定理推出

$$[\sigma(x, t; n_1) + \sigma(x, t; -n_2)] \cdot S\text{的面积} = 0, \qquad (4.5.14)$$

这里 z 为 S 上的某一点, 而 n_1 为 Ω_t^1 在 z 处的外单位法向量. 当 Ω_t 的体积用如下方式趋于零而取极限时即得 $z \to x$ 和 $n_1 \to n$, 从而由 (4.5.14) 即得 (4.5.11). Ω_t 的体积趋于零的同时, 要求 S 的面积也趋于零且 x 仍然保持在 S 上.

事实上, 应力向量 $\sigma(x, t; n)$ 以一种非常特殊的方法依赖于单位法向量 n, 下面的定理就是流体力学中的基本结果之一.

定理 4.5.6 (柯西 (A. L. Cauchy, 1789—1857)) 令 $\sigma_i(x, t; n)$, $i = 1, 2, 3$ 为应力向量 $\sigma(x, t; n)$ 的三个分量, 并令 $n = (n_1, n_2, n_3)$. 则存在矩阵分量函数 $\sigma_{ji}(x, t)$ 使得

$$\sigma_i = \sum_{j=1}^{3} \sigma_{ji} n_j. \qquad (4.5.15)$$

实际上,

$$\sigma_{ji}(x, t) = \sigma_i(x, t; e_j), \qquad (4.5.16)$$

其中 e_1, e_2 和 e_3 分别记坐标轴 x_1, x_2 和 x_3 方向上的单位向量.

证明 令 t 为一固定的时刻, Ω_t 如图 4.52 所示, 以 x 为一顶点的四面体, 其三个面 S_1, S_2 和 S_3 平行于坐标平面, 而 S 为其斜面. 由积分中值定理有

$$\int_{\partial \Omega_t} \sigma \, d\tau = \sum_{j=1}^{3} \int_{S_j} \sigma \, d\tau + \int_{S} \sigma \, d\tau$$

$$= A(S_1) \sigma(z_1, t; -e_1) + A(S_2) \sigma(z_2, t; -e_2)$$

$$+ A(S_3) \sigma(z_3, t; -e_3) + A(S) \sigma(z, t; n),$$

其中 z_i 为 S_i 上的点, 而 z 为 S 上的点. 而 A 为面积函数, n 为 S 的向外单位法向量. 由于

$$A(S_j) = A(S) n_j \equiv l^2 n_j$$

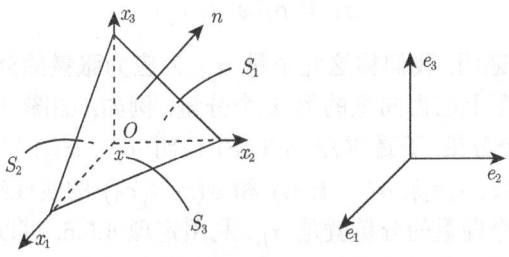

图 4.52

(在此定义 l 为 $\sqrt{A(S)}$), 故有

$$\frac{1}{l^2}\int_{\partial\Omega_t}\sigma\mathrm{d}\tau=-\sum_{j=1}^{3}\sigma(z_j,\ t;\ e_j)n_j+\sigma(z,\ t;n),$$

其中用到了定理 4.5.5. 当 $l\to 0$ 时取极限即可得

$$\lim_{l\to 0}\frac{1}{l^2}\int_{\partial\Omega_t}\sigma\mathrm{d}\tau=-\sum_{j=1}^{3}\sigma(z_j,\ t;\ e_j)n_j+\sigma(z,\ t;n).$$

现在来证明

$$\lim_{l\to 0}\frac{1}{l^2}\int_{\partial\Omega_t}\sigma\mathrm{d}\tau=0. \tag{4.5.17}$$

为此, 由 (4.5.10) 可得

$$\left|\int_{\partial\Omega_t}\sigma(x,\ t;\ n)\mathrm{d}\tau\right|\leqslant\int_{\Omega_t}\rho\left(\frac{\partial v}{\partial t}-f\right)\mathrm{d}x\leqslant Ml^3,$$

其中最后一个不等式是来自被积函数的有界性. 两边除以 l^2, 并令 $l\to 0$ 取极限即可得 (4.5.17). 因此

$$\sigma(x,\ t;n)=\sum_{j=1}^{3}\sigma(x,\ t;e_j)n_j, \tag{4.5.18}$$

或者写成分量的形式

$$\sigma_i(x,\ t;n)=\sum_{j=1}^{3}\sigma_i(x,\ t;e_j)n_j,\quad i=1,\ 2,\ 3.$$

定义 σ_{ji} 为

$$\sigma_{ji}\triangleq\sigma_i(x,\ t;\ e_j),$$

这就完成了定理的证明. 我们称这九个量 σ_{ji} 为**应力张量**的分量. 由定义, σ_{ji} 为其法向量为 e_j 的面上应力向量的第 i 个分量. 例如, 如图 4.53 所示, σ_{2i} 就是 $\sigma(x,\ t;e_2)$ 的第 i 个分量. 于是方程 (4.5.18) 说明 $\sigma(x,\ t;n)$ 可以写成在点 x 处三个坐标面上应力 $\sigma(x,\ t;e_1),\ \sigma(x,\ t;e_2)$ 和 $\sigma(x,\ t;e_3)$ 的线性组合. 这三个应力如图 4.54 所示. 这三个向量的分量就是 σ_{ji}. 利用定理 4.5.6, 可以写出表示动量平衡定律 (4.5.10) 的向量偏微分方程. 由于在复杂的表达式中采用了一个略去求和符

4.5 $\mathbf{R}^3$ 中的流体运动

号的习惯记法, 使得计算分析变得容易. 这个规则称为**求和惯例**, 它要求在一个给定项中, 一出现重复指标就应对该指标求和. 于是 $a_i b_{ij}$ 就是 $\sum_i a_i b_{ij}$, 而 $a_i b_{ij} c_j$ 就是 $\sum_i \sum_j a_i b_{ij} c_j$. 指标求和的范围是由上下文来决定. 例如 (4.5.15) 可以写成 $\sigma_i = \sigma_{ji} n_j$, 这里右边的求和是从 $j = 1$ 到 $j = 3$. 在给定的表达式中, 任何不求和的指标都称为自由指标. 自由指标在其适合的范围中变化, 例如 (4.5.15) 中的指标 i 就是自由指标, 它的变化范围为 $i = 1, 2, 3$. (4.5.16) 中的 i 和 j 二者均为自由指标, 且有 $i, j = 1, 2, 3$. 根据这条惯例, 发散定理 (4.5.6) 可以写成

$$\int_\Omega \frac{\partial}{\partial x_i} f_i \mathrm{d}x = \int_{\partial \Omega} f_i \cdot n_i \mathrm{d}\tau, \tag{4.5.19}$$

其中 $f = (f_1, f_2, f_3)$ 和 $n = (n_1, n_2, n_3)$; 方程两边对 i 的求和都是从 $i = 1$ 到 $i = 3$. (4.5.10) 的分量形式为

$$\int_{\Omega_t} \rho \left(\frac{\partial v_i}{\partial t} - f_i \right) \mathrm{d}x = \int_{\partial \Omega_t} \sigma_i \mathrm{d}\tau. \tag{4.5.20}$$

但由 (4.5.15) 和 (4.5.19), 上式右端为

$$\int_{\partial \Omega_t} \sigma_i \mathrm{d}\tau = \int_{\partial \Omega_t} \sigma_{ji} n_j \mathrm{d}\tau = \int_{\partial \Omega_t} \frac{\partial}{\partial x_j} \sigma_{ji} \mathrm{d}x.$$

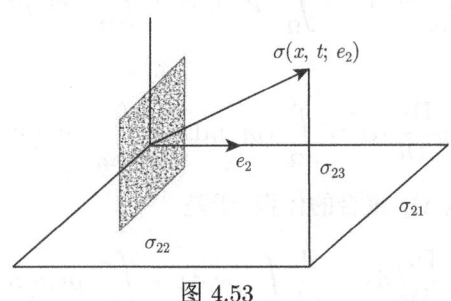

图 4.53

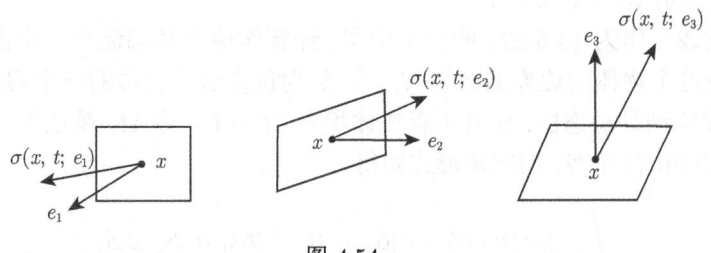

图 4.54

于是 (4.5.20) 成为

$$\int_{\Omega_t} \left(\rho \frac{\partial v_i}{\partial t} - \rho f_i - \frac{\partial}{\partial x_j} \sigma_{ji} \right) \mathrm{d}x = 0, \quad i = 1, 2, 3.$$

由于积分区域的任意性即得

$$\rho \frac{\partial v_i}{\partial t} = \rho f_i + \frac{\partial}{\partial x_j} \sigma_{ji}, \quad i = 1, 2, 3. \tag{4.5.21}$$

表示线动量平衡方程 (4.5.21) 称为 **Cauchy 方程**或**运动方程**. 与连续性方程 (4.5.8) 一起, 我们已经有了关于 ρ 的三个速度分量 v_i 以及应力张量的九个分量 σ_{ji} 的四个方程.

这里有一个利用固定的具体的体积 Ω_1 写出 Cauchy 应力原理的一般方法, 这就是如下定理.

定理 4.5.7 Cauchy 应力原理 (4.5.9) 等价于

$$\frac{\mathrm{d}}{\mathrm{d}t} \int_{\Omega_1} \rho v_i \mathrm{d}x + \int_{\partial \Omega_1} \rho v_i v_j n_j \mathrm{d}\tau = \int_{\Omega_1} \rho f_i \mathrm{d}x + \int_{\partial \Omega_1} \sigma_j \mathrm{d}\tau, \tag{4.5.22}$$

其中 Ω_1 为 $\mathbf{R}^3$ 中的任一个固定区域.

证明 在推论 4.5.1 中, 令 $g = \rho v_i$ 即可得

$$\frac{\mathrm{d}}{\mathrm{d}t} \int_{\Omega_t} \rho v_i \mathrm{d}x = \int_{\Omega_t} (\rho v_i)_t \mathrm{d}x + \int_{\partial \Omega_t} \rho v_i v_j n_j \mathrm{d}\tau,$$

因此有

$$\int_{\Omega_1} \rho \frac{\mathrm{D} v_i}{\mathrm{D} t} \mathrm{d}x = \int_{\Omega_t} (\rho v_i)_t \mathrm{d}x + \int_{\partial \Omega_t} \rho v_i v_j n_j \mathrm{d}\tau.$$

令 Ω_t 为当 $t = t_1$ 时与 Ω_1 重合的体积, 于是

$$\int_{\Omega_1} \rho \frac{\mathrm{D} v_i}{\mathrm{D} t} \mathrm{d}x = \frac{\mathrm{d}}{\mathrm{d}t} \int_{\Omega_1} \rho v_i \mathrm{d}x + \int_{\partial \Omega_1} \rho v_i v_j n_j \mathrm{d}\tau.$$

从而由 (4.5.10) 即得 (4.5.22).

例 4.5.2 作为 (4.5.22) 的一个应用, 计算作用在稳态流中一个固定物体上的力. 假设这个物体的边界曲面为 S_1, 令 S 为包含这个物体的一个假象曲面 (图 4.55). 假设流动是稳态的, 而且不存在体积力 ($f = 0$). 令 Ω_1 是位于 S 与 S_1 之间的区域, 应用 (4.5.22) 的向量形式即得

$$\int_{\partial \Omega_1} [\rho v(v \cdot n) - \sigma] \mathrm{d}\tau = 0, \quad \partial \Omega_1 = S_1 \cup S,$$

或者
$$\int_{\partial \Omega_1} [\rho v(v \cdot n) - \sigma] d\tau = \int_{S_1} [\sigma - \rho v(v \cdot n)] d\tau = \int_{S_1} \sigma d\tau,$$

其中用到在 S_1 上有 $v \cdot n = 0$ 的事实. 但在障碍物上的力 F 为
$$F = -\int_{S_1} \sigma d\tau = \int_S [\sigma - \rho v(v \cdot n)] d\tau.$$

这是一个有用的结果, 因为它使得可以在离开障碍物一定距离的控制曲面上来计算 F. 而要得到障碍物本身表面上的应力实际上是不可能的.

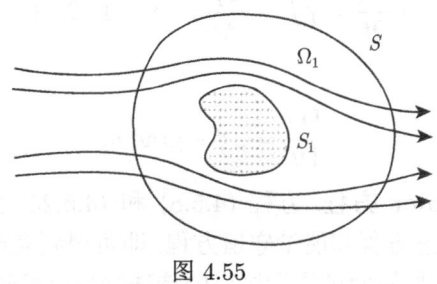

图 4.55

4.5.3 能量

由 (4.5.8) 和 (4.5.21) 给出的四个方程显然还不是确定所有未知量的完全方程组, 在这点上对于一维状况我们引进了状态方程或者本构关系. 目前在进行深入讨论之前需要对应力张量 σ_{ji} 作进一步阐述.

对于静止状态的流体 (气体或液体), 显然在流体表面上一点处的应力张量 τ 总是垂直于该表面的, 亦即应力的方向与该点处的单位法向量 n(或 $-n$) 的方向一致. 当然对固体表面来说这并不正确, 因为固体可以承受复杂的剪切或切向应力而不产生运动. 应力垂直于该作用曲面的这种正规性质可以扩充到均匀运动的流体, 即速度场在某时间区间上为不变的流体. 一类最简单的不均匀运动, 但上述正规性成立的流体是**无黏流**, 即满足假设

$$\sigma(x, t; n) = -p(x, t)n \tag{4.5.23}$$

的一类流体运动. 因此对于无黏流, 经过一张曲面的应力是与该曲面的法向量成比例, 其中比例因子 p 称为**压力**. 无黏流的概念在技术中是非常有用的, 因为许多实际流体均可由 (4.5.23) 模拟. 而且利用 (4.5.23) 的计算要比利用更复杂的本构关系进行计算简单得多. **理想流体**就是进行不可压缩运动的无黏流. 流体力学中的许多文献资料就是处理理想流体 ([18]).

由 (4.5.23) 容易算出应力张量的分量 σ_{ij}, 实际上有

$$\sigma_{ij} = -p(x, t)\delta_{ij}, \tag{4.5.24}$$

其中 δ_{ij} 为克罗内克 (L. Kroncker, 1823—1891) 的 δ 记号, 它定义为: 当 $i = j$ 时 $\delta_{ij} = 1$; 当 $i \neq j$ 时 $\delta_{ij} = 0$. 由于

$$\frac{\partial}{\partial x_j}\sigma_{ji} = -\frac{\partial}{\partial x_j}[p(x, t)\delta_{ji}] = -\frac{\partial}{\partial x_i}p(x, t),$$

因此可将 Cauchy 方程 (4.5.21) 写成

$$\rho\frac{\mathrm{D}v_i}{\mathrm{D}t} = \rho f_i - \frac{\partial p}{\partial x_i}, \quad i = 1, 2, 3,$$

或者写成向量形式

$$\rho\frac{\mathrm{D}v}{\mathrm{D}t} = \rho f - \operatorname{grad} p. \tag{4.5.25}$$

方程 (4.5.25) 称为 **Euler 方程**. 方程 (4.5.8) 和 (4.5.25) 为四个关于 ρ, v 和 p 的方程, 若再补充上状态方程和能量守恒方程, 即可得到完全方程组. 对于无黏流, 在 4.2 节中讨论的唯一性问题可作为这里的特殊情形而得到.

方程 (4.5.24) 说明在最一般的情况下, 应力张量有如下形式:

$$\sigma_{ij} = -p\delta_{ij} + \tau_{ij}, \tag{4.5.26}$$

其中 p 就是热力学中的压力, 而定义 τ_{ij} 为**黏性应力张量的分量**, 这些分量表示由于黏性而产生的效应. 例如此时邻近的流体元素受到通过分离它们曲面的剪切应力的作用.

像在一维情形那样, 假设所论流体满足如下形式的能量平衡定律:

$$\frac{\mathrm{d}}{\mathrm{d}t}\int_{\Omega_t}\left(\frac{1}{2}\rho v\cdot v + \rho e\right)\mathrm{d}x = \int_{\Omega_t}\rho f\cdot v\mathrm{d}x + \int_{\partial\Omega_t}\sigma\cdot v\mathrm{d}\tau - \int_{\partial\Omega_t}q\cdot n\mathrm{d}\tau, \tag{4.5.27}$$

其中 Ω_t 为任一物质区域, n 为 Ω_t 的外单位法向量, 而 q 表示热通量密度. 总之, Ω_t 中动能加内能对时间的变化率等于体积力 f 作用所产生的功率, 加上表面应力 σ 作用所产生的功率, 加上流入这个区域的热通量. 能量平衡定律的微分形式可在应用发散量定理和 Cauchy 定理之后, 利用 Ω_t 的任意性得到. 可将其写成如下结果.

定理 4.5.8 如果函数都充分光滑, 则由方程 (4.5.27) 可推得

$$\rho\frac{\mathrm{D}}{\mathrm{D}t}\left(\frac{1}{2}v\cdot v + e\right) = \rho f\cdot v + \frac{\partial}{\partial x_j}(\sigma_{ji}, v_i) - \operatorname{div}(q). \tag{4.5.28}$$

证明当作一个练习. 我们还有如下定理.

定理 4.5.9 内能的变化由下式给出:

$$\rho \frac{\mathrm{D}e}{\mathrm{D}t} = \mathrm{div}(q) + \sigma_{ji}\frac{\partial v_i}{\partial x_j}. \tag{4.5.29}$$

证明 用 v_i 乘以动量平衡定律 (4.5.21), 并对 i 从 1 到 3 求和即得

$$\frac{1}{2}\rho\frac{\mathrm{D}}{\mathrm{D}t}(v,\ v) = \rho f_i v_i + \frac{\partial}{\partial x_j}(\sigma_{ji},\ v_i) - \sigma_{ji}\frac{\partial v_i}{\partial x_j}.$$

将 (4.5.28) 减去上式即得 (4.5.29), 定理证毕.

从热力学第一和第二定律的联合形式 (见 4.2 节中的 (4.2.41))

$$\theta\frac{\mathrm{D}s}{\mathrm{D}t} = \frac{\mathrm{D}e}{\mathrm{D}t} + p\frac{\mathrm{D}(\rho^{-1})}{\mathrm{D}t}, \tag{4.5.30}$$

可以得到一个流体质点的熵如何变化的表达式. 联合 (4.5.29) 和 (4.5.30), 并利用 $(\mathrm{D}\rho^{-1})/\mathrm{D}t = -\rho^{-2}(\mathrm{D}\rho)/\mathrm{D}t = \rho^{-1}\mathrm{div}(v)$ 即得下面定理.

定理 4.5.10

$$\rho\theta\frac{\mathrm{D}s}{\mathrm{D}t} = p\,\mathrm{div}(v) - \mathrm{div}(q) + \sigma_{ji}\frac{\partial v_i}{\partial x_j}. \tag{4.5.31}$$

项 $-\mathrm{div}(q)$ 表示热量流动, 而其余二项之和 $\Psi \triangleq p\,\mathrm{div}(v) + \sigma_{ji}\dfrac{\partial v_i}{\partial x_j} = \tau_{ji}\dfrac{\partial v_i}{\partial x_j}$ 表示由于形变而产生的热量. 于是可将 (4.5.31) 写成

$$\rho\frac{\mathrm{D}s}{\mathrm{D}t} = -\frac{1}{\theta}\mathrm{div}(q) + \frac{1}{\theta}\Psi. \tag{4.5.32}$$

函数 Ψ 称为**耗散函数**, 它是每单位体积消耗机械能而转变成热能的速率.

热力学还要求熵的增加应等于或超过所加进的热量除以绝对温度. 于是假设满足不等式

$$\frac{\mathrm{d}}{\mathrm{d}t}\int_{\Omega_t}\rho s\,\mathrm{d}x \geqslant -\int_{\partial\Omega_t}\frac{1}{\theta}q\cdot n\,\mathrm{d}\tau.$$

这条公理的微分形式称为**克劳修斯-杜安** (Clausius-Duhem) **不等式**, 它由如下定理给出, 其证明当作练习.

定理 4.5.11

$$\rho\frac{\mathrm{D}s}{\mathrm{D}t} \geqslant -\mathrm{div}(\theta^{-1}q). \tag{4.5.33}$$

联合方程 (4.5.32) 和 (4.5.33) 可得

$$\theta^{-1}\Psi - \theta^{-2}q \cdot \mathrm{grad}(\theta) \geqslant 0 \tag{4.5.34}$$

成立的充分条件是

$$\Psi \geqslant 0, \quad -q \cdot \mathrm{grad}(\theta) \geqslant 0.$$

亦即形变并不能把热量转化成机械能, 而热量流动的方向与温度梯度的方向相反.

为了进一步讨论, 需要有关黏性应力张量 τ_{ij} 的某些假设. 所谓 **Newton 流** 就是 τ_{ij} 线性的依赖于**形变率** $D_{ij} \triangleq \dfrac{1}{2}\left(\dfrac{\partial v_i}{\partial x_j} + \dfrac{\partial v_j}{\partial x_i}\right)$, 亦即

$$\tau_{ij} = C_{ijrs} D_{rs},$$

其中系数 C_{ijrs} 可能依赖于热力学状态 θ 和 ρ. 由于对称性以及在平移和旋转之下应力张量的不变性可以推出

$$\tau_{ij} = 2\mu D_{ij} + \lambda \delta_{ij} \mathrm{div}(v),$$

其中 μ 和 λ 为黏性系数. 一般来说, μ 和 λ 将依赖于温度或者密度, 但在此假设它们是常数. 在这些假设下, 应力张量可以写成

$$\sigma_{ij} = (-p + \lambda \mathrm{div}(v))\delta_{ij} + 2\mu D_{ij}.$$

因此动量守恒律 (4.5.21) 写成

$$\rho \frac{\mathrm{D}v_i}{\mathrm{D}t} = \rho f_i - \frac{\partial}{\partial x_i}(p - (\lambda + \mu)\mathrm{div}(v)) + \mu \nabla^2 v_i, \tag{4.5.35}$$

对 $i = 1, 2, 3$, 在不可压缩的情况下有 $\mathrm{div}(v) = 0$. 于是 (4.3.35) 的向量形式化简为

$$\rho \frac{\mathrm{D}v}{\mathrm{D}t} = \rho f - \mathrm{grad}\, p + \mu \nabla^2 v. \tag{4.5.36}$$

这就是**纳维-斯托克斯** (Navier-Stokes) **方程**. (4.5.36) 只有在特殊情况下才可能得到精确解.

对于黏性流来说, 一般认为流体质点是依附在刚性的边界上. 因此假设满足**附着边界条件**

$$\lim_{x \to x_b} v(x) = v(x_b),$$

其中 x_b 为刚性边界上的点, 而 $v(x_b)$ 为边界的已知速度.

练 习

1. 令 $\Delta(h, t)$ 是由 $\Delta(h, t) = \rho(x(h, t), t)$ 定义的 Lagrange 密度, 试证
$$J(h, t) = \Delta(h, 0)/\Delta(h, t).$$

2. 推导质量守恒律的 Lagrange 形式 $\Delta_t + \Delta \mathrm{div}(v)|_h = 0$.

3. 若质量守恒律成立, 则对任何连续可微函数 g 有
$$\frac{\mathrm{d}}{\mathrm{d}t}\int_{\Omega_t} \rho g \mathrm{d}x = \int_{\Omega_t} \rho \frac{\mathrm{D}g}{\mathrm{D}t} \mathrm{d}x,$$

试证上式中当数值函数 g 用向量函数 g 代替时仍成立.

4. 若 $\sigma(x, t; n) = -p(x, t) \cdot n$, 证明 $\sigma_{ij} = -p(x, t)\delta_{ij}$.

5. 已知二维流体运动为
$$x_1 = h_1 \exp t, \quad x_2 = h_2 \exp(-t), \quad t > 0.$$

   (a) 求出 V 和 v.
   (b) 求出流线方程, 并证明它们与质点轨线一致.
   (c) 若 $\rho(x, t) = x_1 x_2$, 证明运动是不可压缩的.

6. 在区域 D 上的流称为**有位流**. 若存在于 D 上的连续可微函数 $\varphi(x, t)$ 使得 $v = \mathrm{grad}\,\varphi$, 而在 D 上的流称为**无旋流**, 若 $\mathrm{curl}(v) = 0$, 证明:

   (a) 有位流必为无旋流;
   (b) 无旋流不总是有位流;
   (c) 若 D 为单连通, 则无旋流为有位流.

7. 假设在区域 D 中的流为稳态、无旋和不可压缩, 而且 $\rho =$ 常数; 证明在 D 中有 $\frac{1}{2}|v|^2 + \frac{p}{\rho} + \Psi =$ 常数, 其中 $f = -\mathrm{grad}\Psi$.

8. 对于满足的流体 $\sigma_{ij} = \sigma_{ji}$, 证明
$$\frac{\mathrm{d}K}{\mathrm{d}t} = \int_{\Omega_t} \rho f \cdot v \mathrm{d}x + \int_{\partial\Omega_t} \sigma \cdot v \mathrm{d}x - \int_{\partial\Omega_t} \sigma_{ij} D_{ij} \mathrm{d}x,$$

其中 $K(\Omega_t) \triangleq \frac{1}{2}\int_{\Omega_t} \rho v \cdot v \mathrm{d}x$ 为 Ω_t 的动能 (**能量迁移定理**).

9. 证明对于理想流体有 $K(\Omega)$ 常数, 这里 Ω 为 $\mathbf{R}^3$ 中固定区域, 而 v 平行于 $\partial\Omega$.

10. 已知二维稳态流为 $v = (2x_1 + 3x_2, x_1 - x_2)$, $t > 0$. 求出质点的轨线, 算出位于点 $(3, 4)$ 处的观察所测到的加速度.

第 5 章 稳定性和分支

考虑在任一个自然系统中存在的状态 S. 称 S 在这样或那样意义下为稳定的, 如果对于系统的小摄动或小扰动来说, 状态 S 都不会受到强烈的影响. 例如太阳系现有的依赖于时间的状态, 系统中各行星围绕太阳有规则的运动等. 大家知道, 若有一个小天体突然进入这个系统, 则原来的状态并不会被扰动到任何有较大影响的程度. 因此我们说原来这个状态对小扰动来说是稳定的. 类似的稳定性问题在每一个实际问题中都会出现.

另一个有关的概念是分支. 当系统的状态 (例如平衡状态) 依赖于某个参数, 而且这个参数改变时, 在参数的某个临界值处, 系统的状态产生分叉或者变到另外一个状态, 这时一般还伴随着系统状态稳定性的改变. 我们就说系统出现分支或分叉. 通常的一个实验是在一根很硬的橡胶棒一端加上一个力 F (参数), 其稳定状态表现在棒的横向挠度. 若 F 很小, 则挠度为零. 但是当 F 增加时, 存在着一个临界值 F_c. 一旦当 F 超过这个值时, 平衡状态就不稳定, 杆就发出轻微的咔嚓声而弯曲 (图 5.1). 当下通过这个临界值, 系统从一个平衡状态分叉到另一个平衡状态. 另一个例子是管道中的层流. 只要满足管道壁充分光滑等条件, 即使 Reynolds 数高于临界的 Reynolds 数, 流动仍可保持层流. 但这时若有轻微的扰动, 例如出现很小的振动, 则流动将变成湍流, 这是在临界 Reynolds 数以上的稳定状态.

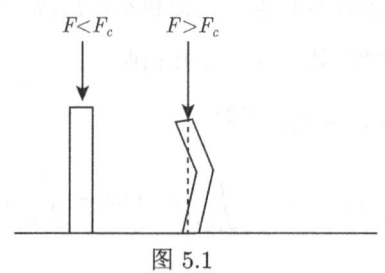

图 5.1

本章的目的是获得对有关稳定性和分支思想的基本理解, 以及了解这两个概念是如何联系的. 在 5.1 节中, 我们给出了一些具体的例子来推动这些问题的讨论. 在这些例子中所使用的方法是在许多实际问题都用得着的应用数学标准方法.

5.1 几个实例

5.1.1 稳定性和种群动力学

在本节中,将利用种群动力学方面的问题来介绍稳定性的概念. 种群增长动力学中最简单的模型可描述如下: 种群 $p = p(t)$ 的增加速度与种群中个体的数目成正比, 数学上这可表示为

$$\frac{\mathrm{d}p}{\mathrm{d}t} = ap, \quad t > 0, \tag{5.1.1}$$

其中 $a > 0$ 称为增长常数. 若开始时有 p_0 个个体, 亦即 $p(0) = p_0$. 于是即得

$$p(t) = p_0 \mathrm{e}^{at}, \quad t > 0. \tag{5.1.2}$$

方程 (5.1.1) 就是众所周知的马尔萨斯 (T. Malthus, 1766—1834) 人口增长模型, 它预测人口将随时间指数式增长. 另一方面, 人口不可能在所有时间都是指数式增长似乎也是显然的. 因为当人口增长时, 食物、自然资源、生活空间以及其他因素的竞争将限制人口的增长. 因此为了反映竞争的现实, 就在微分方程中近似地引进一个考虑到竞争的项. 最简单的思想是注意到如果种群中有 p 个个体, 则每单位时间两个成员相遇的平均次数与 p^2 成比例, 于是考虑如下的种群模型:

$$\frac{\mathrm{d}p}{\mathrm{d}t} = ap - bp^2, \quad t > 0, \quad a, b > 0. \tag{5.1.3}$$

这个模型称为种群的**逻辑斯谛** (Logistic) **增长率**, 它含有线性增长项 ap 和非线性增长项 $-bp^2$. 直观上, 若 a 比 b 大, 则当 t 增大时 (5.1.3) 将显示出所需要的特点. 因为若 $t > 0$ 不很大时, 则项 $-bp^2$ 与 ap 相比可以略去. 于是像由 Malthus 动力学 (5.1.1) 所预测那样, 种群将指数式增长. 当 $t > 0$ 变得很大时, 项 $-bp^2$ 就不再是很小, 因此增长率就放慢. 作为一个练习, 用分离变量法求解常微分方程 (5.1.3) 即得

$$p(t) = \frac{ap_0}{bp_0 + (a - bp_0)\exp(-at)}, \tag{5.1.4}$$

其中 p_0 为初始种群. 在这一节中使我们感兴趣的问题是关于方程 (5.1.3) 解的稳定性问题. 由于对一般问题来说, 很难得到微分方程的精确解, 因此是否有 (5.1.4) 并不重要.

首先找出 (5.1.3) 平衡状态或定常解, 为此只需令 (5.1.3) 的右端为零即可得

$$p = 0 \tag{5.1.5}$$

和
$$p = \frac{a}{b}. \tag{5.1.6}$$

注意到 (5.1.5) 和 (5.1.6), 二者都是 (5.1.3) 的与 t 无关的常数解. 首先研究非零平衡态 (5.1.6) 的稳定性. 对其稳定性进行分析如下: 记 $\tilde{p}(t)$ 为种群平衡状态 a/b 的扰动或小变动, 并令

$$p(t) = \frac{a}{b} + \tilde{p}(t). \tag{5.1.7}$$

由于 $p(t)$ 满足方程 (5.1.3), 故有

$$\frac{\mathrm{d}}{\mathrm{d}t}\left(\frac{a}{b} + \tilde{p}\right) = a\left(\frac{a}{b} + \tilde{p}\right) - b\left(\frac{a}{b} + \tilde{p}\right)^2.$$

从而

$$\frac{\mathrm{d}\tilde{p}}{\mathrm{d}t} = -a\tilde{p} - b\tilde{p}^2. \tag{5.1.8}$$

因此扰动 $\tilde{p}$ 应该满足 (5.1.8). 但是若扰动 $\tilde{p}$ 很小, 则非线性项 $\tilde{p}^2$ 与 $\tilde{p}$ 相比可以略去. 因此即得**线性扰动方程**

$$\frac{\mathrm{d}\tilde{p}}{\mathrm{d}t} = -a\tilde{p}. \tag{5.1.9}$$

这个方程有解

$$\tilde{p}(t) = ce^{-at}, \quad t > 0. \tag{5.1.10}$$

显然, 当 $t \to \infty$ 时有 $\tilde{p} \to 0$, 亦即当 $t \to \infty$ 时, 扰动趋于零, 这与 $\tilde{p}$ 很小的假设是一致的. 于是我们论定: 平衡状态 a/b 对小扰动是渐近稳定的. 这里的渐近稳定是指当 t 无限增大时, 扰动趋于零.

上面的结论是在扰动满足一个略掉非线性项而得到线性方程的假设下推出的. 实际扰动 $\tilde{p}$ 是满足非线性方程 (5.1.8), 因此可以通过求解 (5.1.8) 来进行**非线性的扰动分析**. 但在一般情况下, 非线性扰动方程通常不能精确求解, 所以有时还需利用线性分析. 对 (5.1.8) 分离变量可得

$$\frac{\mathrm{d}\tilde{p}}{\tilde{p}(\tilde{p} + a/b)} = -b\mathrm{d}t.$$

利用部分分式得到

$$\frac{1}{\tilde{p}(\tilde{p} + a/b)} = \frac{b/a}{\tilde{p}} - \frac{b/a}{\tilde{p} + a/b}.$$

因此积分推得
$$\frac{b}{a}\ln\tilde{p} - \frac{b}{a}\ln\left(\tilde{p}+\frac{a}{b}\right) = -bt + c,$$
其中 c 为积分常数. 从而
$$\tilde{p}(t) = \frac{(ac/b)\exp(-at)}{1 - c\exp(-at)}.$$

由此可见, 不管初始扰动的大小如何, 当 $t \to \infty$ 时都有 $\tilde{p} \to 0$.

现在研究种群的另一个平衡状态, 即零解的稳定性. 与前面类似, 令
$$p(t) = 0 + \tilde{p}(t),$$
其中 $\tilde{p}$ 为扰动, 将此代入 (5.1.3) 可得
$$\frac{\mathrm{d}\tilde{p}}{\mathrm{d}t} = a\tilde{p} - b\tilde{p}^2, \tag{5.1.11}$$

假设 $\tilde{p}$ 很小, 于是线性化扰动方程为 $\dfrac{\mathrm{d}\tilde{p}}{\mathrm{d}t} = a\tilde{p}$, 其解为 $\tilde{p}(t) = ce^{at}$, 因此线性化扰动随 $t \to \infty$ 而无限增大, 即零解关于小扰动是不稳定的. (5.1.11) 的精确解为
$$\tilde{p}(t) = \frac{ac}{bc - (a - bc)\exp(-at)},$$

其中 c 为在时刻 $t = 0$ 的扰动. $\tilde{p}(t)$ 的图像如图 5.2 所示, 由此即见, 非线性扰动方程 (5.1.11) 的解随 $t \to \infty$ 而增长, 但却是有界的.

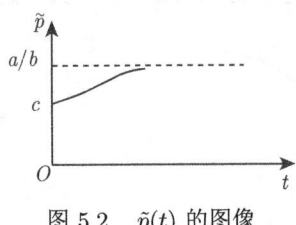

图 5.2 $\tilde{p}(t)$ 的图像

当然, 对于目前的问题, 由于知道了精确解, 因此可以直接从方程的解曲线推出稳定性. 对于不同 p_0 值, 方程 (5.1.4) 的解曲线如图 5.3 所示. 显然除了零解外, 所有的积分曲线都趋于平衡状态解 a/b (在 $p_0 \geqslant 0$ 的条件下), 因此解 a/b 对小扰动是渐近稳定的. 另一方面, 零解是不稳定的, 因为从零状态的一个小变动当系统发展时都将导致对零状态的实质性偏离.

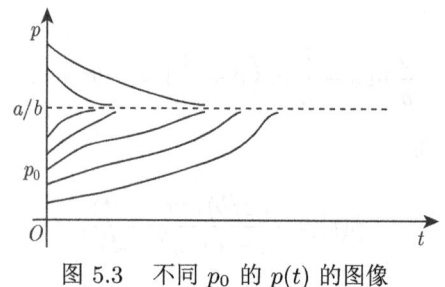

图 5.3　不同 p_0 的 $p(t)$ 的图像

5.1.2　圈上珠子运动的分支

本节通过一个例子来介绍分支理论的某些基本思想. 分支就意味着分叉或者分开. 对于含有一个参数的方程, 其解必然依赖于该参数. 分支理论就是研究解的分叉. 亦即要问: 是否有另一个解或一些解从给定的解分叉出来. 如果有的话, 那么在给定解的哪一些点会出现分叉呢? 此外, 我们还将进一步搞清楚解在出现分叉点的局部领域中的结构. 于是分支理论就是研究解的非唯一性, 特别是研究解的重数如何随参数的变化而变化的规律. 在此研究中, 重要的是分支解的稳定性. 这个学科发展得很快, 已经成为应用数学中的一个十分活跃的研究领域.

分支现象最简单的说明出现在代数方程, 例如

$$x^3 - \mu x = 0,$$

其中 μ 为实参数. 当 μ 从负值变到正值时, 方程实解的个数在 $\mu = 0$ 处, 就从一个跳到三个. 如果把实解 x 作为 μ 的函数而画出其图, 就如图 5.4 所示, 我们得到一张分叉图. 点 $(x=0, \mu=0)$ 称为临界点或分支点, 因为解在该点产生本质的变化. 这种类型的分支称为**叉型分支**, 它在广泛一类问题中出现.

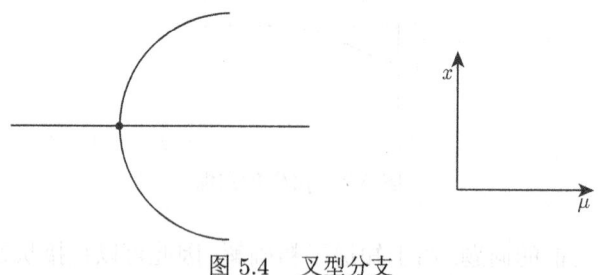

图 5.4　叉型分支

分支问题的另一种类型是含有一个参数的微分方程 (例如流体动力学中的 Reynolds 数). 当参数变化时, 平衡解将发生变化. 当参数达到临界值时, 将从稳定解分叉出不稳定的解, 或者反过来, 分支再一次由所论解的实质性变动所描述.

5.1 几个实例

我们用一个例子来说明这个基本概念. 考虑一个质量为 m 的珠子, 它可以无摩擦地在一个半径为 R 的圆形金属线或圈上滑动, 这个圆圈被限制围绕其垂直直径以不变的角速度 ω 转动 (图 5.5). 我们所要研究的就是由角 θ 确定的珠子位置关于角速度 ω 的稳定性. 由 Newton 第二定律不难找到支配珠子运动的微分方程. 珠子的加速度为 $R\theta''$, 而作用在珠子上的力有两个, 一个是重力, 而另一个是由于圆圈转动时所产生的离心力. 重力大小为 mg, 方向朝下, 它在圆圈的切向分量为 $mg\sin\theta$ (图 5.6). 离心力的大小为 $mr\omega^2$, 其切向分量为 $mr\omega^2\cos\theta$, 由于 $r = R\sin\theta$, 故切向量为 $mR\omega^2\cos\theta\sin\theta$ (图 5.7). 因此令质量乘加速度等于总作用力即得

$$mR\theta'' = mR\omega^2\cos\theta\sin\theta - mg\sin\theta, \tag{5.1.12}$$

这就是珠子的运动方程. 当没有力作用在珠子上时, 就出现珠子运动的平衡状态或稳定解, 亦即 $mR\omega^2\cos\theta\sin\theta - mg\sin\theta = 0$ 或者 $mR\omega^2\sin\theta\left(\cos\theta - \dfrac{g}{R\omega^2}\right) = 0$.

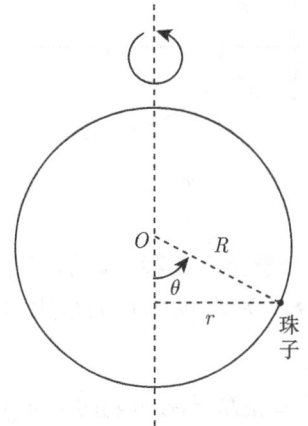

图 5.5 在转动圆圈上的珠子

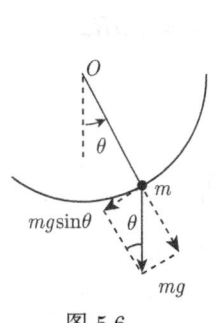

图 5.6

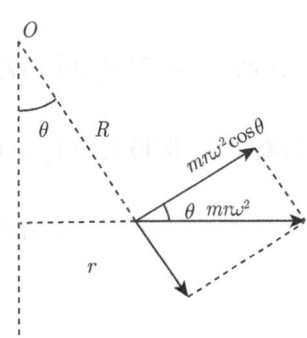

图 5.7

因此两个平衡解为

$$\theta_0 = 0, \quad \theta_1 = \arccos \frac{g}{R\omega^2}. \tag{5.1.13}$$

第一个是对应于珠子停留在圆圈的底部,而第二个是对应于正的角位移 θ_1. 在图 5.8 中,两个平衡解都看成角速度 ω 的函数. 我们注意到两个平衡解的分支相交, 我们说是**解分支**, 并称交点 $\left(\sqrt{\frac{g}{R}}, 0\right)$ 为分支点, 我们再一次遇到叉型的分支. 若 $\omega \leqslant \sqrt{\frac{g}{R}}$, 则只有平衡解 $\theta_0 = 0$. 但是若 $\omega > \sqrt{\frac{g}{R}}$, 则有三个可能的平衡解.

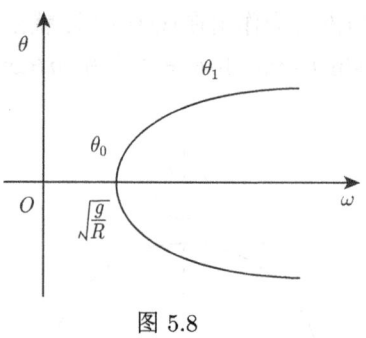

图 5.8

我们的任务是找出哪一个解是系统稳定解的问题. 为此采用在种群问题中讨论的方法来进行直观分析. 令 $\tilde{\theta}$ 为解 $\theta_0 = 0$ 的小扰动, 并记 $\theta = \theta_0 + \tilde{\theta}$, 将此代入方程 (5.1.12) 得

$$mR\tilde{\theta}'' = mR\omega^2 \cos\tilde{\theta} \sin\tilde{\theta} - mg \sin\tilde{\theta}.$$

利用展开式 $\sin\tilde{\theta} = \tilde{\theta} + O(\tilde{\theta}^3), \cos\tilde{\theta} = 1 + O(\tilde{\theta}^2)$ 可推得

$$mR\tilde{\theta}'' = mR\omega^2(1+O(\tilde{\theta}^2))(\tilde{\theta}+O(\tilde{\theta}^3)) - mg(\tilde{\theta}+O(\tilde{\theta}^3)) = (mR\omega^2 - mg)\tilde{\theta} + O(\tilde{\theta}^3).$$

略去 $\tilde{\theta}$ 的高阶项, 即得关于 $\theta_0 = 0$ 的线性扰动方程

$$mR\tilde{\theta}'' = (mR\omega^2 - mg)\tilde{\theta},$$

或者

$$\tilde{\theta}'' + \left(\frac{g}{R} - \omega^2\right)\tilde{\theta} = 0.$$

若 $\omega < \sqrt{\dfrac{g}{R}}$, 则有通解

$$\tilde{\theta}(t) = A\cos\left(\sqrt{\dfrac{g}{R} - \omega^2}\right)t + B\sin\left(\sqrt{\dfrac{g}{R} - \omega^2}\right)t,$$

其中 A 和 B 为常数. 因此扰动 $\tilde{\theta}$ 有界, 从而 $\theta_0 = 0$ 是稳定的. 另一方面, 若 $\omega > \sqrt{\dfrac{g}{R}}$, 则线性扰动方程的通解为

$$\tilde{\theta}(t) = A\exp\left(\sqrt{\omega^2 - \dfrac{g}{R}}\right)t + B\exp\left(-\sqrt{\omega^2 - \dfrac{g}{R}}\right)t.$$

由此可见存在指数式增长的模 $\exp\left\{\left(\sqrt{\omega^2 - \dfrac{g}{R}}\right)t\right\}$, 因此对于 $\omega > \sqrt{\dfrac{g}{R}}$, 解 $\theta_0 = 0$ 不稳定.

实际上我们可以推出, 若 ω 开始时是很小的值, 然后逐渐增大, 则珠子仍然停留在圆圈的底部 ($\theta_0 = 0$), 直到 ω 达到临界角速度 $\omega = \sqrt{\dfrac{g}{R}}$. 当 ω 超过这个临界值时, 这个解 ($\theta_0 = 0$) 就不稳定. 因此可以想到, 珠子将很快地转移到 θ_1 的另一个分支, 亦即跳到非零的角 θ_1. 实际情况也是这样出现的. 某些平衡解的分支对于小扰动是稳定的, 而另一些却不是. 在不稳定的状态中, 几乎总会出现的小扰动不会衰减. 因此系统就要运动到另一个平衡状态, 最终到达一个稳定的平衡状态. 在此意义下, 每一个实际系统似乎都有自己的 "思想", 总喜欢稳定的平衡状态.

我们还可以用上面同样的方法来分析 $\theta_1 = \arccos\dfrac{g}{R\omega^2}$ 的稳定性. 令

$$\theta_1 = \arccos\dfrac{g}{R\omega^2} + \tilde{\theta},$$

这里 $\tilde{\theta}$ 很小. 将此代入微分方程, 略去 $\tilde{\theta}$ 的高阶项而保留其最低阶项, 即可得线性化方程. 但在目前的情况, 这个计算将很复杂. 因此采用另一个方法, 也可达到同样的效果. 为此注意到微分方程的右端可以对 $\tilde{\theta}$ 进行 Taylor 展开, 并从这个展开式找到所需要的最低阶项. 为此令 $f(\theta) = mR\omega^2\cos\theta\sin\theta - mg\sin\theta$, 于是有

$$f(\theta) = f(\theta_1) + f'(\theta_1)(\theta - \theta_1) + O(|\theta - \theta_1|^2) = f'(\theta_1)(\theta - \theta_1) + O(|\theta - \theta_1|^2)$$
$$= f'(\theta_1)\tilde{\theta} + O(\tilde{\theta}^2).$$

由此即见, 关于 $\tilde{\theta}$ 的线性项就是 $f'(\theta_1)\tilde{\theta}$; 对于我们的问题有

$$f'(\theta) = mR\omega^2(\cos^2\theta - \sin^2\theta) - mg\cos\theta.$$

因此, 若记 $\alpha = f'(\theta)$, 则由于 $\omega > \sqrt{\dfrac{g}{R}}$, 故有

$$\alpha = mR\omega^2 \left\{ \cos^2\left(\arccos\frac{g}{R\omega^2}\right) - \sin^2\left(\arccos\frac{g}{R\omega^2}\right) \right\} - mg\cos\left(\arccos\frac{g}{R\omega^2}\right)$$

$$= -m\frac{(R\omega^2)^2 - g^2}{R\omega^2} < 0.$$

因此线性化扰动方程为

$$mR\tilde{\theta}'' - \alpha\tilde{\theta} = 0, \quad \alpha < 0.$$

这个方程的通解为

$$\tilde{\theta}(t) = A\cos\left(\sqrt{\frac{-\alpha}{mR}}\,t\right) + B\sin\left(\sqrt{\frac{-\alpha}{mR}}\,t\right).$$

从而线性化扰动是有界的, 线性化过程是正确的, 以及在 θ_1 分支上的平衡解是稳定的.

5.1.3 稳定性和阿米巴变形虫的趋药性

说明稳定性的某些基本思想的另一个例子是在扩散和趋药性的影响下, **阿米巴 (Amoebae) 变形虫**的运动模型. 趋药性运动是由阿米巴本身产生的化学浓度变动而诱导的运动. 这种现象在发展生物学中是相当有趣的. 相应的运算和分析类似于其他流体力学系统的稳定性研究中出现的问题.

这种现象的本质特点可描述如下: 黏滑可变形的阿米巴以土壤和粪便中的细菌为食, 若食物供给很充足, 则其空间分布一般是均匀的. 但当食物供给稀缺时, 这些原生物就会分泌一种起吸引剂作用的化学物质. 这时可以看到, 阿米巴朝着化学物质浓度高的地方移动, 而且形成一团团. 有关这个过程的许多问题仍待解决, 但这已可能建立一个描述这个黏滑变形细胞组织行为的某些本质特性的数学模型. 为了使过程定量化以及简单起见, 我们只在一维空间中进行讨论, 但假设所有的参数在任一截面上都是常数. 图 5.9 说明趋药性开始起作用前的均匀状态, 图 5.10 说明阿米巴正在开始聚集. 一维假设并非必要, 只是为了使问题的讨论较为简单. 对于一般情况可参看文献 [19].

图 5.9 均匀分布的阿米巴

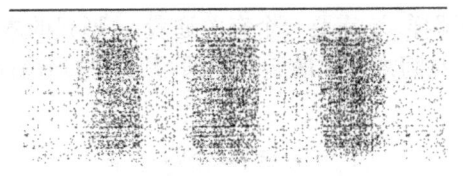

图 5.10　阿米巴正在开始聚集

设 $a(x,t)$ 为在时刻 t 于 x 处每单位体积的阿米巴数目, 而令 $c(x,t)$ 为以每单位体积的质量给出的在 (x,t) 处的化学吸引剂的浓度, 此外还假设:

(i) 存在使得阿米巴从高阿米巴浓度区域离开而向低阿米巴浓度区域移动的阿米巴随机运动.

(ii) 存在着阿米巴朝高化学吸引剂浓度的运动.

模型方程的建立与在第 1 章讨论的热传导方程很相似. 考虑任一个区域, 并写出在此区域中阿米巴运动的守恒律. 这条**守恒律**是:

在区间 $[x_1, x_2]$ 中阿米巴数目对时间的变化率必须等于在 $x = x_1$ 处每单位时间进入这个区域的阿米巴数目减去在 $x = x_2$ 处每单位时间离开这个区域的阿米巴数目.

若以 $\varphi(x,t)$ 记在时刻 t 于 x 处阿米巴数目的通量, 亦即在时刻 t 每单位时间穿过 x 处每单位面积的阿米巴个数 (这时若运动向右或沿正 x 方向, 则 φ 为正值), 则守恒律可写成

$$\frac{\mathrm{d}}{\mathrm{d}t}\int_{x_1}^{x_2} a(x,t)\mathrm{d}x = \varphi(x_1, t) - \varphi(x_2, t),$$

或者根据微积分基本定理有

$$\frac{\mathrm{d}}{\mathrm{d}t}\int_{x_1}^{x_2} a(x,t)\mathrm{d}x = -\int_{x_1}^{x_2}\frac{\partial \varphi}{\partial x}(x,t)\mathrm{d}x.$$

假设讨论中的函数都是光滑的, 于是上式左边的求导和积分可交换. 因此有

$$\int_{x_1}^{x_2}\left[\frac{\partial a}{\partial t}(x,t) + \frac{\partial \varphi}{\partial x}(x,t)\right]\mathrm{d}x = 0.$$

由于积分区间的任意性即得

$$\frac{\partial a}{\partial t} + \frac{\partial \varphi}{\partial x} = 0, \tag{5.1.14}$$

这就是守恒律的微分形式.

正像热量流动的那样，还需要一个有关通量 φ 形式的**本构假设**. 由假设 (i) 和 (ii), 可以认为通量 φ 是阿米巴扩散运动的通量 φ_a 与趋药性运动的通量 φ_c 的和, 亦即

$$\varphi = \varphi_a + \varphi_c. \tag{5.1.15}$$

显然 φ_a 应当与 $a(x,t)$ 的斜率或者梯度成比例. 因为在扩散的假设下, 阿米巴从 a 的高浓度向 a 的低浓度运动. 倾斜度越陡, 通量就越高 (图 5.11). 因此假设

$$\varphi_a = -k\frac{\partial a}{\partial x}(x,t), \tag{5.1.16}$$

其中 $k > 0$ 为比例常数, 并称为**自动常数**. 负号的出现是由于当梯度 $\dfrac{\partial a}{\partial x}$ 为负值时, 通量应当为正的 (向右运动).

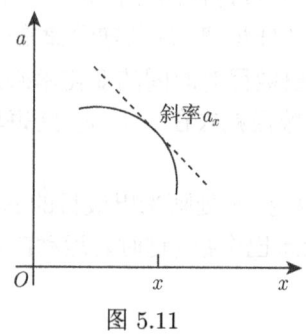

图 5.11

为了找出趋药性运动通量 φ_c 的表达式, 我们将像上面那样进行讨论, 并推出 φ_c 与化学吸引剂浓度的梯度 $\dfrac{\partial c}{\partial x}$ 成比例. 此外, 若对给定的梯度, 阿米巴的个数增加一倍, 则通量也应当增大一倍, 因此 φ_c 还应与 $a(x,t)$ 成比例, 于是有

$$\varphi_c = la(x,t)\frac{\partial c}{\partial x}(x,t), \tag{5.1.17}$$

其中 $l > 0$ 是一个衡量趋药性强度的比例常数. 在此可注意到 (5.1.17) 的右边没有负号, 这是因为阿米巴朝向较高吸引剂浓度运动. 因此也称这为**阿米巴向高梯度运动**. 联合 (5.1.14)—(5.1.17), 即得非线性偏微分方程

$$\frac{\partial a}{\partial t} = \frac{\partial}{\partial x}\left(k\frac{\partial a}{\partial x} - la\frac{\partial c}{\partial x}\right), \tag{5.1.18}$$

这就是表示阿米巴数目守恒律的方程. 由于乘积项 $a\dfrac{\partial c}{\partial x}$ 的出现, 因此这是一个非线性方程. (5.1.18) 中含有两个未知函数 a 和 c, 因而还需要有另一个方程.

5.1 几个实例

注意到 c 也必须满足一条守恒律, 即可找到另一个方程. 在区间 $x_1 \leqslant x \leqslant x_2$ 中化学物质数量对时间的变化率必须等于流入通量减去流出通量, 加上这个区间中由阿米巴分泌所创造的化学物质的速率. 若用 φ_d 记为化学物质扩散时的通量, 而用 $Q(x,t)$ 记于 (x,t) 处在单位时间中由单位体积的阿米巴所创造的化学物质数量, 则有

$$\frac{\mathrm{d}}{\mathrm{d}t}\int_{x_1}^{x_2} c(x,t)\mathrm{d}x = \varphi_d(x_1,t) - \varphi_d(x_2,t) + \int_{x_1}^{x_2} Q(x,t)\mathrm{d}x.$$

由此守恒定律立即得到

$$\frac{\partial c}{\partial t} = -\frac{\partial \varphi_d}{\partial x} + Q, \qquad (5.1.19)$$

其中假设涉及的函数充分光滑. 化学吸引剂的随机扩散运动将像前面那样由通量与梯度成比例来模拟, 因此

$$\varphi_d = -D\frac{\partial c}{\partial x}. \qquad (5.1.20)$$

化学物质来源项 Q, 假设有如下形式:

$$Q = q_1 a - q_2 c, \qquad (5.1.21)$$

其中 D 为吸引剂的扩散常数, q_1 为阿米巴的分泌率, 而 q_2 为吸引剂的衰减率, 于是由 (5.1.19) 可得

$$\frac{\partial c}{\partial t} = D\frac{\partial^2 c}{\partial x^2} + q_1 a - q_2 c. \qquad (5.1.22)$$

这就是所需要的与 (5.1.18) 伴随的方程. 因而已有两个未知量 $a(x,t)$ 和 $c(x,t)$ 的两个方程.

方程 (5.1.18) 和 (5.1.22) 显然有常数解

$$a(x,t) = a_0, \quad c(x,t) = c_0, \qquad (5.1.23)$$

只要满足条件

$$q_1 a_0 = q_2 c_0. \qquad (5.1.24)$$

这个均匀状态是一个平衡解. 因此应当考虑这个解对于小扰动是否稳定的问题. 亦即如果这个均匀状态在某个时刻受到轻微的干扰, 那么这个扰动将随时间的增长而衰减, 还是越来越加强? 现在研究这个问题, 并找出可以看成与均匀状态不稳定性一样的开始的聚集.

在标准的稳定性分析中, 令

$$a(x,t) = a_0 + \tilde{a}(x,t), \quad c(x,t) = c_0 + \tilde{c}(x,t), \tag{5.1.25}$$

其中 $\tilde{a}$ 和 $\tilde{c}$ 为小扰动或者与平衡解的偏差. 将 (5.1.25) 代入 (5.1.18) 和 (5.1.22) 可得非线性扰动方程

$$\tilde{a}_t = \frac{\partial}{\partial x}(k\tilde{a}_x - la_0\tilde{c}_x - l\tilde{a}\tilde{c}_x), \tag{5.1.26}$$

$$\tilde{c}_t = D\tilde{c}_{xx} + q_1\tilde{a} - q_2\tilde{c}. \tag{5.1.27}$$

上述推导中用到了关系 (5.1.24). 根据二次项 $\tilde{a}\tilde{c}_x$, 因此它比仅含小量一次幂的线性项要小. 所以可将方程 (5.1.26) 线性化. 于是线性化扰动方程为

$$\tilde{a}_t = k\tilde{a}_{xx} - la_0\tilde{c}_{xx}, \tag{5.1.28}$$

$$\tilde{c}_t = D\tilde{c}_{xx} + q_1\tilde{a} - q_2\tilde{c}. \tag{5.1.29}$$

从利用 Fourier 方法求解扩散方程中可以获得对求解这对耦合偏微分方程组的启示, 亦即希望找到系统 (5.1.28) 和 (5.1.29) 如下形式的解:

$$\tilde{a} = c_1 e^{\alpha t} e^{i\beta x}, \quad \tilde{c} = c_2 e^{\alpha t} e^{i\beta x}, \tag{5.1.30}$$

其中 c_1, c_2, α 和 β 为某些常数. (5.1.30) 称为 Fourier 形式. 现在的问题是: 要是形式 (5.1.30) 的解存在, 那么其中的 α 会是正的还是负的呢? 若 $\alpha > 0$, 则存在一个随时间而增长的 Fourier 形式扰动, 因而均匀状态对于小扰动为不稳定.

为了确定是否存在形式 (5.1.30) 的解, 将 (5.1.30) 代入系统 (5.1.28) 和 (5.1.29), 从而得到

$$(\alpha + k\beta^2)c_1 - la_0\beta^2 c_2 = 0, \quad -q_1 c_1 + (\alpha + D\beta^2 + q_2)c_2 = 0. \tag{5.1.31}$$

方程 (5.1.31) 是关于 c_1 和 c_2 的齐次线性方程组, 由线性代数中熟知的事实即知, 为了有非平凡解, 当且仅当其系数行列式为零, 亦即

$$\alpha^2 + (k\beta^2 + D\beta^2 + q_2)\alpha + kq_2\beta^2 + kD\beta^4 - q_1 la_0\beta^2 = 0. \tag{5.1.32}$$

这个关于 α 的二次方程, 有判别式

$$\Delta \equiv (k\beta^2 - D\beta^2 - q_2)^2 + 4q_1 la_0 \beta^2 > 0 \quad (q_1, q_2 > 0). \tag{5.1.33}$$

因此 α 的根都是实的. 检查一下这个二次方程的两个根, 不难看出 $\alpha < 0$ 当且仅当

$$kD\beta^2 + q_2 k > q_1 l a_0. \tag{5.1.34}$$

因此 (5.1.34) 就是一个为了使得均匀状态是稳定的各个常数之间应满足的充分必要条件.

我们要问的是: 是否不稳定总是可能的, 亦即是否 (5.1.34) 总可以不成立呢? 为了得到这个问题的解答, 我们注意到 β 是给定 Fourier 形式解 (5.1.30) 的波数. 当波数 β 减小而趋于零时, 亦即波长无限地增大, 存在着使得 (5.1.34) 不成立的机会. 事实上, 若这时有

$$kq_2 < q_1 l a_0, \tag{5.1.35}$$

则对于波数 β 在零附近的范围内, (5.1.34) 总不成立. 因此对于长波的扰动将出现不稳定.

我们可以用实际内容来说明条件 (5.1.35). 条件 (5.1.35) 推出: 如果自动常数 k 或者化学吸引剂的衰减率 q_2 很小, 或者如果分泌率 q_1 或趋药性强度 l 很大, 则不稳定性就会出现. 例如, 当食物供给突然没有时, 吸引剂就产生, 稳定效应被抑制, 从而均匀状态的不稳定就会出现, 于是聚集开始形成. 用这种方法解释开始聚集就是由于不稳定性的缘故.

上面的推理说明了一般出现于流体力学中的稳定性分析的许多特点. 这说明了小扰动的简单思想是如何最终推出重大结果和实际系统的深刻性质, 而不管它们是生物的、力学的, 或其他别的系统. 这也说明了系统不稳定性的重要性. 人们往往强调一个问题的适定性、稳定性等方面, 而忽略了不稳定性的作用. 上面的不稳定性例子就给出了十分有趣的现象.

练 习

1. 推导公式 (5.1.4) 和验证条件 (5.1.34).
2. 确定阿米巴问题中常数 k, l, D, q_1 和 q_2 的量纲.
3. 另一个种群增长模型为冈珀茨 (B. Gompertz, 1779—1865) 模型

$$\frac{\mathrm{d}p}{\mathrm{d}t} = rp \ln\left(\frac{k}{p}\right), \quad r > 0, \quad k > 0,$$

(a) 求出平衡解, 并研究其稳定性;
(b) 求出上面方程满足初始条件 $p(0) = p_0$ 的解;
(c) 在什么意义下 $p = 0$ 是一个平衡种群? 它是否稳定?

5.2 一维分支

5.2.1 稳定性

由 5.1 节例子的推动, 现在来研究一维问题平衡解的稳定性和分支. 特别地, 考虑一阶微分方程

$$\frac{\mathrm{d}u}{\mathrm{d}t} = f(\mu, u), \quad t > 0, \tag{5.2.1}$$

其中 μ 为实参数, 而 f 为无穷次连续可微的给定函数. 未知函数 u 为实变量 t 以及参数 μ 的函数. 称 (5.2.1) 的常数解 $u = u_0$ 为**平衡解**. 平衡解可由方程

$$f(\mu, u) = 0 \tag{5.2.2}$$

求出, 它一般还依赖于初始参数 u_0. 对于曲线 (5.2.2) 上的每一点 (μ_0, u_0), 总在特定的参数值 u_0 处对应着一个平衡解 $u = u_0$. 一个参数值也可能对应着几个平衡解 (如转动圆圈问题). 曲线 (5.2.2) 在 μu 平面上的图像称为**分叉图**, 或者**分支图**. 这个图像给出在不同参数值 μ 处的平衡解. (5.2.2) 的相交分叉称为**分支解**, 而交点就称为**分支点**. 在目前的情况下, 纵轴 u 表示平衡解. 而在其他情况下, 解的某些其他特点可能也画在垂直轴上.

例 5.2.1 考虑微分方程

$$\frac{\mathrm{d}u}{\mathrm{d}t} = (1-u)(u^2 - \mu), \quad \mu \in \mathbf{R}.$$

令 $(1-u)(u^2 - \mu) = 0$ 即可找出平衡解 $u = 1$ 和 $\mu = u^2$. 其分支图如图 5.12 所示. 对于每一个 $\mu > 0, \mu \neq 1$, 总存在三个不同的平衡解, 而对 $\mu < 0$, 则只有一个平衡解.

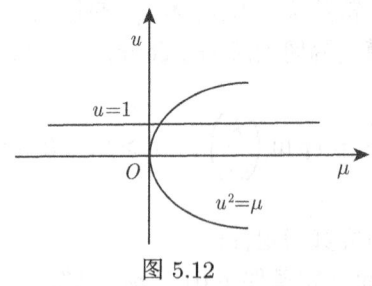

图 5.12

对于参数 μ 一个给出的固定值, 可以提出有关这个 μ 值所对应的任一平衡解的稳定性问题. 称 (5.2.1) 的平衡解 u_0 是**稳定**的, 如果在时刻 $t = 0$ 从充分接近

5.2 一维分支

于 u_0 出发的 (5.2.1) 的每一个解 $u(t)$, 对一切 $t > 0$ 仍然很接近于 u_0. 亦即对于 $\forall \varepsilon > 0$, $\exists \delta_\varepsilon > 0$ 使得只要 $|u(0) - u_0| < \delta_\varepsilon$, 就对所有 $t > 0$ 有 $|u(t) - u_0| < \varepsilon$. 如果除了稳定之外, 对一切在 $t = 0$ 处, 从充分接近于 u_0 出发的解 $u(t)$ 还有 $\lim_{t\to\infty} |u(t) - u_0| = 0$, 则称 u_0 为**渐近稳定**的. 如果一个平衡解不是稳定的, 就称它为**不稳定**的. 由于在这些定义中 μ 是固定的, 因此就在记号中略去了解对 μ 的明显依赖性.

另一个有趣的问题是当参数 μ 变动时, 平衡解的稳定性会如何变化呢? 往往一个平衡解 $u_0(\mu)$ 对 $\mu < \mu_c$ 是稳定的, 而对于 $\mu \geqslant \mu_c$ 就变成了不稳定, 这里 μ_c 为 μ 的某个临界值. 于是当 μ 逐渐增大时, 平衡解 $u_0(\mu)$ 就在 μ_c 处变成不稳定, 而实际系统可能就不再处于状态 $u_0(\mu)$. 在系统于 μ_c 处变成不稳定之后, 可能产生许多新的性质, 其中之一就是像在珠子问题那样, 对 $\mu > \mu_c$, 系统可能分叉出另一个稳定解. 这个特殊例子说明某种位于分支理论核心的现象.

限于研究类型 (5.2.1) 的微分方程是相当重要的分支问题, 但更为一般的可将 (5.2.1) 看成在某函数空间 (例如 Hilbert 空间 H) 中的方程, f 为在该空间上依赖于实参数 μ 的算子. 例如 f 可以是 H 上的非线性微分或积分算子. 于是 (5.2.1) 就是支配 u 在 H 中运动的发展方程. 而找平衡解就等于解方程 $f(\mu, u) = 0$, 这是一个微分或积分方程. 当然这时问题可能是无限维的. 根据这些不很明确的思想, 不难想象分支和稳定性理论在分析中的宽广范围. 有关这方面的进一步讨论可参看文献 [11].

现在来研究有关保证稳定性或渐近稳定性的条件. 研究这个问题的基本动力来自上一节的例子, 并一般可解释如下. 再一次令 μ 为固定值. 考虑方程

$$\frac{du}{dt} = f(\mu, u), \quad t > 0 \tag{5.2.3}$$

的平衡解 u_0 的小扰动 $\tilde{u}(t)$. 令

$$u(t) = u_0 + \tilde{u}(t), \tag{5.2.4}$$

并将此代入微分方程 (5.2.3), 可得关于扰动 $\tilde{u}(t)$ 的方程

$$\frac{d\tilde{u}}{dt} = f(\mu, u_0 + \tilde{u}), \quad t > 0 \tag{5.2.5}$$

(u_0 和 $\tilde{u}$ 二者均依赖于固定值 μ). 我们的问题是关于 $\tilde{u}$ 的长时间行为, 亦即当 $t \to \infty$ 时, $\tilde{u}(t)$ 是衰减还是增长呢? 我们打算利用对 (5.2.5) 的线性化来推出这个问题的解答. 将 (5.2.5) 的右边进行 Taylor 级数展开即得

$$\frac{d\tilde{u}}{dt} = f(\mu, u_0) + f_u(\mu, u_0)\tilde{u} + \frac{1}{2}f_{uu}(\mu, u_0)\tilde{u}^2 + \cdots.$$

由于 $f(\mu, u_0) = 0$, 故得线性化的扰动方程为

$$\frac{d\tilde{u}}{dt} = f_u(\mu, u_0)\tilde{u}. \tag{5.2.6}$$

这个方程的解为

$$\tilde{u}(t) = Ce^{\alpha t}, \tag{5.2.7}$$

其中实数 α 定义为

$$\alpha \equiv f_u(\mu, u_0), \tag{5.2.8}$$

而 C 为任意常数. 因此若 $\alpha < 0$, 则小扰动衰减, 从而 u_0 渐近稳定. 另一方面, 若 $\alpha > 0$, 则扰动增长, 从而 u_0 不稳定. 这种直观而又深刻的讨论形成了关于非线性扰动方程 (5.2.5) 的一条更一般定理的基础. 由 (5.2.8) 所确定的 α 称为**稳定性指标**. 若 $\alpha = 0$, 则上面的推理就不能成立.

在叙述和证明一般稳定性结果之前, 首先证明称为格朗沃尔 (T. H. Gronwell, 1877—1932) 不等式的引理, 它在常微分方程理论的系统研究中起着重要的作用.

引理 5.2.1 如果 $u(t)$ 和 $v(t)$ 为在 $0 \leqslant t \leqslant T$ 上的非负连续函数, 而 K 为非负常数, 则由不等式

$$u(t) \leqslant K + \int_0^t v(s)u(s)ds, \quad 0 \leqslant t \leqslant T$$

即可推出

$$u(t) \leqslant K \exp\left(\int_0^t v(s)ds\right), \quad 0 \leqslant t \leqslant T.$$

证明 若 $K > 0$, 则从给定条件和不等式可推出

$$\frac{u(t)v(t)}{K + \int_0^t v(s)u(s)ds} \leqslant v(t).$$

两边从 0 到 t 积分即得

$$\ln\left[K + \int_0^t v(s)u(s)ds\right] - \ln K \leqslant \int_0^t v(s)ds.$$

由此推得

$$u(t) \leqslant K + \int_0^t v(s)u(s)ds \leqslant K \exp\left(\int_0^t v(s)ds\right).$$

若 $K = 0$, 则 $u(t)$ 恒等于零, 因此不等式显然正确. 关于这个结论, 请读者自己完成论证.

现在来陈述和证明有关稳定性的基本结果.

定理 5.2.1 令 u_0 为 (5.2.3) 的平衡解, 并假设

$$f(\mu, u_0) = f_u(\mu, u_0)\tilde{u} + R(u_0, \tilde{u}),$$

其中余项 $R(u_0, \tilde{u})$ 为 $O(\tilde{u}^2)$ 的量, 亦即对充分小的 $\tilde{u}$ 有 $|R(u_0, \tilde{u})| \leqslant K|\tilde{u}|^2$, 这里 K 为正常数. 那么若 $\alpha < 0$, 则 u_0 为渐近稳定. 若 $\alpha > 0$, 则 u_0 不稳定, 其中 α 由 (5.2.8) 所定义.

证明 根据假设, 扰动 $\tilde{u}(t)$ 的微分方程

$$\frac{\mathrm{d}\tilde{u}}{\mathrm{d}t} = f_u(\mu, u_0)\tilde{u} + R(u_0, \tilde{u}) \tag{5.2.9}$$

(值得注意的是 R 仍依赖于参数 μ, 但为了简单起见没有明显写出来而已). 将 (5.2.9) 两边乘以 $\exp(-\alpha t)$, 并从 0 到 t 积分即得

$$\tilde{u}(t) - \tilde{u}(0)\mathrm{e}^{\alpha t} = \int_0^t R(u_0, \tilde{u}(s))\mathrm{e}^{\alpha(t-s)}\mathrm{d}s. \tag{5.2.10}$$

所以

$$|\tilde{u}(t) - \tilde{u}(0)\mathrm{e}^{\alpha t}| \leqslant \int_0^t |R(u_0, \tilde{u}(s))|\mathrm{e}^{\alpha(t-s)}\mathrm{d}s \leqslant K\int_0^t |\tilde{u}(s)|^2 \mathrm{e}^{\alpha(t-s)}\mathrm{d}s.$$

从而

$$|\tilde{u}(t)| \leqslant |\tilde{u}(0)\mathrm{e}^{\alpha t}| + K\int_0^t |\tilde{u}(s)|^2 \mathrm{e}^{\alpha(t-s)}\mathrm{d}s$$

或者

$$\mathrm{e}^{-\alpha t}|\tilde{u}(t)| \leqslant |\tilde{u}(0)| + K\int_0^t |\tilde{u}(s)|^2 \mathrm{e}^{-\alpha s}\mathrm{d}s.$$

于是由引理 5.2.1 的 Gronwell 不等式即得

$$\mathrm{e}^{-\alpha t}|\tilde{u}(t)| \leqslant |\tilde{u}(0)| \exp\left(K\int_0^t |\tilde{u}(s)|\mathrm{d}s\right).$$

因此

$$|\tilde{u}(t)| \leqslant |\tilde{u}(0)| \exp\left(at + K\int_0^t |\tilde{u}(s)|\mathrm{d}s\right). \tag{5.2.11}$$

若 $\alpha < 0$, 并暂时假设
$$|\tilde{u}(t)| < \frac{\eta}{K}, \quad t \geqslant 0, \tag{5.2.12}$$
其中 $\eta > 0$ 可选使得满足 $\alpha + \eta < 0$. 于是由方程 (5.2.11) 推得
$$|\tilde{u}(t)| \leqslant |\tilde{u}(0)|e^{(\alpha+\eta)t}, \quad t \geqslant 0. \tag{5.2.13}$$
总之, 若 (5.2.12) 成立, 则 (5.2.13) 对任何 $t \geqslant 0$ 也成立. 现在来证明: 只要 $|\tilde{u}(0)|$ 充分小, (5.2.12) 的确成立. 为此反证. 倘若 $|\tilde{u}(t)| \geqslant \frac{\eta}{K}, t \geqslant 0$, 因为可取 $|\tilde{u}(0)| < \frac{\eta}{K}$. 故不妨假设存在 $t_1 > 0$ 使得 $|\tilde{u}(t_1)| = \frac{\eta}{K}$, 对一切 $t \in (0, t_1)$ 有 $|\tilde{u}(t)| < \frac{\eta}{K}$ (因为 u 是连续的). 由 (5.2.13) 有
$$|\tilde{u}(t_1)| \leqslant |\tilde{u}(0)|e^{(\alpha+\eta)t_1},$$
这与 $|\tilde{u}(t_1)| = \frac{\eta}{K}$ 矛盾. 因此 (5.2.12) 必须对一切 $t \geqslant 0$ 成立, 从而有
$$|\tilde{u}(t)| \leqslant |\tilde{u}(0)|e^{(\alpha+\eta)t}, \quad t \geqslant 0.$$
这个不等式说明当 $t \to \infty$ 时有 $\tilde{u}(t) \to 0$, 这就推出渐近稳定.

对于 $\alpha > 0$ 的情况, 利用反证法. 若 u_0 是稳定的. 设 α/K 给定, 则存在 $\delta > 0$ 使得只要 $|\tilde{u}(0)| < \delta$, 就有
$$|\tilde{u}(t)| \leqslant m = \sup_{t>0} |\tilde{u}(t)| < \frac{\alpha}{K}, \quad \text{对一切 } t > 0.$$
方程 (5.2.10) 仍然正确, 因此用 $\exp(-\alpha t)$ 乘 (5.2.10) 的两边, 并令 $t \to \infty$, 取极限即得
$$\tilde{u}(0) = -\int_0^\infty R(u_0, \tilde{u}(s))e^{-\alpha s}ds.$$
因而 (5.2.10) 式可写成
$$\tilde{u}(t) = -\int_t^\infty R(u_0, \tilde{u}(s))e^{-\alpha s}ds.$$
所以
$$|\tilde{u}(t)| = Km^2 \int_t^\infty e^{\alpha(t-s)}ds = \frac{Km^2}{\alpha},$$
从而有 $m \leqslant \frac{Km^2}{\alpha}$, 这与 $m < \frac{\alpha}{K}$ 的选择矛盾.

5.2 一维分支

定理断言: 若 $\alpha = f_u(\mu, u_0) < 0$, 则 u_0 为渐近稳定. 换句话说, 只要初始扰动充分小, 它就是衰减的. 如果初始扰动不受限制, 这就涉及全局稳定性的问题. 这是一种很强的稳定性类型, 它只存在一个平衡解. 而且这个解吸引了 (5.2.1) 的所有其他解. 此处再一次提醒读者, 在前面的讨论中参数 μ 是固定的.

例 5.2.2 考虑微分方程

$$\frac{du}{dt} = \mu u - u^2,$$

其平衡解由 $\mu u - u^2 = 0$ 求出, 它们是 $u = 0$ 和 $u = \mu$. 在目前的情况下, $f_u = \mu - 2u$. 对于解 $u = 0$ 有 $f_u(\mu, 0) = \mu$. 因此若 $\mu < 0$, 则 $u = 0$ 为渐近稳定. 若 $\mu > 0$, 则它为不稳定. 对于平衡解 $u = \mu$ 有 $\alpha = f_u(\mu, \mu) = -\mu$. 因此若 $\mu > 0$, 则解 $u = \mu$ 是渐近稳定. 而若 $\mu < 0$, 则解 $u = \mu$ 为不稳定. (在 $\mu = 0$ 的情况下又是怎样的呢?)

5.2.2 分支点的分类

分支理论的基本问题之一是: 当参数 μ 变动时, 是否能达到一个使得系统稳定性发生改变的临界值? 例如在某个 μ_c, 使得系统的稳定状态变成不稳定状态. 我们在旋转圆圈上的珠子问题中看到这种现象, 其分支图像大致如图 5.13 所示. 对于 $\mu < \mu_c$, 解 $u = 0$ 是稳定的. 但在 $\mu = \mu_c$ 出现稳定性的改变. 对 $\mu > \mu_c$, 系统不再处于 $u = 0$ 的状态. 这时系统趋于一个非零的稳定状态.

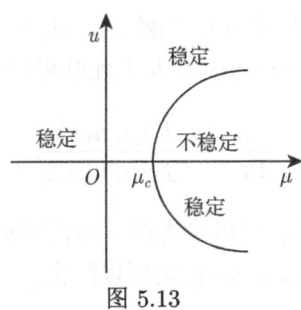

图 5.13

例 5.2.2 (续前) 对于系统

$$\frac{du}{dt} = \mu u - u^2, \quad \mu \in \mathbf{R}$$

的分支图如图 5.14 所示. 注意到这与出现在图 5.13 中的改变稳定性类型是不同的. 对于一个给定问题, 有关稳定性改变的结果完全依赖于所含分支点的类型, 该点的稳定性, 穿过该点时如何分叉等. 为了在这方面得到明确的结果, 我们来对

$f(\mu, u) = 0$ 的解的分叉点进行分类. 从几何上来看, $z = f(\mu, u)$ 是表示在 $\mathbf{R}^3$ 中的一个曲面, 而 $f(\mu, u) = 0$ 就表示在 μu 平面上这个曲面与平面 $z = 0$ 交点的轨迹. 在 $z = 0$ 平面中的这条曲线就是分支解. 我们的方法是把分支与奇性理论紧密地联系起来, 后者是更一般分析的一部分. 然而在这更广范围中的许多问题都可以化成在此研究的简单问题. 用于分支理论和分类问题的基本结果之一是隐函数定理. 这条定理回答了方程 $f(\mu, u) = 0$ 何时对其变量之一解出的问题. 这条定理在二维的最简单形式可叙述如下.

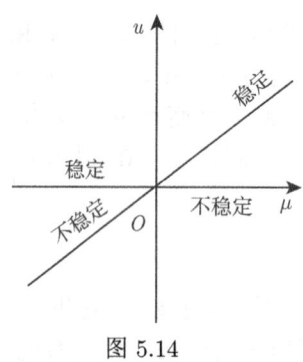

图 5.14

定理 5.2.2 令 $f(\mu, u)$ 为在 μu 平面上的包含点 (μ_0, u_0) 的某个开区域 U 中连续可微的函数. 若 $f(\mu_0, u_0) = 0$ 和 $f_u(\mu_0, u_0) \neq 0$, 则存在一个位于 U 中的矩形域 $S: |u - u_0| < a, |\mu - \mu_0| < b$, 使得

(i) 方程 $f(\mu, u) = 0$ 在 S 上有唯一解 $u = u(\mu)$;

(ii) 函数 $f(\mu, u) = 0$ 在 $|\mu - \mu_0| < b$ 上连续可微, 且其导数为

$$\frac{du}{d\mu} = -\frac{f_\mu(\mu, u(\mu))}{f_u(\mu, u(\mu))}. \tag{5.2.14}$$

关于这个定理的证明, 读者可以参考任一本高等微积分的书籍. 注意到这条定理的对称性, 亦即如果 $f_\mu(\mu_0, u_0) \neq 0$, 则可以解出 μ, 从而得到 $\mu = \mu(u)$. 此时有

$$\frac{d\mu}{du} = -\frac{f_u(\mu(u), u)}{f_\mu(\mu(u), u)}. \tag{5.2.15}$$

现在令 f 在点 $P_0 = (\mu_0, u_0)$ 的邻域中三次连续可微. 如果 $f(P_0) = 0$, 但 $f_u(P_0) \neq 0$ 或者 $f_\mu(P_0) \neq 0$. 就称点 P_0 为曲线 $f(\mu, u) = 0$ 的**正则点**. 此时由隐函数存在定理, 保证存在唯一通过 P_0 的曲线 $u = u(\mu)$ 或者 $\mu = \mu(u)$. 如果 P_0 不是正则点, 就称它为**奇点**. 此时必有 $f(P_0) = f_u(P_0) = f_\mu(P_0) = 0$. 因此在奇点处我们将看到有非普通的性质出现, 因为在 (5.2.14) 和 (5.2.15) 的右端都是形如

$\frac{0}{0}$ 的不定式. 曲线 $f(\mu, u) = 0$ 的奇点可在进一步假设 f 的二阶偏导数不全为零的条件之下进行系统地研究. 于是令 $P = (\mu, u)$, 由 Taylor 公式有

$$f(P) = f(P_0) + f_u(P_0)\Delta u + f_\mu(P_0)\Delta \mu$$
$$+ \frac{1}{2}[f_{uu}(P_0)(\Delta u)^2 + 2f_{u\mu}(P_0)\Delta u \Delta \mu + f_{\mu\mu}(P_0)(\Delta \mu)^2]$$
$$+ o((\Delta u)^2 + (\Delta \mu)^2),$$

其中 $\Delta u = u - u_0$ 和 $\Delta \mu = \mu - \mu_0$ 为增量. 若 P_0 为奇点, 而 P 位于曲线上, 则

$$f_{uu}(P_0)(\Delta u)^2 + 2f_{u\mu}(P_0)\Delta \mu \Delta \mu + f_{\mu\mu}(P_0)(\Delta \mu)^2 + o((\Delta u)^2 + (\Delta \mu)^2) = 0.$$

于是当 $\Delta u \to 0$ 和 $\Delta \mu \to 0$ 时, 取极限即得

$$f_{uu}(P_0)\mathrm{d}u^2 + 2f_{\mu u}(P_0)\mathrm{d}u\mathrm{d}\mu + f_{\mu\mu}(P_0)\mathrm{d}\mu^2 = 0. \tag{5.2.16}$$

这就给出沿着 $f(\mu, u) = 0$ 的任一曲线在 P_0 处的微分 $\mathrm{d}u$ 和 $\mathrm{d}\mu$ 之间的一个关系. 如果**判别式** $D \triangleq f_{u\mu}^2(P_0) - f_{uu}(P_0)f_{\mu\mu}(P_0)$ 为正值, 则称奇点 P_0 为**重点**. 解二次方程 (5.2.16) 得

$$\frac{\mathrm{d}u}{\mathrm{d}\mu} = \frac{f_{\mu u}}{f_{uu}} \pm \sqrt{\frac{D}{f_{uu}^2}}, \tag{5.2.17}$$

或者

$$\frac{\mathrm{d}\mu}{\mathrm{d}u} = \frac{f_{u\mu}}{f_{\mu\mu}} \pm \sqrt{\frac{D}{f_{\mu\mu}^2}}. \tag{5.2.18}$$

公式 (5.2.17) 和 (5.2.18) 给出了分支曲线在重点 P_0 处切线的斜率. 我们将在引理 5.2.2 中证明: 当 $D > 0$ 时只可能有两种情况. 如果 $D < 0$, 则不存在实的切线. 此时称 P_0 为**孤立点**. 如果 $D = 0$, 则至少有两条通过 P_0 的曲线, 它们在 P_0 处有同一条切线.

例 5.2.3 考虑如图 5.15 所示的双纽线

$$f(\mu, u) = (\mu^2 + u^2)^2 - 2(\mu^2 - u^2),$$

不难算出在 $(0,0)$ 处有 $f = f_\mu = f_u = 0$ 以及 $D > 0$. 于是原点就是重点, 且通过原点的两个分支有不同的切线. 双纽线上的所有其他点都是正则点.

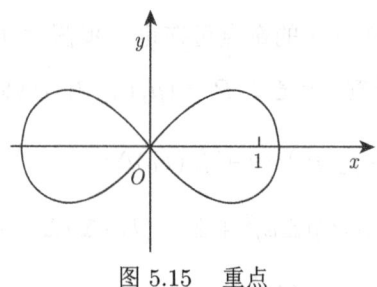

图 5.15　重点

例 5.2.4　对于曲线 $f(\mu, u) \triangleq u^3 - \mu^2 = 0$ 来说，$(0,0)$ 是它的奇点且有 $D = 0$. 这时两个分支在 $(0,0)$ 处有同一根垂线的切线，这种点就称为**尖点**. 见图 5.16.

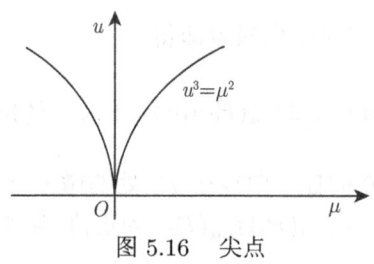

图 5.16　尖点

例 5.2.5　曲线 $f(\mu, u) \triangleq u^2 + \mu^2 = 0$ 只由一个点 $(0,0)$ 所组成，这时 $D < 0$. 因此 $(0,0)$ 是一个孤立奇点.

奇点称为**高阶奇点**，如果所有二阶偏导数 $f_{uu}, f_{u\mu}$ 和 $f_{\mu\mu}$ 在 P_0 处都为零. 我们在此不讨论这种出现其他类型的奇异性质的情况.

引理 5.2.2　令 P_0 为 $f(\mu, u) = 0$ 的重点，于是

(i) 若 $f_{\mu\mu}(P_0) \neq 0$，则在点 P_0 处两条切线的斜率由 (5.2.18) 给出.

(ii) 若 $f_{\mu\mu}(P_0) = 0$，则在点 P_0 处两条切线的斜率为 $\dfrac{\mathrm{d}u}{\mathrm{d}\mu} = 0$ 和 $\dfrac{\mathrm{d}\mu}{\mathrm{d}u} = -\dfrac{f_{uu}}{2f_{u\mu}}$.

证明　由定义有 $D > 0$. 若 $f_{\mu\mu}(P_0) \neq 0$，则由 (5.2.18) 得到两根不同的切线. 若 $f_{\mu\mu}(P_0) = 0$，则 $f_{uu}(P_0) \neq 0$. 二次方程 (5.2.16) 成为

$$[f_{uu}(P_0)\mathrm{d}u + 2f_{u\mu}(P_0)\mathrm{d}\mu]\mathrm{d}u = 0.$$

因此在 P_0 处有 $\mathrm{d}u/\mathrm{d}\mu = 0$ 以及 $\mathrm{d}\mu/\mathrm{d}u = -f_{uu}/(2f_{u\mu})$. 当然，当 $f_{uu} \neq 0$ 时，还有此引理的一个对称形式.

从引理 5.2.2 推出，当经过一个重点 P_0 时，两个分支有不同的切线. 经过一个重点不会有多于两个的分支，否则 P_0 就是高阶奇点.

5.2.3 稳定性的改变

由于两个分支在重点处交叉, 因此在重点处可能出现稳定性的变动. 本段将研究可能产生这种改变的条件.

在正则点处稳定性也可能发生改变. 如果在正则点 P_0 处有 $f_\mu(P_0) \neq 0$, 但 $\mathrm{d}\mu/\mathrm{d}u$ 在 P_0 处改变符号, 就称正则点 P_0 为 (关于 μ 的) **转点**.

例 5.2.6 函数 $f(\mu, u) = (1 + u^2 - \mu)(\mu^2 - 25u^2) = 0$ 有平衡解 $\mu_1 = 1 + u^2$, $\mu_2 = 5u, \mu_3 = -5u$. 分支图如 5.17 所示. 除了点 A, B, C, E 和 F 外, 在分支上所有其他的点都是正则点. 点 D 是正则转点, 因为 $\mathrm{d}\mu/\mathrm{d}u$ 在点 D 处改变符号. 点 A, B, C, E 和 F 是重点, 因为它们是奇点, 而且在这些点上有两根不同的切线.

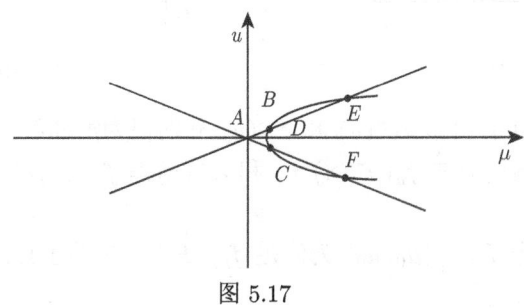

图 5.17

下面的定理说明在转点处的系统稳定性必定发生变化, 因此在这种类型的点处, 稳定性的改变问题是不可忽略的.

定理 5.2.3 令 P_0 为 $f(\mu, u) = 0$ 的正则转点, 则平衡解在该点的一边是稳定的, 而在另一边是不稳定的.

证明 证明不难从方程 (5.2.15) 推出. 为此将 (5.2.15) 写成

$$f_u(\mu(u), u) = -f_\mu(\mu(u), u) \frac{\mathrm{d}\mu}{\mathrm{d}u}(u),$$

或者利用 (5.2.8) 式的记号写成

$$\alpha(u) = -f_\mu(\mu(u), u) \frac{\mathrm{d}\mu}{\mathrm{d}u}(u), \tag{5.2.19}$$

其中 $\alpha(u)$ 就是稳定性指标. 我们记得, 若 $\alpha < 0$, 则平衡解渐近稳定. 而若 $\alpha > 0$, 则平衡解不稳定. 根据假设, f_μ 在 P_0 处不为零. 因此当沿着分支移动时由于 $\dfrac{\mathrm{d}\mu}{\mathrm{d}u}$ 改变符号, 从而 α 必定改变符号.

现在考虑在重点 $P_0 = (\mu_0, u_0)$ 处稳定性的改变问题. 由引理 5.2.2, 只有如下两种情形.

情形 (i) 通过 P_0 的两条曲线 $\mu^+(u)$ 和 $\mu^-(u)$ 具有由 (5.2.18) 给出的切线斜率 (图 5.18).

情形 (ii) 一条是在 P_0 处有 $(du_1/d\mu) = 0$ 的曲线 $u = u_1(\mu)$, 而另一条是在 P_0 处有 $d\mu_2/du = -f_{uu}/(2f_{\mu u})$ 的曲线 $\mu = \mu_2(u)$ (图 5.19).

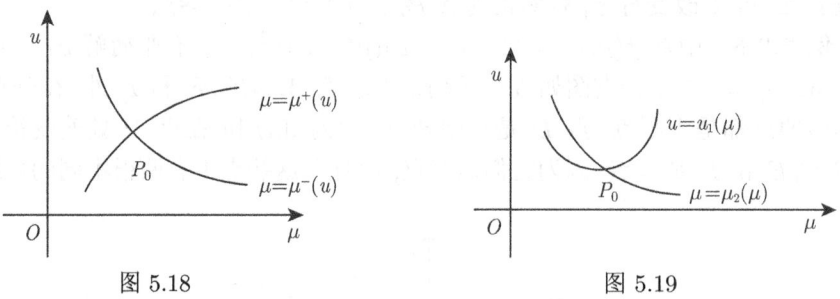

图 5.18 图 5.19

我们考虑情形 (i), 并以 $\alpha^+(u)$ 和 $\alpha^-(u)$ 分别记为沿曲线 $\mu^+(u)$ 和 $\mu^-(u)$ 的稳定性指标. 亦即 $\alpha^+(u) \triangleq f_u(\mu^+(u), u)$ 和 $\alpha^-(u) \triangleq f_u(\mu^-(u), u)$. 于是对于情形 (i), 有如下定理.

定理 5.2.4 令 $P_0 = (\mu_0, u_0)$ 为满足 $f_{\mu\mu}(P_0) \neq 0$ 的重点, 于是有

$$\alpha^+(u) = -\frac{d\mu^+}{du}(u)[\operatorname{sgn}(f_{\mu\mu}(P_0))\sqrt{D}(u - u_0) + o(|u - u_0|)], \tag{5.2.20}$$

$$\alpha^-(u) = -\frac{d\mu^-}{du}(u)[\operatorname{sgn}(f_{\mu\mu}(P_0))\sqrt{D}(u - u_0) + o(|u - u_0|)], \tag{5.2.21}$$

其中判别式 D 为在点 P_0 处取值.

证明 从 (5.2.19) 和 Taylor 公式即得

$$\alpha(u) = -f_\mu(\mu(u), u)\frac{d\mu}{du}(u)$$
$$= -\frac{d\mu}{du}(u)[f_\mu(P_0) + f_{\mu u}(P_0)(u - u_0) + f_{\mu\mu}(P_0)(\mu - \mu_0) + o(|u - u_0|)]$$
$$= -\frac{d\mu}{du}(u)\left[f_{\mu u}(P_0) + f_{\mu\mu}(P_0)\frac{\mu - \mu_0}{u - u_0}\right](\mu - \mu_0) + o(|u - u_0|).$$

但是

$$\frac{\mu - \mu_0}{u - u_0} = \frac{d\mu}{du}(u_0) + o(|u - u_0|),$$

所以

$$\alpha(u) = -\frac{d\mu}{du}(u)\left[f_{\mu u}(P_0) + f_{\mu\mu}(P_0)\frac{d\mu}{du}(u_0)\right](u - u_0) + o(|u - u_0|)$$

由于 (5.2.18) 有 (对 $\mu^+(u)$, 取 + 号)

$$\frac{\mathrm{d}\mu^+}{\mathrm{d}u}(u_0) = -\frac{f_{\mu u}}{f_{\mu\mu}} + \sqrt{\frac{D}{f_{\mu\mu}^2}}, \quad \text{在点 } P_0 \text{ 处},$$

因此即得 (5.2.20). 类似可得 (5.2.21) 式.

对情形 (ii) 可得类似的定理. 其证明当作练习.

定理 5.2.5 令 $P_0 = (\mu_0, u_0)$ 为满足 $f_{\mu\mu}(P_0) = 0$ 的重点, 于是有

$$\alpha^1(\mu) = \text{sgn} f_{\mu u}(P_0)\sqrt{D}(\mu - \mu_0) + o(|\mu - \mu_0|), \tag{5.2.22}$$

$$\alpha^2(u) = -\text{sgn} f_{\mu u}(P_0)\frac{\mathrm{d}\mu_2}{\mathrm{d}u}(u)[\sqrt{D}(u - u_0) + o(|u - u_0|)], \tag{5.2.23}$$

其中 $\alpha^1(\mu) \triangleq f_u(\mu, u_1(\mu))$ 和 $\alpha^2(u) \triangleq f_u(\mu_2(u), u)$ 分别为 $u_1(\mu)$ 和 $\mu_2(u)$ 的稳定性指标.

定理 5.2.4 在改变稳定性方面的解释是直观的. 即当 $|u - u_0|$ 是很小时, 若 $\dfrac{\mathrm{d}\mu^+}{\mathrm{d}u}$ 与 $\dfrac{\mathrm{d}\mu^-}{\mathrm{d}u}$ 的符号相反, 则 α^+ 与 α^- 的符号相同. 若 $\dfrac{\mathrm{d}\mu^+}{\mathrm{d}u}$ 与 $\dfrac{\mathrm{d}\mu^-}{\mathrm{d}u}$ 的符号相同, 则 α^+ 与 α^- 的符号相反. 因此曲线 $\mu^+(u)$ 和 $\mu^-(u)$ 在重点 P_0 处的斜率说明稳定性是如何改变的.

例 5.2.7 假设 $\mu^+(u)$ 和 $\mu^-(u)$ 如图 5.20 所示满足 $f_{\mu\mu} < 0$, 其中实线部分表示稳定性 ($\alpha < 0$), 而虚线部分表示不稳定解. 当 u 沿曲线通过 u_0 时, 稳定性必然如图那样变化, 这与定理 5.2.4 一致.

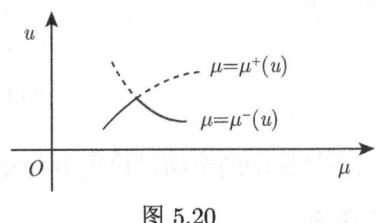

图 5.20

例 5.2.8 利用微分方程

$$\frac{\mathrm{d}u}{\mathrm{d}t} = (\mu - \mu_c)u - u^3$$

来解释前面的概念, 其中 μ_c 为固定的正常数. 平衡解为 $u_1 = 0$ 和 $\mu_2 = u^2 + \mu_c$, 分支图如图 5.21 所示. 点 $P_0 = (\mu_c, 0)$ 为分叉点, 且显然是重点. 事实上,

$$f(\mu, u) = (\mu - \mu_c)u - u^3,$$

从而 $f_u = \mu - \mu_c - 3u^2$, $f_{uu} = -6u$, $f_\mu = u$, $f_{\mu\mu} = 0$, $f_{\mu u} = 1$. 显然在点 P_0 处有 $f_\mu(P_0) = f_u(P_0) = 0$, 以及 $f_{uu}(P_0) = f_{\mu\mu}(P_0) = 0$, 但 $f_{\mu u}(P_0) = 1 \neq 0$. 而判别式 $D = 1$.

由引理 5.2.2, 两根不同切线的斜率为 $\dfrac{\mathrm{d}u_1}{\mathrm{d}\mu} = 0$ 和 $\dfrac{\mathrm{d}\mu_2}{\mathrm{d}u} = -\dfrac{f_{uu}}{2f_{\mu u}} = 0$. 由定理 5.2.5 即知稳定性指标为

$$\alpha^1(\mu) = \mathrm{sgn}(1)\sqrt{1}(\mu - \mu_c) + o(|\mu - \mu_c|),$$

$$\alpha^2(u) = -\mathrm{sgn}(1)\dfrac{\mathrm{d}}{\mathrm{d}u}(u^2 + \mu_c)[\sqrt{1}(u - 0) + o(|u|)],$$

或者

$$\alpha^1(\mu) = \mu - \mu_c + o(|\mu - \mu_c|), \quad \alpha^2(u) = -2u^2 + o(|u|).$$

由于 $\alpha^2(u) < 0$, 所以分支 $\mu_2 = u^2 + \mu_c$ 是稳定的. 当 $\mu > \mu_c$ 时有 $\alpha^1(\mu) > 0$, 所以对 $\mu > \mu_c$, 分支 $u_1 = 0$ 是不稳定的. 而当 $\mu < \mu_c$ 时有 $\alpha^1(\mu) < 0$, 因此对 $\mu < \mu_c$, 分支 $u_1 = 0$ 是稳定的. 稳定性图像如图 5.22 所示.

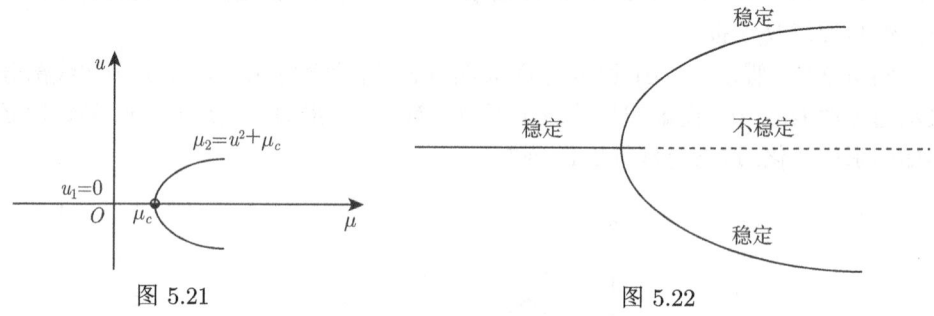

图 5.21　　　　　　　　　　图 5.22

有关在各种情形下, 稳定性变动的全面讨论可参看文献 [20].

5.2.4 连续搅拌的桶形反应器

在本节, 我们来建立一个为了确定在一个连续搅拌桶形发生器中的化学反应物质的温度 $\bar{\theta}$ 和浓度 $\bar{c}$ 的数学模型. 反应是在体积为 V 的反应桶中进行的 (图 5.23). 为了保持均匀的温度和浓度, 桶中的反应物不断地被搅拌. 以不变的流速 q, 不变的反应物浓度 C_{in} 以及不变的温度 θ_{in} 将反应物注入反应桶内, 经混合和反应之后, 其反应物又以同样的体积速度 q 流出. 我们假设反应是十分均匀的和不可逆的, 而且每单位体积的反应物质以速度 $-k\bar{c}e^{-\frac{A}{\theta}}$ 消失, 其中 A 和 k 为正常数. 释放的热量假设为 $hk\bar{c}e^{-\frac{A}{\theta}}$, 其中 h 是正常数.

5.2 一维分支

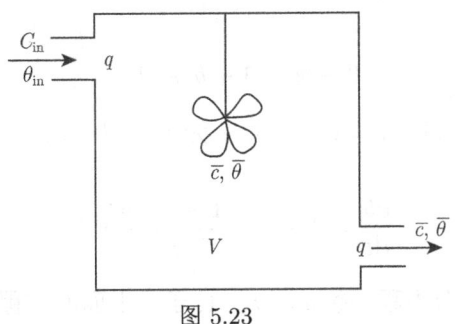

图 5.23

我们应当写出支配桶中反应物的浓度 $\bar{c}(\bar{t})$ 和温度 $\bar{\theta}(\bar{t})$ 的两个微分方程式. 一个方程式来自反应物的质量平衡, 而另一个是由能 (热) 量守恒得到. 首先由质量平衡可得

$$V\frac{d\bar{c}}{d\bar{t}} = qC_{\text{in}} - q\bar{c} - Vk\bar{c}e^{-\frac{A}{\bar{\theta}}}. \tag{5.2.24}$$

这个方程是说, 在桶中的反应物质量对时间的变化率等于每单位时间流入桶中的质量减去流出桶中的质量, 再减去在化学反应过程中反应物质量的消失率. 其次热平衡为

$$VC\frac{d\bar{\theta}}{d\bar{t}} = qC\theta_{\text{in}} - qC\bar{\theta} + hVk\bar{c}e^{-\frac{A}{\bar{\theta}}}, \tag{5.2.25}$$

其中 C 为混合物的热容量. 引进无量纲变量

$$t = \frac{\bar{t}}{V/q}, \quad \theta = \frac{\bar{\theta}}{\theta_{\text{in}}}, \quad c = \frac{\bar{c}}{C_{\text{in}}}$$

以及无量纲常数

$$\mu = \frac{q}{kV}, \quad b = \frac{hC_{\text{in}}}{c\theta_{\text{in}}}, \quad \gamma = \frac{A}{\theta_{\text{in}}}.$$

于是微分方程 (5.2.24) 和 (5.2.25) 即可化成如下的无量纲形式:

$$\frac{dc}{dt} = 1 - c - \frac{c}{\mu}e^{-\frac{\gamma}{\theta}}, \tag{5.2.26}$$

$$\frac{d\theta}{dt} = 1 - \theta + \frac{bc}{\mu}e^{-\frac{\gamma}{\theta}}. \tag{5.2.27}$$

下面的讨论可将这两个方程简化成一个方程. 将 (5.2.26) 乘以 b, 然后与 (5.2.27) 相加即得

$$\frac{d}{dt}(\theta + bc) = 1 + b - (\theta + bc).$$

由此求得
$$\theta + bc = 1 + b + De^{-t},$$
其中 D 为积分常数. 假设在 $t = 0$ 处, $\theta + bc$ 为 $1+b$, 从而 $D = 0$. 于是 $\theta + bc = 1 + b$, 因此热平衡方程称为
$$\frac{d\theta}{dt} = 1 - \theta + \frac{1 + b - \theta}{\mu} e^{-\frac{\gamma}{\theta}}.$$

这就是对 θ 的一个微分方程. 令 $u = \theta - 1$, 于是上面的方程成为
$$\frac{du}{dt} = -u + \frac{b-u}{\mu} e^{-\frac{\gamma}{u+1}}. \tag{5.2.28}$$

这就是我们将研究的最后形式的微分方程.

由定义, (5.2.28) 中的参数 μ 就是表示流速. 因此在分析中它将起分支参数的作用, 因为希望把平衡解作为流速的函数进行研究. 平衡解由方程
$$\mu u = (b - u) e^{-\frac{\gamma}{u+1}} \tag{5.2.29}$$

求出. 由于不可能从 (5.2.29) 以分析形式明显地求出 u, 因此我们将依靠作图法. (5.2.29) 右边函数的图像, 如图 5.24 中所画曲线的样子. 对于不同的 μ, 这条曲线与直线 $u\mu$ 交点的 u 值就是对应于该 μ 值的平衡解. 对于某些斜率 μ, 例如 μ_1 和 μ_5, 只存在一个平衡解; 而对于其他一些斜率, 则存在两个平衡解 (U 和 Q 对应于 μ_2, 而 S 和 W 对应于 μ_4). 对另外一些斜率, 则有三个平衡解 (R, T 和 V 对应于 μ_3). 平衡解对参数 μ 的图像如图 5.25 所示. 点 S 和 U 为正则转点, 因此由定理 5.2.3, 在这种点处稳定性必定改变.

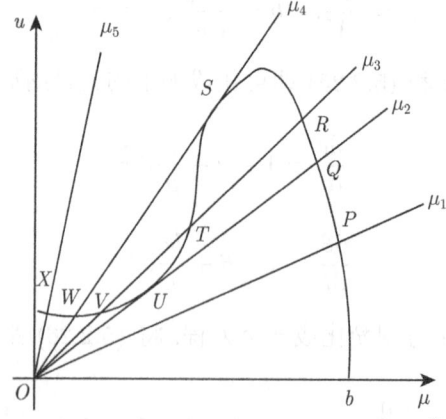

图 5.24 对不同的 μ 值, $u\mu$ 的图与 $u\mu = (b-u)e^{-\frac{\gamma}{u+1}}$ 的图的交点

5.2 一维分支

为了确定图 5.25 中每个分支的稳定性,我们注意到微分方程 (5.2.28) 的右边可以写成 $F(\mu,u) = -u + \dfrac{1}{\mu}f(u)$,其中 $f(u)$ 为图 5.24 中所示的函数. 于是有

$$F_u(\mu,u) = -1 + \frac{1}{\mu}f'(u).$$

因此,为了平衡解 u_0 的稳定性所需要的条件为 $-1 + \dfrac{1}{\mu}f'(u_0) < 0$.

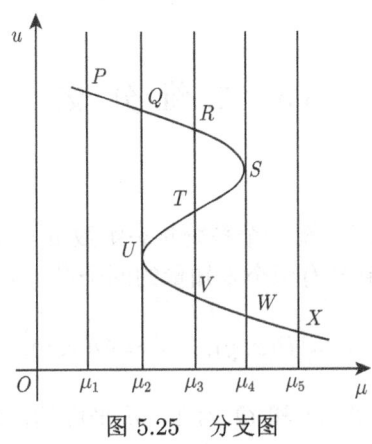

图 5.25　分支图

在图 5.25 中曲线上面的分支上,例如在点 P 处,有 f' 为负值. 所以在此上的一支是渐近稳定的. 于是分支 UTS 为不稳定的,而下面的分支 $UVWX$ 是渐近稳定的.

实际上,若流速 μ 开始时在 μ_5,并且逐渐减小,直到抵达状态 U,则温度有一个跳跃而到状态 Q. 相反地,若流速从 μ_1 逐渐增加,直到抵达状态 S,然后跳跃到较低的稳定状态 W. 后者就是所谓的**淬火反应**.

练　习

1. 求出下列方程的平衡解,并画出其分支图;找出分支点研究平衡解的稳定性,以及指出何处出现稳定性的改变.

  (a) $\dfrac{\mathrm{d}u}{\mathrm{d}t} = (u-\mu)(u^2-\mu)$;

  (b) $\dfrac{\mathrm{d}u}{\mathrm{d}t} = u(9-\mu u)(\mu+2u-u^2)$.

2. 全面地分析下列方程的稳定性和分支性质:

  (a) $\dfrac{\mathrm{d}u}{\mathrm{d}t} = \mu - u^2$;　　　　　　(b) $\dfrac{\mathrm{d}u}{\mathrm{d}t} = \mu u - u^2$;

(c) $\dfrac{\mathrm{d}u}{\mathrm{d}t} = \mu^2 u - u^3$; (d) $\dfrac{\mathrm{d}u}{\mathrm{d}t} = \mu^2 u + u^3$.

3. 证明定理 5.2.4 中的 (5.2.21) 式以及证明定理 5.2.5.

4. 令 $P_0 = (\mu_0, u_0)$ 为奇点, 但不是高阶奇点, 而 $\alpha(u)$ 由 (5.2.19) 给出. 试证: 若在 $u = u_0$ 处有 $\dfrac{\mathrm{d}\alpha}{\mathrm{d}u} = 0$, 则 P_0 为重点.

5. 考虑微分方程 $\dfrac{\mathrm{d}u}{\mathrm{d}t} = r\left(1 - \dfrac{u}{k}\right)u - \mu, r, k > 0$. 研究当 μ 通过值 $\dfrac{rk}{4}$ 时平衡解的稳定性.

5.3 二维分支

5.3.1 相平面现象

在 5.2 节中我们研究了支配一个系统状态函数 $u = u(t)$ 的微分方程稳定性和分支问题. 现在将此推广到含有两个未知量的两个微分方程系统的分析:

$$x' = P(x, y), \quad y' = Q(x, y), \tag{5.3.1}$$

其中上面一撇记为 $\mathrm{d}/\mathrm{d}t$, 而 P 和 Q 为在 xy 平面的区域 D 中无穷次连续可微的已知函数. 我们称在 P, Q 中不出现自变量 t 的类型 (5.3.1) 的系统为**驻定系统** (或**自治系统**、**定常系统**). 在对 P 和 Q 的上述假设下, 由微分方程基本理论即知初值问题

$$\begin{cases} x' = P(x, y), \quad y' = Q(x, y), \\ x(t_0) = x_0, \quad y(t_0) = y_0 \end{cases} \tag{5.3.2}$$

存在唯一解 $x = x(t), y = y(t)$, 其中 t_0 为初始时刻, 而 (x_0, y_0) 位于 D 中. 解在含 t_0 的某区间 $\alpha < t < \beta$ 中有定义, 解可以如图 5.26 所示在状态空间中画出. 变量 x, y 称为**状态变量**. 如果 $x(t)$ 和 $y(t)$ 二者都不是常数, 则 $x = x(t)$ 和 $y = y(t)$ 称为在**相平面**的 xy 平面上确定了一条曲线的参数方程. 这条曲线称为系统 (5.3.1) 的**轨道**或**轨线**, 它大致地如图 5.27 所示. 轨道上的点 (即**相点**) 随着 t 的增加, 如图 5.27 的箭头所示沿轨道指出一个确定的方向. 由于初值问题 (5.3.2) 的解是唯一的, 因此过相空间的每一点最多只能有一条轨道, 而且整个相空间都由轨道所覆盖并彼此不相交. (5.3.1) 的常数解 $x(t) = \bar{x}_0, y(t) = \bar{y}_0$ 称为**平衡解**或**稳态解**. 在相平面上这种解并不确定一条轨道, 而只是一个点. 显然这种解仅在 P 和 Q 二者均为零时才出现, 亦即

$$P(\bar{x}_0, \bar{y}_0) = Q(\bar{x}_0, \bar{y}_0) = 0. \tag{5.3.3}$$

5.3 二维分支

所有使得 (5.3.3) 成立的点都称为**临界点**. 显然没有一条轨道能通过临界点, 否则就破坏了唯一性. 在相平面上画出所有轨道和临界点的图形就称为系统 (5.3.1) 的**相图**. 实际上, 相平面中一切轨线的定性性质, 在很大程度上是由临界点的位置以及在这些点附近轨线的局部性质所决定. 我们可以证明如下结果.

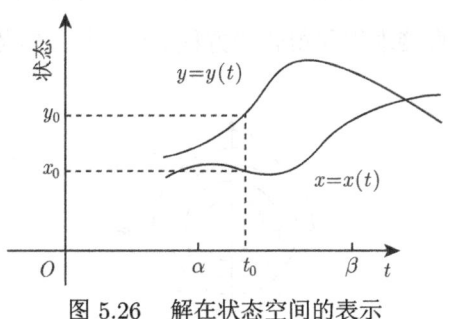

图 5.26 解在状态空间的表示

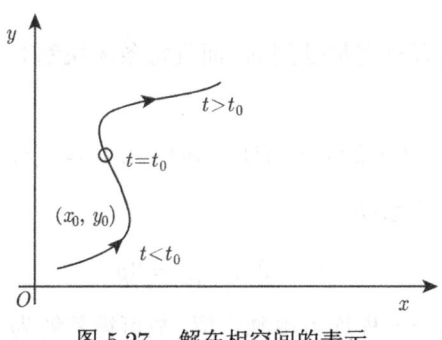

图 5.27 解在相空间的表示

(i) 轨道不可能在有限时间逼近一个临界点, 亦即若一条轨道逼近于一个临界点, 则必定有 $t \to \pm\infty$.

(ii) 当 $t \to \pm\infty$ 时, 在一条轨道上的相点或者逼近一个临界点或者在一条闭轨道上移动, 或者逼近于一条闭轨, 或者离开任何一个有界集, 或者逼近于由有限临界点和有限个整条轨道所组成的闭曲线.

闭轨就是与 (5.3.1) 的周期解相对应的轨道. 这些结果将在下面会得到进一步发展.

例 5.3.1 考虑系统
$$x' = y, \quad y' = -x, \tag{5.3.4}$$
这里 $P = y, Q = -x$. 而 $(0,0)$ 是唯一的临界点, 它对应于平衡解 $x(t) = 0, y(t) = 0$. 为了找出轨线, 注意到有 $x'' + x = 0$, 因此 (5.3.4) 有通解 $x = x(t) = c_1 \cos t +$

$c_2 \sin t$, $y = y(t) = -c_1 \sin t + c_2 \cos t$, 其中 c_1 和 c_2 为任意常数. 可以将它们平方之后相加而消去 t, 从而得到

$$x^2 + y^2 = c_1^2 + c_2^2.$$

因此轨线都是以原点为中心的圆, 而相图如图 5.28 所示. 另一个办法是由 (5.3.4) 得到 $\dfrac{\mathrm{d}y}{\mathrm{d}x} = -\dfrac{x}{y}$, 将此直接求积即得轨线方程 $x^2 + y^2 =$ 常数.

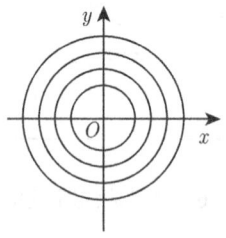

图 5.28　(5.3.4) 的相图

在这个例子中, 所有轨道都是闭的, 而且每条闭轨都对应着一个以 2π 为周期的周期解. 这是因为

$$x(t + 2\pi) = x(t), \quad y(t + 2\pi) = y(t).$$

例 5.3.2　考虑驻定系统

$$x' = 2x, \quad y' = 3y.$$

这个系统是解耦的, 每个方程均可单独求解, 故可得其解为

$$x = c_1 \mathrm{e}^{2t}, \quad y = c_2 \mathrm{e}^{3t}.$$

原点 $(0,0)$ 是唯一的临界点. 对方程 $\mathrm{d}y/\mathrm{d}x = (3y)/(2x)$, 积分可得轨道曲线 $y^2 = cx^3$, 这里 c 为常数. 相图如图 5.29 所示, 此时的临界点称为**结点**.

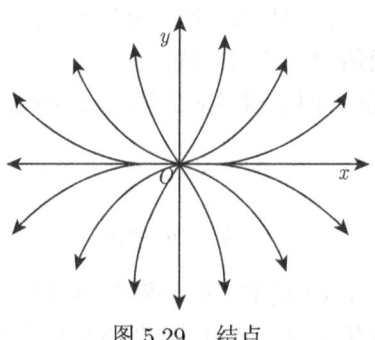

图 5.29　结点

5.3 二维分支

为了得到临界点的物理解释, 而不仅仅只看成是平衡解, 我们考虑一个质量为 m 的质点在 $f(x,x')$ 的作用下沿一维的 x 轴方向运动. 由 Newton 第二定律, 支配其运动的方程为

$$mx'' = f(x,x'). \tag{5.3.5}$$

由引进新的速度变量 $y = x'$, 方程 (5.3.5) 可以写成两个一维方程的方程组, 亦即

$$x' = y, \quad y' = \frac{1}{m} f(x,y), \tag{5.3.6}$$

其临界点为 $(x_0, 0)$, 其中 x_0 为 $f(x_0, 0) = 0$ 的解. 换句话说, 临界点对应于速度和加速度均为零的点. 于是质点在临界点处于静止, 且不受任何外力的作用.

更一般地, 可把 P 和 Q 看成是一个定义在相平面上的速度向量场

$$v(x,y) = (P(x,y), Q(x,y))$$

的分量, 这个向量场表示二维流体运动或者二维流的速度场. 流体质点的轨线 $x = x(t), y = y(t)$ 相切于 $v(x,y)$, 从而满足 (5.3.1). 临界点就是 $v = 0$ 或者流体质点静止的点. 在流体力学中称这些点为**不动点**.

原则上, (5.3.1) 的临界点可以通过求解方程 $P(x,y) = 0, Q(x,y) = 0$ 获得. 相平面上的轨线也可以积分下列微分方程 $\dfrac{\mathrm{d}y}{\mathrm{d}x} = \dfrac{Q(x,y)}{P(x,y)}$ 求出. 称 (5.3.1) 的临界点为**孤立**的, 若存在该临界点的一个不含其他临界点的领域. 经常出现的孤立临界点有四种类型, 它们是中心、结点、鞍点和焦点. 在图 5.30 中大致地画出了这些临界点及其邻近轨道的局部结构. 在某些非线性系统中也可能出现高阶的非通常临界点. 如图 5.31 所示的临界点, 一边是结点结构, 而另一边是鞍点结构. 对于一个给定的问题, 确定其临界点的位置和性质是一个重要而有意义的工作. 我们已经看到, 临界点就表示 (5.3.1) 的平衡解. 下一个重要问题就是稳定性, 亦即当平衡解受到很小扰动时, 它是否有某种程度的不变性呢? 大致来说, 称一个临界点为稳定的, 如果从充分接近于这个点出发的一切轨道仍然接近于这个点. 为了在数学上建立这个概念, 我们假设原点 $(0,0)$ 为 (5.3.1) 的孤立临界点.

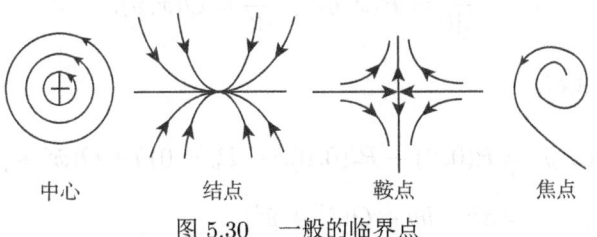

图 5.30 一般的临界点

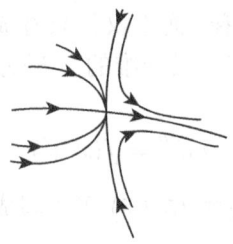

图 5.31 高阶临界点

我们称 $(0,0)$ 是**稳定**的, 如果对任给的 $\varepsilon > 0$, 总存在正数 δ_ε 使得在某一时刻 t_0, 位于以 δ_ε 为半径的圆内的每一条轨道对一切 $t > t_0$, 仍然位于以 ε 为半径的圆内 (图 5.32). 称临界点是**渐近稳定**的, 如果它是稳定的, 并存在一个以 δ_ε 为半径的圆, 使得在 $t = t_0$ 为这个圆内的每一条轨道, 当 $t \to \infty$ 时都趋于 $(0,0)$. 若 $(0,0)$ 不是**稳定**的, 则称它为**不稳定**的. 注意到中心临界点是稳定的但不是渐近稳定的, 鞍点是不稳定的. 焦点和结点都可能是渐近稳定, 或者不稳定, 这完全依赖于相点在轨道上运动的方向.

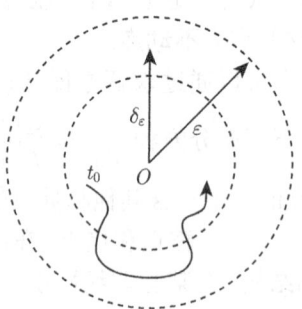

图 5.32 稳定的几何解释

为了找出稳定性的分析准则, 不失一般性, 我们讨论如下. 假设原点 $(0,0)$ 为 (5.3.1) 的孤立临界点. 这就是说 $x_0(t) = 0$ 和 $y_0(t) = 0$ 为平衡解. 于是令 $x(t) = \tilde{x}(t) y(t) = \tilde{y}(t)$ 表示平衡状态的小扰动, 将此代入 (5.3.1) 即可得扰动方程

$$\frac{\mathrm{d}\tilde{x}}{\mathrm{d}t} = P(\tilde{x}, \tilde{y}), \quad \frac{\mathrm{d}\tilde{y}}{\mathrm{d}t} = Q(\tilde{x}, \tilde{y}).$$

利用 Taylor 公式得

$$P(\tilde{x}, \tilde{y}) = P(0,0) + P_x(0,0)\tilde{x} + P_y(0,0)\tilde{y} + O(\tilde{x}^2 + \tilde{y}^2)$$
$$= a\tilde{x} + b\tilde{y} + O(\tilde{x}^2 + \tilde{y}^2),$$

5.3 二维分支

其中 $a = P_x(0,0)$, $b = P_y(0,0)$. 类似地有

$$Q(\tilde{x}, \tilde{y}) = c\tilde{x} + d\tilde{y} + O(\tilde{x}^2 + \tilde{y}^2),$$

其中 $c = Q_x(0,0)$, $d = Q_y(0,0)$. 因此线性化扰动方程为

$$\frac{d\tilde{x}}{dt} = a\tilde{x} + b\tilde{y}, \quad \frac{d\tilde{y}}{dt} = c\tilde{x} + d\tilde{y}. \tag{5.3.7}$$

利用线性化系统 (5.3.7) 的零解的稳定性来判断非线性系统 (5.3.1) 零解的稳定性似乎是相当有道理的. 在适当的条件下, 大多数情形的确如此. 因此着手对 (5.3.7) 的解和稳定性进行分类.

5.3.2 线性系统

最简单的系统是线性系统

$$x' = ax + by, \quad y' = cx + dy, \tag{5.3.8}$$

其中 a, b, c, d 为常数. 假设

$$ad - bc \neq 0, \tag{5.3.9}$$

否则代数方程组

$$ax + by = 0, \quad cx + dy = 0$$

将有整条直线的非平凡解, 因而 $(0,0)$ 就不是孤立的临界点. 如果采用矩阵的记法, 则较容易检查 (5.3.9) 是否成立. 这也有利于把问题直接推广到高维. 为此令

$$u = \begin{pmatrix} x \\ y \end{pmatrix}, \quad A = \begin{pmatrix} a & b \\ c & d \end{pmatrix},$$

于是 (5.3.8) 可写成

$$\frac{du}{dt} = Au. \tag{5.3.10}$$

此时条件 (5.3.9) 恰好是 $\det A \neq 0$. 根据求解常系数线性微分方程的经验, 求 (5.3.10) 如下形式的解:

$$u = ve^{\lambda t}, \quad v \text{ 为常向量}, \tag{5.3.11}$$

其中 v 和 λ 为待定. 将 (5.3.11) 代入 (5.3.10) 后化简得

$$Av = \lambda v. \tag{5.3.12}$$

这是一个代数的特征值问题. λ 为 A 的特征值, 而 v 为相应的特征向量. 注意 A 的特征值就是方程

$$\det(A - \lambda I) = 0 \tag{5.3.13}$$

的根, 而相应的特征向量由

$$(A - \lambda I)v = 0 \tag{5.3.14}$$

确定. 对于 (5.3.8) 来说, 由于 (5.3.13) 是一个 λ 的二次方程, 因此它有两个根 λ_1 和 λ_2. 根据 λ_1 和 λ_2 分别是实的、相等或不相等; 同号或者异号; 复数或者是纯虚数, 可对系统 (5.3.8) 分成几种情形进行讨论. 我们将仔细研究其中的一种情形, 而对其他情形只指出解的结果, 把仔细推导留给读者.

情形 (i) $0 < \lambda_1 < \lambda_2$ (λ_1 和 λ_2 为不同的正实根). 令 v_1 和 v_2 为分别对应于 λ_1 和 λ_2 的特征向量. 于是 $v_1 e^{\lambda_1 t}$ 和 $v_2 e^{\lambda_2 t}$ 为 (5.3.10) 的线性无关解, 从而其通解为

$$u(t) = c_1 v_1 e^{\lambda_1 t} + c_2 v_2 e^{\lambda_2 t}, \tag{5.3.15}$$

其中 c_1 和 c_2 位任意常数. 若令 $c_2 = 0$, 则 $u = c_1 v_1 e^{\lambda_1 t}$ 是表示一条半直线 l_1^+ 或半直线 l_1^- 组成的轨线, 其中当 $c_1 > 0$ 时, 表示半直线 l_1^+, 而当 $c_1 < 0$ 时表示半直线 l_1^- (图 5.33). 类似地, 若 $c_1 = 0$, 则 $u = c_2 v_2 e^{\lambda_2 t}$ 是表示一条由半直线 l_2^+ 或半直线 l_2^- 组成的轨线, 其中当 $c_2 > 0$ 时为 l_2^+, 而当 $c_2 < 0$ 时为 l_2^-. 这些半直线都是在特征向量方向或者其反方向上. 若 $c_1 \neq 0, c_2 \neq 0$, 则 (5.3.15) 表示一条曲线轨线, 它当 $t \to -\infty$ 时趋向原点 $(0,0)$, 为了看清轨线是如何趋于原点的, 注意到当 t 为很大的负值时, 由于 $\lambda_2 > \lambda_1$, 故有 $e^{\lambda_2 t} \ll e^{\lambda_1 t}$, 于是有 $u \approx c_1 v_1 e^{\lambda_1 t}$, 当 $t \to -\infty$ 时. 因此轨线与 v_1 相切地趋于原点. 对于 t 为很大的正值时, 曲线 (5.3.15) 以渐近逼近于 v_2 的斜率而趋于无穷, 因为此时有 $e^{\lambda_2 t} \gg e^{\lambda_1 t}$. 所以 $(0,0)$ 为不稳定结点, 其相图如图 5.34 所示. 由特征向量 v_1 和 v_2 所确定的直线成为**分界线**.

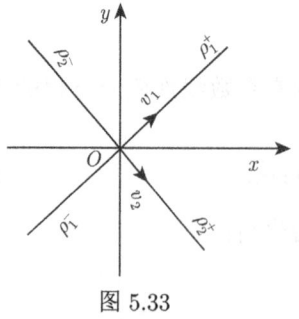

图 5.33

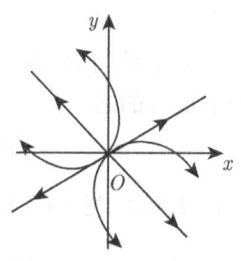

图 5.34 不稳定结点

5.3 二维分支

情形 (ii) $\lambda_2 < \lambda_1 < 0$ (两个不同的负实根). 由类似于 (i) 的讨论可知, 此时 $(0,0)$ 是稳定的结点, 相图与图 5.34 相同, 只是其中箭头方向应全部反转过来.

情形 (iii) $\lambda_1 < 0 < \lambda_2$ (两个符号相反的不同实根), 此时的通解还是

$$u(t) = c_1 v_1 e^{\lambda_1 t} + c_2 v_2 e^{\lambda_2 t}.$$

与情形 (i) 和 (ii) 一样, 由特征向量 v_1 和 v_2 及其负向量所确定的半直线 $l_1^+, l_1^-, l_2^+, l_2^-$ 都是轨线. 当 $t \to \infty$ 时, 除了解 $c_1 v_1 e^{\lambda_1 t}$ 外, 不再有趋于原点的解. 当 $t \to \pm\infty$ 时, 所有的解都渐近地分别趋于四根半直线. 因此原点就是如图 5.35 所示的鞍点.

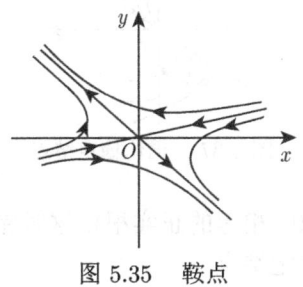

图 5.35 鞍点

情形 (iv) $\lambda_1 = \lambda_2 < 0$ (相等的负实根). 这时只有一个重数为 2 的特征值 $\lambda \triangleq \lambda_1 = \lambda_2$, 因此解的形式就依赖于与这个特征所对应的特征向量是一个还是两个线性无关的特征向量.

(a) 若 v_1 和 v_2 是对应于 λ 的两个线性无关特征向量, 则 (5.3.10) 的通解为

$$u(t) = c_1 v_1 e^{\lambda t} = (c_1 v_1 + c_2 v_2) e^{\lambda t}.$$

由于 v_1 和 v_2 线性无关, 故任一方向都是它们的线性组合, 因此每一轨道都是趋于原点的半直线 (图 5.36).

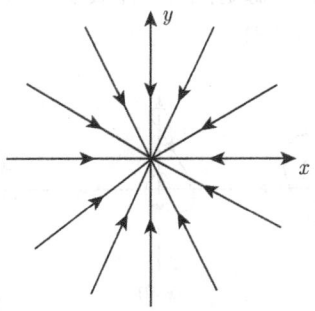

图 5.36 临界稳定结点

(b) 若 v 是对应于 λ 的唯一特征向量,则为 (5.3.10) 的解. 第二个线性无关解为 $(w+vt)\mathrm{e}^{\lambda t}$,其中 w 为某向量,因此 (5.3.10) 的通解为

$$u(t) = c_1 v_1 \mathrm{e}^{\lambda t} = (c_1 v_1 + c_2 w + c_2 v_2 t)\mathrm{e}^{\lambda t}.$$

当 t 很大时,有 $u(t) \approx c_2 vt \mathrm{e}^{\lambda t}$,因此轨线沿方向 v 而趋于原点. 这时相图如图 5.37 所示 (l 为由 v 确定的直线), $(0,0)$ 为不稳定结点.

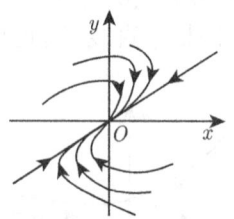

图 5.37　退化稳定结点

情形 (v)　$\lambda_1 = \lambda_2 > 0$ (相等的正实根). 这时完全像情形 (iv), 只是把箭头方向反转过来. $(0,0)$ 为不稳定结点.

情形 (vi)　$\lambda_1 = \alpha + \mathrm{i}\beta, \lambda_2 = \alpha - \mathrm{i}\beta$ (共轭复根). 令 $w + \mathrm{i}v$ 为对应于 λ_1 的特征向量,则 (5.3.10) 的复值解为 $(w+\mathrm{i}v)\mathrm{e}^{(\alpha+\mathrm{i}\beta)t}$,或者利用 Euler 公式展开后为

$$\mathrm{e}^{\alpha t}(w\cos\beta t - v\sin\beta t) + \mathrm{i}\mathrm{e}^{\alpha t}(w\sin\beta t + v\cos\beta t).$$

因此 (5.3.10) 的通解可写成

$$u = c_1 \mathrm{e}^{\alpha t}(w\cos\beta t - v\sin\beta t) + c_2 \mathrm{i}\mathrm{e}^{\alpha t}(w\sin\beta t + v\cos\beta t).$$

如果 $\alpha = 0$, 则 u 的两个分量 $x(t)$ 和 $y(t)$ 都是以 $2\pi/\beta$ 为周期的周期函数. 因此轨道为闭曲线,而 $(0,0)$ 为中心. 若 $\alpha < 0$, 则 u 的振幅随 t 的增大而减小,因此轨线盘旋而趋于原点, $(0,0)$ 为稳定焦点. 若 $\alpha > 0$, 则 u 的振幅随 t 的增大而增大, $(0,0)$ 为不稳定焦点 (图 5.38).

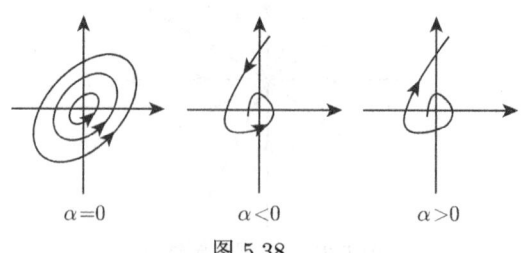

图 5.38

5.3 二维分支

在上面的讨论中, 我们已经全面描述了线性系统 (5.3.10) 的孤立临界点 $(0,0)$ 的稳定性, 用如下定理概括这些结果.

定理 5.3.1 二阶线性方程组

$$\frac{du}{dt} = Au, \quad \det A \neq 0$$

的临界点 $(0,0)$ 为稳定的当且仅当 A 的特征值有非正实部. $(0,0)$ 为渐近稳定的当且仅当 A 的特征值有负实部.

例 5.3.3 考虑线性方程组 $x' = 3x - 2y, y' = 2x - 2y$, 其系数矩阵为 $\begin{pmatrix} 3 & -2 \\ 2 & -2 \end{pmatrix}$. 由此可得特征方程

$$\det \begin{pmatrix} 3-\lambda & -2 \\ 2 & -2-\lambda \end{pmatrix} = \lambda^2 - \lambda - 2 = 0.$$

从而特征值为 $\lambda = -1$ 和 2. 这属于情形 (iii), 于是原点为不稳定鞍点. 由方程组

$$\begin{pmatrix} 3-\lambda & -2 \\ 2 & -2-\lambda \end{pmatrix} \begin{pmatrix} v_1 \\ v_2 \end{pmatrix} = \begin{pmatrix} 0 \\ 0 \end{pmatrix},$$

即可求出特征向量. 当 $\lambda = -1$ 时有

$$4v_1 - 2v_2 = 0, \quad 2v_1 - v_2 = 0.$$

因此, 对应于 $\lambda = -1$ 的特征向量为 $\begin{pmatrix} v_1 \\ v_2 \end{pmatrix} = \begin{pmatrix} 1 \\ 2 \end{pmatrix}$.

当 $\lambda = 2$ 时, 方程为

$$v_1 - 2v_2 = 0, \quad 2v_1 - 4v_2 = 0.$$

由此即得 $\begin{pmatrix} v_1 \\ v_2 \end{pmatrix} = \begin{pmatrix} 2 \\ 1 \end{pmatrix}$. 因此通解为

$$u = c_1 \begin{pmatrix} 1 \\ 2 \end{pmatrix} e^{-t} + c_2 \begin{pmatrix} 1 \\ 2 \end{pmatrix} e^{2t}.$$

特征向量确定了分界线的方向. 相图如图 5.39 所示.

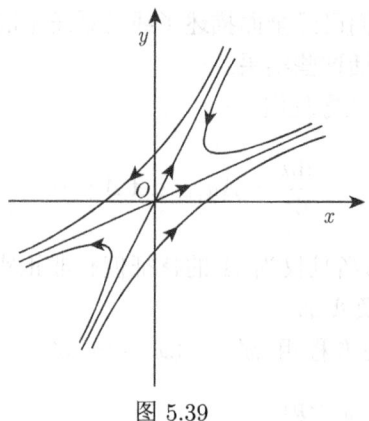

图 5.39

5.3.3 非线性系统

现在的问题是: 在一个临界点的领域中, 线性系统

$$x' = ax + by, \quad y' = cx + dy \tag{5.3.16}$$

是否反映了非线性系统

$$x' = ax + by + f(x,y), \quad y' = cx + dy + g(x,y) \tag{5.3.17}$$

轨道的定性性质呢？假设

(i) $\det A \neq 0$, 其中 $A = \begin{pmatrix} a & b \\ c & d \end{pmatrix}$. 亦即 $(0,0)$ 为线性系统 (5.3.16) 的孤立临界点.

(ii) $f, g \in C^{\infty}$, 而且

$$\lim_{(x,y)\to(0,0)} \frac{f(x,y)}{\sqrt{x^2+y^2}} = \lim_{(x,y)\to(0,0)} \frac{g(x,y)}{\sqrt{x^2+y^2}} = 0.$$

条件 (i) 和 (ii) 保证了 $(0,0)$ 是 (5.3.17) 的孤立临界点. 极限式意味着当 $(x,y) \to (0,0)$ 时有 $f = o(\sqrt{x^2+y^2}), g = o(\sqrt{x^2+y^2})$, 亦即与线性项相比, f 和 g 是高阶项.

现在叙述如下的庞加莱 (H. Poincaré, 1854—1912) 结果, 它给出了问题的部分答案. 其证明可在一般常微分方程定性理论的书上找到 (亦可参考文献 [20], [21]).

定理 5.3.2 令 $(0,0)$ 为线性系统 (5.3.16) 和非线性系统 (5.3.17) 的临界点, 且满足假设 (i) 和 (ii). 在下列情况下, 作为非线性系统临界点 $(0,0)$, 其类型与线性系统相同.

(i) A 的特征值为符号相同的不同实值 (结点);
(ii) A 的特征值为符号相反的不同实值 (鞍点);
(iii) A 的特征值为复数, 但不是纯虚数 (焦点).
不难举出这个定理不适用的例子.

例 5.3.4 考虑线性系统 $x' = -y, y' = x$. 这时 $A = \begin{pmatrix} 0 & -1 \\ 1 & 0 \end{pmatrix}$ 有纯虚数的特征值 $\pm i$, 因此 $(0,0)$ 为中心. 但是对于非线性系统 $x' = -y - x^3, y' = x$ 来说, $(0,0)$ 是焦点.

关于线性和非线性系统临界点的稳定性问题, 由下面的线性化定理所回答, 这是定理 5.3.2 的直接结果.

定理 5.3.3 令 $(0,0)$ 为 (5.3.16) 和 (5.3.17) 的临界点, 且满足假设 (i), (ii). 若 $(0,0)$ 对于 (5.3.16) 是渐近稳定的, 则它对于 (5.3.17) 也是渐近稳定的.

例 5.3.5 考虑非线性系统 $x' = -2x + 3y + xy, y' = x + y - 2xy^3$. 容易看出 $(0,0)$ 是一个孤立的临界点. 由于当 $(x,y) \to (0,0)$ 时有 $\dfrac{xy}{\sqrt{x^2+y^2}} \to 0, \dfrac{2xy^3}{\sqrt{x^2+y^2}} \to 0$. 因此假设 (i), (ii) 成立. 此外, 非奇异矩阵 $\begin{pmatrix} -2 & 3 \\ -1 & 1 \end{pmatrix}$ 的特征值为 $-\dfrac{1}{2} \pm i\dfrac{\sqrt{3}}{2}$. 因此 $(0,0)$ 为对应线性系统的渐近稳定焦点. 从而由定理 5.3.2 和定理 5.3.3, $(0,0)$ 也是非线性系统的渐近稳定焦点.

非线性系统理论的另一个中心问题是确定系统是否存在闭轨. 这种闭轨是与微分方程的周期解相对应的. 称系统

$$x' = P(x,y), \quad y' = Q(x,y) \tag{5.3.18}$$

的解 $x(t), y(t)$ 为**周期解**, 如果 $x(t)$ 和 $y(t)$ 都不为常数, 且存在正数 T 使得对一切 t 有 $x(t+T) = x(t), y(t+T) = y(t)$ 成立. 称满足上述条件的最小正 T 值为**周期**. 像在例 5.2.1 中已经看到的, 线性系统 $x' = y, y' = -x$ 在相平面中存在与闭轨

$$x^2 + y^2 = c_1^2 + c_2^2 \tag{5.3.19}$$

相对应的周期为 2π 的解

$$x(t) = c_1 \cos t + c_2 \sin t, \quad y(t) = c_1 \sin t + c_2 \cos t.$$

对于非线性系统来说, 其闭轨的存在性是很难确定的. 但是下面本迪克松 (I. O. Bendixson, 1861—1935) 提出的关于不存在闭轨的结果, 却是容易证明的.

定理 5.3.4 如果 $P_x + P_y$ 在相平面的某区域中不变号, 则系统 (5.3.18) 在该区域中不可能有闭轨.

证明 反证. 假设在区域中含有闭轨 $C: x = x(t), y = y(t), 0 \leqslant t \leqslant T$. 以 C^0 记为 C 的内部. 于是由平面的 Green 公式有

$$\int_C P\mathrm{d}y - Q\mathrm{d}x = \iint_{C^0} (P_x + P_y)\mathrm{d}x\mathrm{d}y \neq 0.$$

另一方面有

$$\int_C P\mathrm{d}y - Q\mathrm{d}x = \int_0^T (PQ - QP)\mathrm{d}t = 0,$$

这是一个矛盾.

另一个判别准则是由 Poincaré 给出的.

定理 5.3.5 在单连通区域中, 系统 (5.3.18) 闭轨的内域至少含有系统一个临界点.

对一般系统来说, 保证闭轨存在的判断准则是不多的, 特别是易于在实际中可应用的准则更少. 但对于某些特殊方程, 这种准则还是有的. 下面的基本定理称为 Poincaré-Bendixson 定理, 就是个一般的理论结果.

定理 5.3.6 令 B 为平面中不含 (5.3.18) 临界点的有界闭域. 若 C 是 (5.3.18) 的一条对某 t_0 位于 B 中且任何 $t > t_0$ 仍位于 B 中的轨道, 则 C 或者就是一条闭轨, 或者是一条当 $t \to \infty$ 时盘旋趋于一条闭轨的轨道.

定理 5.3.6 保证在二维平面中的一条轨道, 或者当 $t \to \pm\infty$ 时它离开任何有界集, 或者它本身就是一条闭轨, 或者它趋于临界点或闭曲线. 于是在平面上的**吸引子**只有闭曲线或者临界点. 十分有趣的是不能把 Poincaré-Bendixson 定理直接推广到高维相应空间上去. 在三维相应空间中, 就存在**奇怪吸引子**. 它既没有点的特性, 也没有曲线或曲面的特性, 它对所有轨道都起着吸引子的作用.

5.3.4 分支

现在研究依赖一个实参数 μ 的微分方程组

$$x' = P(x, y, \mu), \quad y' = Q(x, y, \mu). \tag{5.3.20}$$

我们在此只满足于处理包括**霍普夫** (E. F. Hopf, 1902—1983) **分支**在内的几个分支现象的例子, 而不像在前节中研究的一般的分支理论. 有兴趣的读者可参考前面的提到的书籍 ([20], [21]).

当 (5.3.20) 中的 μ 变化时, 往往出现解的基本性质或特性的改变. 例如相图的根本改变. 如果这种现象在参数的某个值 μ_c 出现, 则就称 μ_c 为分支点. 下面用一个例子来说明这个思想.

例 5.3.6 考虑线性系统 $x' = x + \mu y, y' = x - y$,其中 μ 为实参数. 特征值 λ 由 $\det \begin{pmatrix} 1-\lambda & \mu \\ 1 & -1-\lambda \end{pmatrix} = 0$ 或者 $\lambda^2 - (1+\mu) = 0$ 求出. 因此 $\lambda = \pm\sqrt{1+\mu}$. 若 $\mu > -1$,则特征值为实数,且符号相反,因此原点为鞍点 (图 5.40). 如果 $\mu = -1$,则系统成为 $x' = x - y, y' = x - y$. 由此即可见存在一条平衡解的直线 $y = x$,这时相图如图 5.41 所示. 如果 $\mu < -1$,则特征值为纯虚数,因此原点为中心 (图 5.42). 于是当 μ 从 $\mu > -1$ 开始逐渐减小时,解的性质在 $\mu = -1$ 发生变化. 当 μ 穿过临界值时,平衡状态 $(0,0)$ 从不稳定的鞍点发展成稳定的中心. 有趣的是把特征值 $\lambda = \pm\sqrt{1+\mu}$ 看成 μ 的函数在复平面上画出其图像. 当 μ 从 0 变到 -2 时,在图 5.43 中得到 $\lambda_1 = \sqrt{1+\mu}$ 和 $\lambda_2 = -\sqrt{1+\mu}$ 的两条曲线. 在分支值 $\mu = -1$ 处,两条曲线相交并出现稳定性的改变. 在图 5.43 中用虚线表示不稳定,而用实线表示稳定.

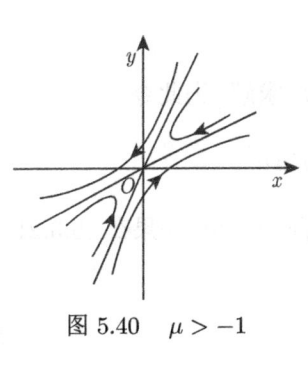

图 5.40 $\mu > -1$

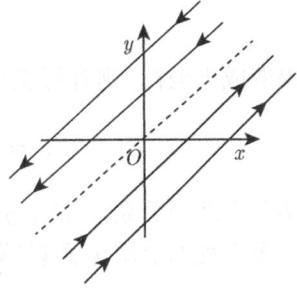

图 5.41 $\mu = -1$

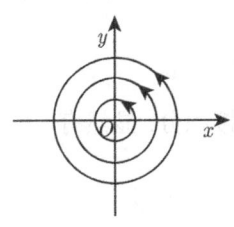

图 5.42 $\mu < -1$

图 5.43 λ 随 μ 的变化图

例 5.3.7 (Hopf 分支) 在这个稍微详细和广泛的问题中,我们研究系统

$$x' = -y - x(x^2 + y^2 - \mu), \quad y' = x - y(x^2 + y^2 - \mu), \tag{5.3.21}$$

其中 μ 为实参数. 首先让我们看一下是否可从线性化系统

$$x' = \mu x - y, \quad y' = x + \mu y$$

得到某些有用的信息. 不难得到对于此线性系统的特征值为 $\lambda = \mu \pm i$. 若 $\mu < 0$, 则 $\operatorname{Re}\lambda < 0$, 故 $(0,0)$ 为稳定焦点. 若 $\mu = 0$, 则 $\lambda = \pm i$, 故 $(0,0)$ 为中心. 若 $\mu > 0$, 则 $\operatorname{Re}\lambda > 0$, 故 $(0,0)$ 为不稳定焦点.

对于线性系统的这些相轨道如图 5.44 所示. 从上段中关于非线性系统及其对应的线性系统之关系的结果. 我们期待着当 $\mu < 0$ 时, $(0,0)$ 为非线性系统的稳定焦点, 而当 $\mu > 0$ 时为不稳定焦点. 线性化结果不适用于 $\mu = 0$.

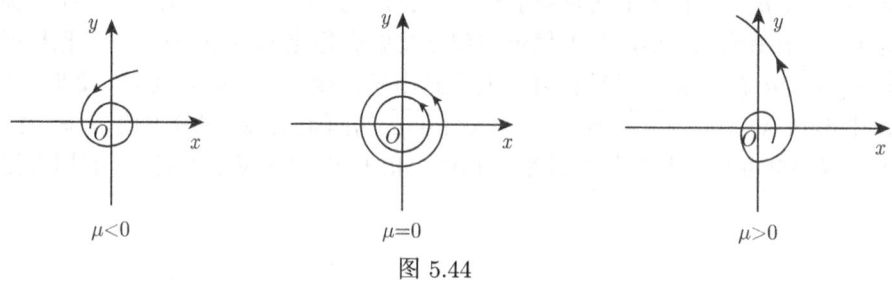

图 5.44

如果变成极坐标, 则有可能直接对非线性问题求解. 为此令

$$x = r\cos\theta, \quad y = r\sin\theta.$$

于是直接导出两个关系: $xx' + yy' = rr', xy' - yx' = r^2\theta$. 如果在 (5.3.21) 中用 x 乘以第一个方程加上用 y 乘以第二个方程即得

$$r' = r(\mu - r^2). \tag{5.3.22}$$

其次在 (5.3.21) 中以 $-y$ 乘以第一个方程加上以 x 乘以第二个方程即得

$$\theta' = 1. \tag{5.3.23}$$

在极坐标下的等价系统 (5.3.22) 和 (5.3.23) 可以直接积分. 显然有

$$\theta = t + t_0, \tag{5.3.24}$$

其中 t_0 为常数. 现在来研究一下当 $\mu > 0$ 时关于 r 的方程, 由分离变量的

$$\frac{\mathrm{d}r}{r(r^2 - \mu)} = -\mathrm{d}t.$$

分解部分分式

$$\frac{1}{r(r^2 - \mu)} = \frac{-1/\mu}{r} + \frac{1/(2\mu)}{r - \sqrt{\mu}} + \frac{1/(2\mu)}{r + \sqrt{\mu}}.$$

5.3 二维分支

于是积分即得

$$r = \frac{\sqrt{\mu}}{\sqrt{1+c\exp(-2\mu t)}}, \tag{5.3.25}$$

其中 c 为积分常数. 当 $c = 0$ 时可得解 $r = \sqrt{\mu}$, $\theta = t+t_0$. 这是一个周期解, 其轨道由相平面中的圆 $r = \sqrt{\mu}$ 来表示. 若 $c < 0$, 则解 (5.3.25) 表示一条从外边盘旋趋于圆 $r = \sqrt{\mu}$ 的相轨线. 若 $c > 0$, 则解 (5.3.25) 表示一条从里边盘旋逼近于圆的轨线. 这就意味着像在前面由线性系统的分析所指出那样, 原点为不稳定焦点. 其相图如图 5.45 所示.

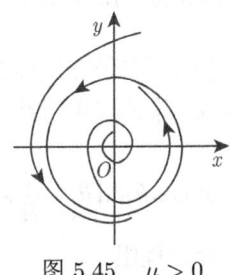

图 5.45 $\mu > 0$

现在考虑 $\mu = 0$ 的情形. 关于 r 的方程为 $\dfrac{\mathrm{d}r}{r^3} = -\mathrm{d}t$, 直接积分即得解 $r = \dfrac{1}{\sqrt{2t+c}}$, $\theta = t+t_0$. 由此推出原点为稳定焦点. 当 $\mu < 0$ 时, 令 $k^2 = -\mu > 0$, 于是关于 r 的方程为

$$\frac{\mathrm{d}r}{r(r^2+k^2)} = -\mathrm{d}t, \tag{5.3.26}$$

分解部分分式得

$$\frac{\mathrm{d}r}{r(r^2+k^2)} = \frac{1/k^2}{r} - \frac{(1/k^2)r}{r^2+k^2},$$

于是积分 (5.3.26), 并经简化即得

$$r^2 = ck^2 \frac{\mathrm{e}^{-2k^2 t}}{1 - c\mathrm{e}^{-2k^2 t}}.$$

容易看出这个解是表示当 $t \to +\infty$ 时, 轨道盘旋逼近于原点.

让我们概述一下所得到的结果. 当 μ 增加通过分支点 $\mu = 0$ 时, 原点从稳定焦点变成不稳定焦点, 并出现一个新的周期解. 这种分支类型是相当普遍的, 人们称它为 Hopf 分支. (5.3.21) 就是这种分支的一个例子. 其线性化系统的特征值

$\lambda = \mu \pm i$ 作为 μ 的函数,其图像如图 5.46 所示.注意到在 $\mu = 0$ 时特征值成对复共轭地通过虚轴,通常这就是分支出周期解的信号.

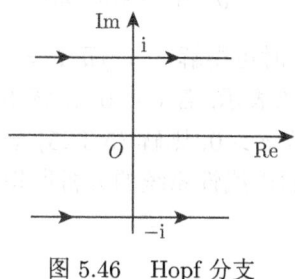

图 5.46　Hopf 分支

例 5.3.8　在 5.1 节中我们考虑了珠子在旋转圆圈上的无摩擦运动.如果圆圈的半径为 R,圆圈转动的角速为 ω,珠子与垂直线之间的偏角为 θ,则珠子的运动方程为
$$\theta'' = \omega^2 \cos\theta \sin\theta - \frac{g}{R}\sin\theta.$$
令 $\Psi = \theta'$,则这个方程可写成一阶方程组
$$\theta' = \Psi, \quad \Psi' = \omega^2 \cos\theta \sin\theta - \frac{g}{R}\sin\theta. \tag{5.3.27}$$
为了找出临界点,令 (5.3.27) 的右端等于零.由此求得
$$\theta = 0, \quad \Psi = 0 \tag{5.3.28}$$
以及
$$\theta = \arccos\frac{g}{k\omega^2}, \quad \Psi = 0. \tag{5.3.29}$$
此不考虑由于三角函数的周期性而出现的临界点.临界点 $\theta = 0, \Psi = 0$ 是表示珠子位于圆圈底部的平衡位置.(5.3.29) 的两个临界点是表示在正、负方向上相同的两个偏角,它们只有在不等式 $\omega > \sqrt{g/R}$ 成立时才出现.所以当 ω 从零开始增大时,在临界值 $\omega = \sqrt{g/R}$,系统出现两个附加的临界点.换句话说,当 ω 达到值 $\sqrt{g/R}$ 时,从原点分支出两个附加的临界点.

首先考虑临界点 $(0,0)$.利用展开式 $\cos\theta = 1 + O(\theta^2)$,$\sin\theta = \theta + O(\theta^3)$ 将方程 (5.3.27) 线性化得
$$\theta' = \Psi, \quad \Psi' = \left(\omega^2 - \frac{g}{R}\right)\theta,$$
其系数矩阵的特征值为
$$\lambda_1(\omega) = \sqrt{\omega^2 - g/R}, \quad \lambda_2(\omega) = -\sqrt{\omega^2 - g/R}.$$

5.3 二维分支

因此对于线性化系统，若 $\omega < \sqrt{g/R}$，则 $(0,0)$ 为稳定中心. 若 $\omega > \sqrt{g/R}$, $(0,0)$ 为不稳定鞍点. $\lambda_1(\omega)$ 和 $\lambda_2(\omega)$ 在复平面中的图像如图 5.47 所示.

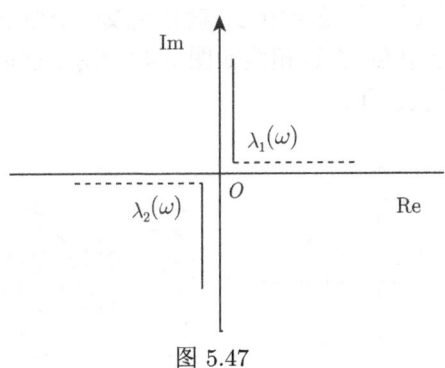

图 5.47

现在令 $\omega > \sqrt{g/R}$，并考虑临界点 (5.3.29). 令 $\theta = \bar{\theta} + \arccos\left(\dfrac{g}{R\omega^2}\right)$ 之后, 可将临界点平移到原点. 于是方程 (5.3.27) 成为 $\Psi' = f\left(\bar{\theta} + \arccos\left(\dfrac{g}{R\omega^2}\right)\right)$，其中 $f(\theta) = \omega^2 \cos\theta \sin\theta - \dfrac{g}{R}\sin\theta$. 由 Taylor 公式有

$$\Psi'(\bar{\theta}) = f\left(\arccos\left(\dfrac{g}{R\omega^2}\right)\right) + f'\left(\arccos\left(\dfrac{g}{R\omega^2}\right)\right)\bar{\theta} + O(\bar{\theta}^2)$$
$$= f'\left(\arccos\left(\dfrac{g}{R\omega^2}\right)\right)\bar{\theta} + O(\bar{\theta}^2).$$

因此线性化方程为

$$\Psi'(\bar{\theta}) = f'\left(\arccos\left(\dfrac{g}{R\omega^2}\right)\right)\bar{\theta}.$$

在此仍然需要具体算出系数 f'，经直接求导和替换可得

$$f'(\theta) = \omega^2 \cos\theta\sin\theta - \dfrac{g}{R}\cos\theta,$$

$$f'\left(\arccos\left(\dfrac{g}{R\omega^2}\right)\right) = -\dfrac{(R\omega^2)^2 - g^2}{R^2\omega^2}.$$

因此线性化系统为

$$\begin{cases} \bar{\theta}' = \psi, \\ \Psi' = -\dfrac{(R\omega^2)^2 - g^2}{R^2\omega^2}\bar{\theta}. \end{cases}$$

它有纯虚数的特征值

$$\lambda = \pm\dfrac{\mathrm{i}}{R\omega}\sqrt{(R\omega^2)^2 - g^2}.$$

因而 $\left(\arccos\left(\dfrac{g}{R\omega^2}\right), 0\right)$ 为线性化系统的稳定中心.

可以证明,非线性系统显示出与线性化系统同样的性质. 于是当 ω 增加并通过临界值 $\sqrt{g/R}$ 时,在原点的稳定中心,就分支成一个原点的不稳定鞍点和两个位于 θ 轴上的非零稳定中心. 大致相图如图 5.48 所示. 这是一个描述在整个相平面上轨道特征的全局分支例子.

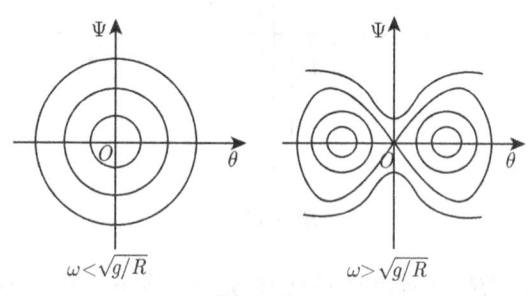

图 5.48

练 习

1. 令 $p = -(a+d), q = ad - bc$, 证明线性系统 (5.3.8) 的临界点 (0,0) 是渐近稳定的当且仅当 $p > 0, q < 0$.

2. 确定下列系统临界点的类型和稳定性.
   (a) $x' = x + y - 2x, y' = -2x + y + 3y^2$.
   (b) $x' = -x - y - 3x^2 y, y' = -2x - 4y + y \sin x$.

3. 证明原点为方程式 $x''x + P(x, x')x' + xh(x) = 0$ 的渐近稳定临界点, 其中 $P(0,0), h(0)$ 均为正值.

4. 研究系统 $x' = p - y^2 - \gamma x, y' = xy - \gamma y$ 的平衡解的稳定性, 其中 p 和 γ 的均为正数.

参 考 文 献

[1] 谈庆明. 量纲分析. 合肥: 中国科学技术大学出版社, 2005.

[2] 梁灿彬, 曹周键. 量纲理论与应用. 北京: 科学出版社, 2020.

[3] Sonin A A. The Physical Basis of Dimensional Analysis. 2nd ed. Cambridge: MIT Press, 2001.

[4] Birkhoff G. Hydrodynamics: A Study in Logic, Fact and Similitude. Princeton: Princeton University Press, 1950.

[5] Lin C C, Segel L A. Mathematics Applied to Deterministic Problems in the Natural Sciences. New York: Macmillan Publishing Co., 1974.

[6] 林家翘, 西格尔 L A. 自然科学中确定性问题的应用数学. 赵国英, 等译. 北京: 科学出版社, 1986.

[7] Nayfeh A H. Introduction to Perturbation Techniques. New York: John Wiley and Sons, 1981.

[8] 奈菲 A H. 摄动方法引论. 吴锤结, 译. 上海: 上海科技出版社, 1984.

[9] 林武忠, 汪志鸣, 张九超. 常微分方程. 北京: 科学出版社, 2003.

[10] Tsien H S. The Poincaré-Lighthill-Kuo method. Advances in Applied Mechanics, 1955, 4: 281-349.

[11] Stakgold I. Green's Functions and Boundary Value Problem. New York: Wiley—Interscience, 1979.

[12] Courant R, Hilbert D. Methods of Mathematical Physics, Volume One. New York: Interscience Publishers, 1953.

[13] Courant R, Hilbert D. Methods of Mathematical Physics, Volume Two. New York: Interscience Publishers, 1962.

[14] Thompson P A. Compressible-Fluid Dynamics. New York: McGraw-Hill Book Company, 1972.

[15] White F M. Fluid Mechanics. 4th ed. New York: McGraw-Hill College, 1998.

[16] Smoller J. Shock Waves and Reaction-diffusion Equations. New York: Springer-Verlag, 1983.

[17] Courant R, Friedrichs K O. Supersonic Flow and Shock Waves. New York: Interscience Publishers, 1948. Reprinted by Springer-Verlag, New York, 1976.

[18] Logan J D. Applied Mathematics: A Contemporary Approach. New York: John Wiley and Sons, 1987.

[19] Keller E F, Segel L A. Initiation of Slime Mold Aggregation Viewed as an Instability. J. Theoretical Biology. 1970, 26: 399-415.

[20] Iooss G, Joseph D D. Elementary Stability and Bifurcation Theory. New York: Springer-Verlag, 1980.
[21] Chow S N, Hale J K. Methods of Bifurcation Theory. New York: Springer-Verlag, 1982.

索 引

A

阿米巴变形虫运动模型, 216
阿米巴向高梯度运动, 218
按段光滑, 88, 89
按段连续, 88, 90

B

本构方程, 162
本构关系, 15, 78
本构假设, 218
比容, 172
闭轨, 239, 240
边界层, 1, 13
边界层分析, 44, 45
边界层理论, 13
边界层现象, 1, 24
边界条件, 15, 21
边值问题, 7, 15
变换的核, 95
变形, 32, 127
标准正交, 91, 92
表面引力向量, 160
波, 3, 5
波动方程, 128, 130
波数, 128, 137
波长, 12, 128
不动点, 241
不可压缩, 159, 196
不适定问题, 76
不稳定, 76, 208

C

叉型分支, 212
长期项, 31, 32

场方程, 153, 158
初始条件, 15, 17
初始温度分布, 68, 74
传播, 3, 65
淬火反应, 237

D

单位, 5, 6
单位选择无关, 5, 6
等熵, 167, 168
第二类的积分方程, 103
第一类积分方程, 103
叠加原理, 70
定常系统, 238
动力学, 3, 40
动量平衡原理, 197
动量守恒, 158, 159
动量通量, 182
对称核, 103, 113
对流项, 136, 137

E

二阶偏微分方程, 66
二阶线性抛物型方程, 71
二维分支, 238

F

发散量定理, 77, 195
发展方程, 65, 127
发展问题, 66
反射波, 136, 178
反应扩散方程, 79
反转公式, 95, 96
方程的解, 24, 65
非齐次, 31, 69

非齐次方程, 69, 113
非线性, 27, 28
非线性波, 127, 132
非线性声学, 169
非线性特性, 72
非线性振动, 29
分叉图, 212, 222
分界线, 244, 247
分离变量法, 82, 86
分离核, 110, 111
分支点, 212, 214
分支点的分类, 227
分支解, 212, 222
分支图, 222, 227
附着边界条件, 206

G

刚度, 170, 171
高阶奇点, 230, 238
高维扩散方程, 77
孤立, 241
孤立点, 229
孤立子, 141, 142
古典解, 143
固体中的应力波, 127, 169
关于权函数正交, 91
广义 Fourier 级数, 92, 95
广义 Fourier 系数, 92, 95
轨道, 26, 155
轨线, 183, 185

H

焓, 165
耗散函数, 205
化学动力学问题, 59

J

积分变换, 65, 95
积分方程的核, 103

积分曲面, 147, 148
积分曲线, 147, 148
基本解, 8, 11
基本量纲, 5, 6
激波结构解, 139, 140
极值原理, 76, 79
简单波, 187
渐近分析, 33
渐近稳定, 210, 211
交界条件, 179
角频率, 128
结点, 240, 241
截面, 14, 15
解分支, 214
局部声速, 183
卷积定理, 96
卷积型, 122, 124
绝热, 14, 74
绝热边界条件, 74

K

快照, 67, 100
扩散, 139
扩散方程, 2, 7
扩散项, 137, 139

L

理想流体, 203, 207
理想气体, 163, 164
连续性方程, 159, 173
量纲, 2, 5
量纲方法, 2
量纲分析, 1, 2
量纲矩阵, 5, 6
临界点, 212, 239
流, 155
流体元素, 154, 163
流体运动, 12, 154
流线, 192, 193

索 引

M

马赫 (Mach) 数, 169
幂指数, 5
模, 91

N

内部近似, 40, 41
内积, 91
能量, 3, 4
能量变化率项, 73
能量迁移定理, 207
拟线性, 70
拟线性方程, 145, 147
逆散射问题, 178, 179
黏性项, 139
黏性应力张量的分量, 204
凝聚, 168

P

判别式, 220, 229
抛射问题, 17
抛物型, 42, 68
匹配, 42, 46
匹配渐近展开方法, 42
偏微分方程, 2, 7
平衡建立, 43
平衡解, 212, 214
平衡问题, 66

Q

齐次, 7, 8
齐次方程, 31, 68
奇点, 42, 228
奇怪吸引子, 250
奇异 Sturm-Liouville 问题, 92
奇异核, 103
奇异摄动, 1, 13
气体常数, 163

迁移, 193
迁移定理, 194, 195
迁移方程, 128, 130
求和惯例, 201
确定尺度, 1, 13

R

热传导方程, 15, 16
热的传导, 14
热汇项, 72
热力学第一定律, 164, 166
热量的流动, 15, 74
热通量项, 73
热源项, 72, 73
入射波, 177, 178

S

三维非齐次扩散方程, 78
三维热传导方程, 76, 79
散射体, 177, 178
色散, 139
色散波, 130, 139
色散关系, 139, 152
熵, 162, 163
摄动问题, 26
声学近似方程, 167, 168
时间周期, 128
适定, 76
适定性问题, 74
守恒律, 142, 143
守恒律的积分形式, 143, 144
守恒律的微分形式, 143, 217
守恒形式, 182
首次积分, 148, 149
双曲型, 68, 70

T

弹簧–质量系统, 29, 54
特征尺度, 13, 21

特征函数, 85
特征函数展开法, 68, 82
特征量, 14, 16
特征平行四边形, 177
特征曲线, 132, 152
特征时间, 13, 16
特征线, 131, 132
特征值, 85, 90
跳跃条件, 144, 145
透射波, 178, 179
退化核, 110
椭圆型, 42, 68

W

外部近似, 40, 41
外部区域, 23, 24
稳定, 222
稳定性, 65, 76
稳定性指标, 224, 231
稳态, 66, 80
稳态解, 238
稳态流, 193, 202
稳态问题, 66
无量纲量, 2, 3
无限小元素法, 72
无旋流, 207
无黏流, 203
物质导数, 157, 193
物质坐标, 154
误差函数, 35, 98

X

吸引子, 250
线动量平衡原理, 159, 160
线性, 68
线性波, 127, 129
线性方程, 69
线性非齐次热传导方程, 73
线性积分算子, 119
线性扰动方程, 210, 211

相点, 238, 239
相平面, 238, 239
相平面现象, 238
相速度, 128, 139
相图, 239, 240
形变率, 206

Y

压力, 3, 4
杨氏模量, 170, 178
一般扩散方程, 73
一致近似, 48
依赖区间, 176
影响函数, 101
影响域, 175
应变 E, 169, 170
应力分量, 162
应力向量, 160, 197
应力张量, 200, 202
有位流, 207
余误差函数, 98
预解核, 117, 122
运动方程, 27, 162
运动学, 152, 153

Z

真解, 143
振幅, 31, 32
正散射问题, 178, 180
正弦波, 128
正压, 162, 167
正则 Sturm-Liouville 问题, 92, 93
正则点, 228, 229
正则摄动, 25, 32
质点, 154
质点轨道, 155, 156
质点轨线, 192, 193
质点加速度, 156, 157
质点速度, 129, 153
质量守恒, 158

索 引

质量守恒律, 159, 188
重点, 229, 230
周期, 12, 30
周期解, 30, 239
主平衡对, 45, 49
驻定系统, 238, 240
转点, 231, 236
状态变量, 166, 238
状态方程, 106, 153
自动常数, 218, 221
自治系统, 238
阻尼谐振子, 54

其他

Abel 方程, 124
Burgers 方程, 136, 138
Cauchy 方程, 202, 204
Cauchy 应力原理, 197, 202
Clausius-Duhem 不等式, 205
D'Alembert 解, 173, 175
Dirichlet 条件, 80
Duffing 方程, 32
Euler 方程, 204
Euler 描述, 154
Euler 展开式, 157, 159
Fourier 级数, 86, 88
Fourier 系数, 88, 92
Fredholm 定理, 111
Fredholm 方程, 113
Green 第一恒等式, 77
Green 函数, 101,
Hooke 定律, 170
Hopf 分支, 251, 253
Hugoniot 曲线, 190
Jacobi 椭圆函数波, 140
Jacobi 行列式, 157, 194
KdV 方程, 139, 140
Lagrange 描述, 154, 156
Laplace 方程, 80
Logistic 增长率, 209
Navier-stokes 方程, 206
Neumann 级数, 120, 121
Neumann 条件, 80
Newton 流, 206
PLK 方法, 31, 32
Poisson 方程, 80
Rankine-Hugoniot 跳跃条件, 189
Rayleigh 线, 190
Riemann 不变量, 185, 187
Riemann 方法, 183
Sturm-Liouville 问题, 90, 91
Volterra 方程, 103, 106
f 的变换, 95
π 定理, 1, 2